中国中建设计研究院有限公司院士专家工作站
“历史城镇的保护与复兴”科技创新项目

北京与巴黎

东西方历史古都的保护与复兴

比较研究

Peking and Paris：A Comparative Study on Conservation and Revitalization of Eastern and the Western Ancient Capitals

王小舟　著

机械工业出版社

北京和巴黎具有相似的历史背景和城市性质，均为国家的首都、政治和文化中心，两者都具有悠久的历史和灿烂的文化。尽管它们受到不同文化与规划理论的影响，但在城市的发展和空间布局上却呈现出许多相似之处。作为古都，北京和巴黎并没有在城市现代化的过程中消亡，而是继续发挥着重要的作用，并都面临着旧城更新与保护的难题，也都在这方面进行了积极探索。本书将北京和巴黎进行比较，分析它们城市空间发展的趋同性和差异性，不但具有理论价值，更具有现实意义。全书包括城市的发展沿革及历史背景、城市总体规划及布局、城市空间形态及主要构图轴线的形成、高度控制和城市轮廓线的保护、历史文化保护区、市区交通组织六章内容。

本书适合对城市历史、文化、传统空间形态及典型东西方城市发展特征感兴趣的普通读者，以及大专院校的城市规划、历史保护、城市设计、建筑学、景观设计等相关专业的师生阅读。

图书在版编目（CIP）数据

北京与巴黎：东西方历史古都的保护与复兴比较研究 / 王小舟著 . —北京：机械工业出版社，2023. 8

中国中建设计研究院有限公司院士专家工作站“历史城镇的保护与复兴”科技创新项目

ISBN 978-7-111-73619-6

Ⅰ . ①北…　Ⅱ . ①王…　Ⅲ . ①建筑—文化遗产—保护—对比研究—北京、巴黎　Ⅳ . ① TU-87

中国国家版本馆 CIP 数据核字（2023）第 147464 号

机械工业出版社（北京市百万庄大街 22 号　邮政编码 100037）

策划编辑：赵　荣　　责任编辑：赵　荣　张大勇

责任校对：韩佳欣　牟丽英　韩雪清　　责任印制：张　博

北京利丰雅高长城印刷有限公司印刷

2023 年 12 月第 1 版第 1 次印刷

148mm × 210mm · 11.375 印张 · 336 千字

标准书号：ISBN 978-7-111-73619-6

定价：99.00 元

电话服务

客服电话：010-88361066

010-88379833

010-68326294

网络服务

机　工　官　网：www.cmpbook.com

机　工　官　博：weibo.com/cmp1952

金　　书　　网：www.golden-book.com

机工教育服务网：www.cmpedu.com

引　言

北京和巴黎，作为代表东西方文化两座世界闻名的历史古城，具有相似的历史背景和城市性质，两者均为国家的首都、政治和文化中心。北京有800多年的建都史和3000多年的建城史，巴黎的建都史也长达1200多年（481—584年巴黎曾一度成为首都，于888年再次成为首都并延续至今，两段时间之和约1200年）。巴黎的城市建设与发展史，堪称是一部法国的城市建设史。北京的城市建设与发展史，在中国城市建设史上同样占据不可替代的重要地位。

北京和巴黎都具有悠久的历史和灿烂的文化，巴黎是沉淀西方文化最深厚的城市，北京是蕴涵东方文化最富饶的地方。尽管它们受到不同文化与规划理论的影响，但在城市的发展和空间布局上却呈现出许多相似之处，如都有举世闻名的轴线布局和壮美的城市景观，郊区园林的布局亦有类似的地方。作为古都，北京和巴黎并没有在城市现代化的进程中消亡，而是继续发挥着重要的作用。巴黎已经成为国际性的大都会和文化中心，北京也在向着这个目标迈进。两座城市大致相同的历史背景为本书分析它们城市空间发展的趋同项和差异项提供了基本的依据。

作为在旧城基础上发展起来的城市，北京和巴黎都面临着旧城更新与保护的问题，并均在这方面进行了积极的探索。作为法国的首都和世界最著名大都会之一，巴黎在现代化的进程中很好地保留了城市的景观特色，是公认在发展中保护得较好的城市。与巴黎具有相似的城市性质、历史及城市空间特征的北京，在近年来的建设高潮中，在城市设计与空间的营造上也采取了一系列举措，表现了人们对城市发展及空间设计的日益关注，尽管在所采用的方式和做法上还存在着较大的争议。因此，将北京与巴黎这两座城市进行比较，对于东西方历史古都的保护与复兴不但具有理论价值，更具有现实意义。

目　录 // CONTENTS

第一章　城市的发展沿革及历史背景

第一节　巴黎（前3—20世纪初）

一、城市的形成和中世纪的发展（前3—15世纪）

早在前3世纪末，现在巴黎市中心塞纳河（Seine River）中的西岱岛（Ile de la Cite）上已出现了高卢人（即所谓“Gallia”）的聚居点。该岛在历史上的第一个名字吕代斯（Lutèce）的拉丁文意即“水中的居民点”（图1-1、图1-2）。

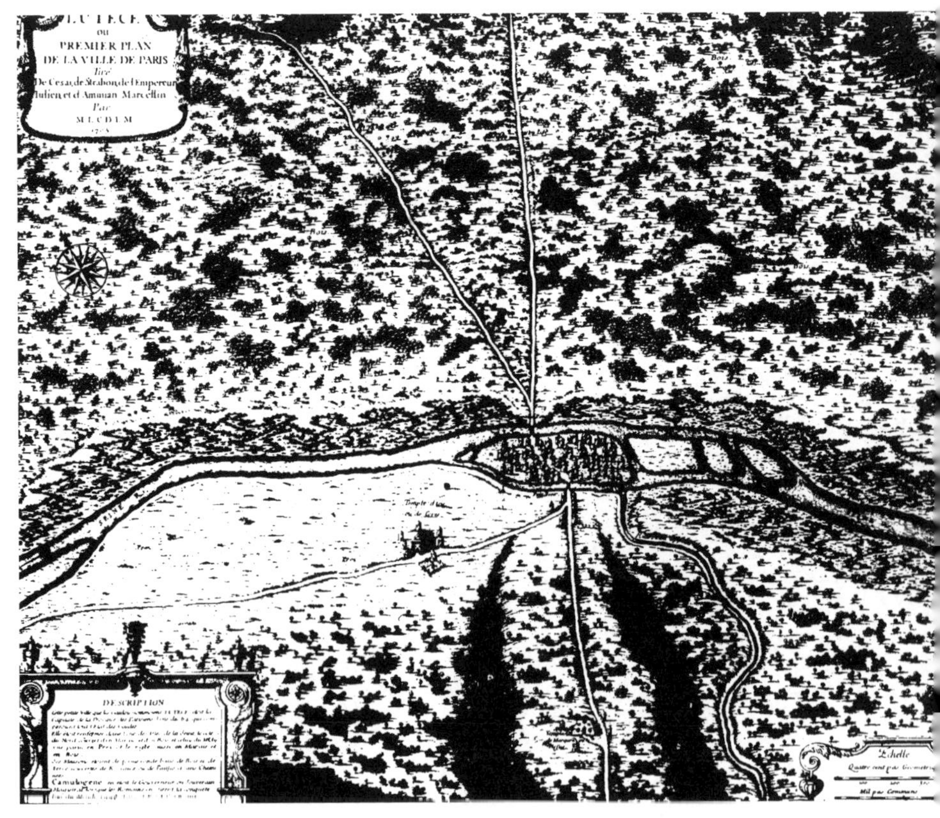

图1-1　巴黎　城市最早的平面（吕代斯，中央为西岱岛，1705年的版画）

图1-2　巴黎 中世纪西岱岛全图

西岱岛上最有名的建筑就是始建于1163年的巴黎圣母院。这座长度达127米、宽度接近50米的教堂在中世纪早期算得上是教堂中的“庞然大物”，是建筑史中哥特式建筑的代表作。因为巴黎圣母院的原名叫作“Notre-Dame”，意思是“圣母玛利亚”，“Dame”这个法文词在拉丁文的对应词是“Domina”，有“女主人”的意思，所以对于巴黎人来说，这座教堂不仅仅是一座建筑和文学作品的发生地，也是巴黎的“女主人”，是法国的荣耀（图1-3~图1-5）。

图1-3　巴黎　西岱岛及其附近1615年全景图（据M. Merian），亨利四世时建成情况

图1-4　巴黎　西岱岛1750年平面图（据Delagrive）

图1-5　巴黎　西岱岛现状鸟瞰

2世纪末叶，一系列蛮族入侵开始威胁到罗马的统治。3世纪中叶，左岸城市被毁，居民们以西岱岛作为庇护所，在周围建起了厚厚的石墙，这就是巴黎最早的城郭高卢-罗马城墙（图1-6~图1-8）。4世纪初，“巴黎齐亚”部落在这里建立首府，这块地区始以巴黎命名（481—584年巴黎曾一度成为法国首都，在这之后888年再次成为首都并延续至今。两段时间之和约1200多年）。

基督教大约就是在这一时期传入巴黎。根据一本10世纪的圣礼书记载，大约在250年左右，巴黎地区出现了第一位主教——圣·德尼（St Denis，？—258年，法兰西主保圣人）。岸边也出现了基督教的社区。圣·德尼是罗马皇帝德修斯在位时期派到巴黎地区传教的七位主教之一，任巴黎主教后，在罗马皇帝瓦勒里安迫害基督教徒时遇害。然而，似乎直到圣·马赛（St Marcel，巴黎地区第九位主教，约360—436年）统治期间，这个小岛上才建造了第一座木构基督教堂。

图1-6 巴黎 高卢-罗马时期北浴场残迹

图1-7 巴黎 高卢-罗马时期北浴场底层平面（据J.Trouvelot）L—蒸汽浴室；K—温水浴室；A—冷水浴室；Q和R—会堂

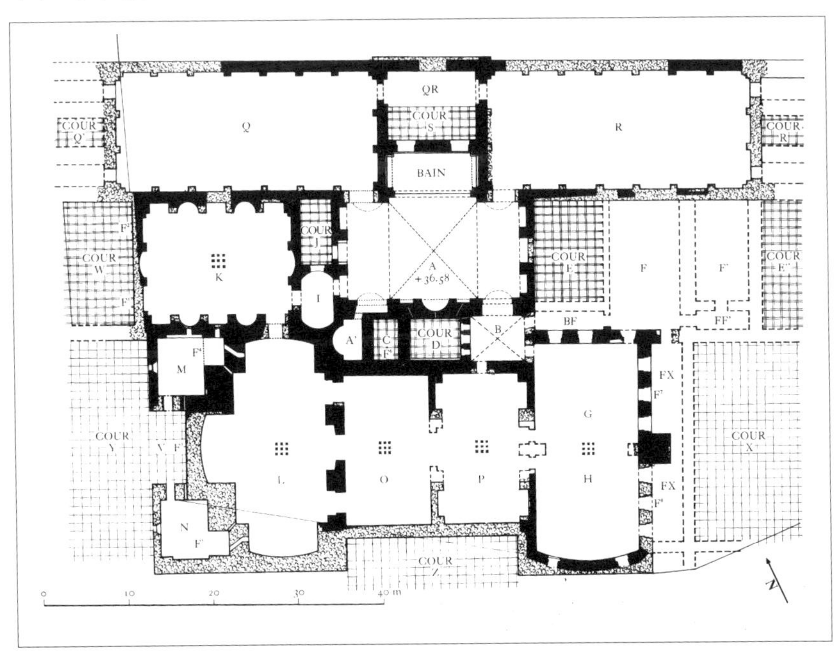

图1-8　巴黎　历代城墙的建设

1. 高卢-罗马城墙；

2. 腓力·奥古斯都城墙（1190年）；

3. 查理五世城墙（1370年）；

4. 路易十三城墙（17世纪）；

5. 包税者城墙（1784—1791年）；

6. 梯也尔城墙（1841—1845年）；

7. 现在的城区界限

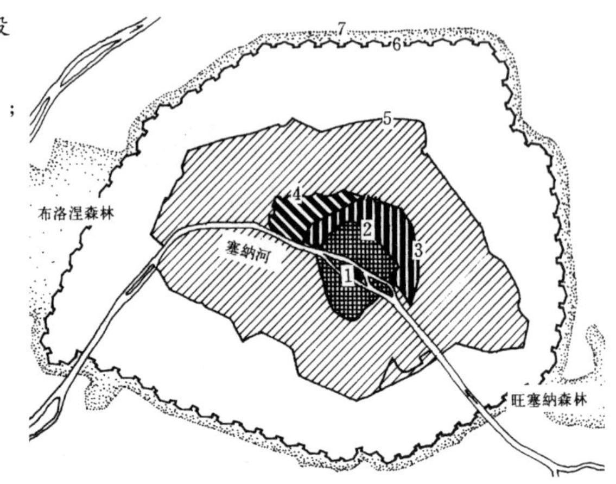

自中世纪以来，巴黎就是法国的中心，而法国的中央集权又强化了巴黎在法国的中心地位。5世纪西罗马帝国走向崩溃，高卢与罗马移民共同形成了高卢-罗马人。罗马帝国衰落后，属于日耳曼部落群的法兰克人、勃艮第人等，纷纷涌入罗马帝国境内。法兰克王国的创立者——克洛维一世（Clovis Ⅰ，约466—511年），中世纪早期曾统治西欧大片领土。486年在苏瓦尔松击败罗马在高卢的末代统治者西亚格利乌斯后进入索姆河和塞纳河整个地区，487—494年其势力至少向南扩展到巴黎。5世纪末，萨立安-法兰克人（Salian Franks）在克洛维的带领下，将巴黎从统治高卢的罗马人手中夺了回来，巴黎开始成为法兰西人自己的首都。

克洛维之后墨洛温王朝和加洛林王朝（Les Carolingiens）统治的500年间战火不断；加洛林王朝的君主查理曼东征西讨，几乎打下了半个欧洲：771年，查理曼进攻伦巴第首都帕维亚，攻占后自封为伦巴第国王；772—804年，查理曼同撒克逊人大战18次之多；787年进攻意大利南部；788年消灭了莱茵河右岸最后一个独立的日耳曼部落。800年，查理曼接受教皇加冕称帝，即查理大帝。843年，查理曼的几个孙子三分其国，奠定了德、法、意三国的雏形，其中西法兰克王国就是法兰西国家的雏形。由于连绵不断的战争造成了长期以来生产落后、封建割据与国家不统一的局面，巴黎的发展也随之进入了停滞阶段。

法兰西国家自出现以来，已有1000多年的历史，其政权更迭，可概括为“三朝两帝五共和”。三朝即卡佩王朝、瓦卢瓦王朝和波旁王朝。卡佩王朝期间巴黎开始逐渐恢复和发展，城市人口增加、商业繁荣、政局稳定，公共秩序也随着逐步恢复。11世纪，城市内形成了第一批行会，1141年，国王将市政厅附近的主要港口卖给了商业行会，形成右岸商业区的雏形。

在腓力二世（Philippe Ⅱ）统治期间（1180—1223年），巴黎市政得到了全面改善，道路整平，城墙扩大，形成了第二个城郭——腓力·奥古斯都城墙，并间隔地设置了几座堡垒和城门，主要用于防御，位于西部的是卢浮城堡（图1-9~图1-12）。

1200年，腓力二世正式批准成立巴黎大学，并将巴黎分为三部分，即西岱岛（旧城）、右岸商业区和左岸大学及学院区（包括著名的索邦学院）。老卢浮宫（现已不存）、巴黎大堂（Les Halles）及巴黎圣母院的主要工程也属这一时期（图1-13）。

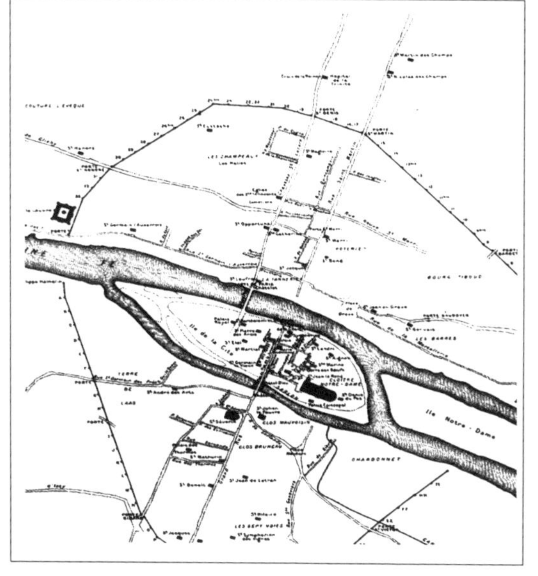

图1-9　巴黎　腓力·奥古斯都城墙（右岸城墙建于1190年，左岸城墙建于1209年。据Halphen）

图1-10　巴黎　圣保罗公园街（Jardins-Saint-Paul）腓力·奥古斯都城墙残迹

图1-11　巴黎　弗朗克·布尔热瓦大街（Francs Baurgeois）腓力·奥古斯都城墙塔楼残迹

图1-12　巴黎　卢浮宫，墙体及主要楼梯转台内景，现为卢浮宫方院地下室

图1-13　巴黎　巴黎圣母院及前方广场（17世纪的一幅版画）

从中世纪中后期起，欧洲城市迅速发展，除了人口和经济的影响外，政治权力的干预起到了重要的推动作用，这一点在巴黎表现得尤其明显。14世纪瓦卢瓦王朝时期，可谓是内外交困的历史时期，由于鼠疫的流行，特别是英法百年战争以及由此引发的一系列内乱，1356年，富有的巴黎商会会长马塞（Etienne Marcel）主张巴黎要像那些独立的低地国家一样自由，在杀死太子顾问后接管了城市。后与农民起义军、入侵的英国人以及纳瓦拉王国的野心勃勃的国王“坏蛋查理”结盟。1358年，当马塞要向纳瓦拉人开放城门时，被市民处死。巴黎的发展一度滞缓。也正是从14世纪开始，内忧外患的政治环境使瓦卢瓦王朝迫切寻求权力的合法性，国王也由此将巴黎作为展现自己权力的场所，通过建筑、艺术、仪式及城市规划，表现出王权对城市空间的控制。国王致力于建设首都城市，对城市空间进行了较大规模的改造，在城市空间中处处显示自己的权力，并将改造后的都城作为自己权力的象征，增强其自身的权威，巩固王朝的统治。国王将自己的形象神圣化，以体现王权的无所不能。在中世纪城市中，权力符号与空间要素紧密结合，政治与艺术密切相关，城市成为一个展现王权的场所和合法化的工具。

1370年，查理五世（Charles V）为了防御来自北方的威胁，再次扩建了城墙，这道城墙位于塞纳河的右岸，西起卢浮宫（Musée du Louvre），东到巴士底堡垒（Bastille），长约5公里，成为巴黎的第三道城墙——查理五世城墙，卢浮宫也改为王宫，取代原先的西岱岛王宫成为国王的主要居所（图1-14~图1-16）。这时的巴黎有四个主要城门：圣奥诺雷门、圣德尼门、圣马丁门和圣安托万门。城市所包含的面积达到440公顷，人口约10万人。

15世纪英法签订休战协定后巴黎的经济开始复苏。路易十一（Louis XI）统治期间，不仅恢复了教堂，新建筑也开始出现。自1480年起，巴黎更开始涌现出一批宏伟的私人府邸，如桑斯府邸（Hotel de Sens）和克吕尼府邸（Hotel de Cluny）（图1-17、图1-18）。

图1-14　巴黎　中世纪巴黎总平面图，可清楚看到腓力·奥古斯都时期的城墙，右岸外侧城墙系由查理五世扩建（16世纪的版画）

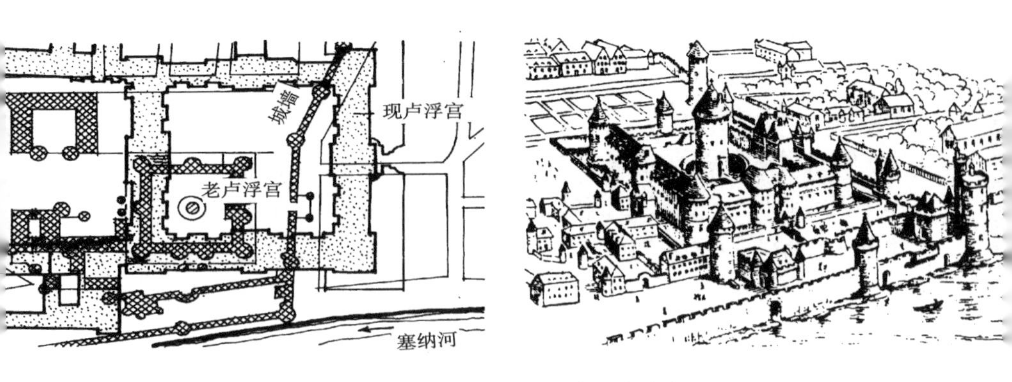

图1-15　巴黎　查理五世时期的卢浮宫，平面图及复原鸟瞰图

图1-16 巴黎 查理五世时期的卢浮宫（林堡兄弟《贝里公爵的豪华时祷书》一书中的插图）

图1-17　巴黎　桑斯府邸

图1-18　巴黎　克吕尼府邸（图为南翼楼梯塔）

二、文艺复兴至法国大革命期间（16—18 世纪）

从文艺复兴到法国大革命是西方从封建社会向资本主义社会过渡的时期，巴黎也在这期间由中世纪城市向现代城市演进。

查理七世（1422—1461年在位）以后的国王经常住在都兰（Touraine），直到弗朗索瓦一世（Francois Ⅰ，1515—1547年在位）时皇室才迁回巴黎。为此弗朗索瓦自1528年以来，对卢浮宫进行了全面改造。亨利二世于1549年举行了庄严的入城仪式，巴黎的文艺复兴在他统治期间达到顶峰。思想文化的繁荣刺激了贵族和资产阶级官邸的建造，巴黎也开始由中世纪城市转变为现代城市。1548年，受难同教会（Brothers of the Passion）开始在弗朗索瓦一世大街的勃艮第市政厅演出世俗戏剧，开创了巴黎戏剧演出的新纪元。

16世纪中叶，法国爆发了罗马天主教（Roman Gatholic Church）和胡格诺教（Huguenot）之间的宗教战争，即法国宗教战争，战事持续了30余年，其残酷和波及地区之广甚至超过了英法百年战争。在法国宗教战争期间，美第奇家族的凯瑟琳·德·美第奇（Catherine de Medicis）开始建造丢勒里宫苑（Tuileries Palace），其中的丢勒里花园成为上层社会的社交场所（图1-19、图1-20）。这时的巴黎人口已达20万～30万人。

1589年，亨利三世遇刺，瓦卢瓦王朝为波旁王朝所取代。这一时期先后有五位国王：亨利四世、路易十三、路易十四、路易十五和路易十六。这不但是法国君主专制达到顶峰的时期，也是巴黎进入空前大发展的年代。开始时，由于法国宗教战争和亨利四世的围攻对城市造成了严重破坏，新国王得到的只是一个荒芜的都城。在后来的15年里，亨利四世着手实施一项全面的改造计划，直到他1610年去世（图1-21）。在17世纪初进行的这些项目中最主要的有：

——在塞纳河右岸扩建查理五世城墙，把西部的新区直至丢勒里花园都包括进来。

——改造公路网和其他设施，如排水及自来水管道系统。

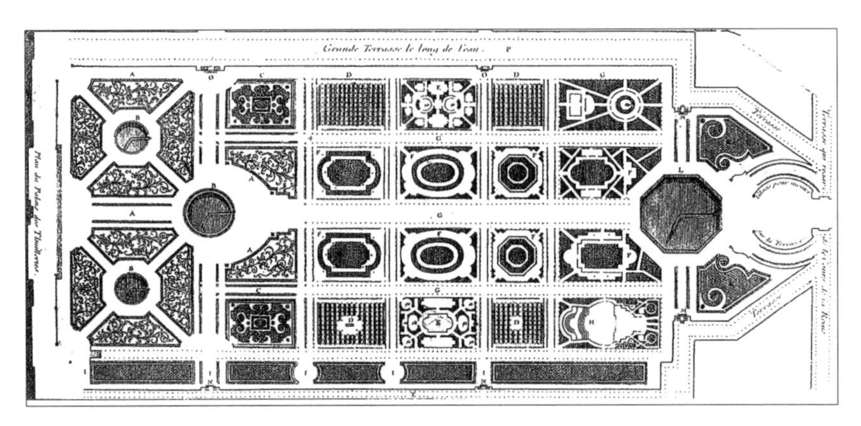

图1-19　巴黎　丢勒里花园平面图（Israel Silvestre的版画，左为宫殿，上为塞纳河，右为协和广场位置）

图1-20　巴黎　丢勒里花园透视图（17世纪的景况，版画作者：Gabriel Perelle）

图1-21　巴黎　1609年远景规划（城市仍围在中世纪城墙内，但可清楚看到市中心的西岱岛、右岸市区及左岸的大学区）

——建造和规划新广场，包括右岸正方形的国王广场、西岱岛端头的王子广场及半圆形的法兰西广场（未建成）（图1-22~图1-24）。

——扩建卢浮宫。在拆除中间的城区后，中世纪的宫殿和16世纪的丢勒里宫苑连成一体；路易十三和路易十四期间工程继续进行，至19世纪拿破仑三世时完成（图1-25）。

——在城外圣日耳曼昂莱建造一座新宫殿，宫殿四周参照意大利16世纪园林式样修建阶梯式花园。

路易十三统治期间（1610—1643年在位），巴黎再次向外扩张，形成第四道城郭——路易十三城墙。在左岸城墙外侧，路易十三的母亲——美第奇家族的玛丽（Marie de Medicis）建造了带有宏伟花园的卢森堡宫（图1-26）；沿右岸丢勒里花园的西部，她设计了一处遛马用的王后院。在拓展马雷区（Marais）北部的国王广场（Place Royale，现沃士日广场）（图1-27、图1-28）同时，西岱岛东部的两个荒芜人迹的小岛被连在一起形成了圣路易岛（Ile Saint-Louis）。在城市的西部边缘，同样配有宏伟花园的黎塞留宫北部设置了一个带有笔直街道的地区；其西部出现了一些新建筑，并建造了相应的防御工事。

图1-22　巴黎　西岱岛王子广场平面图（据Blunt）

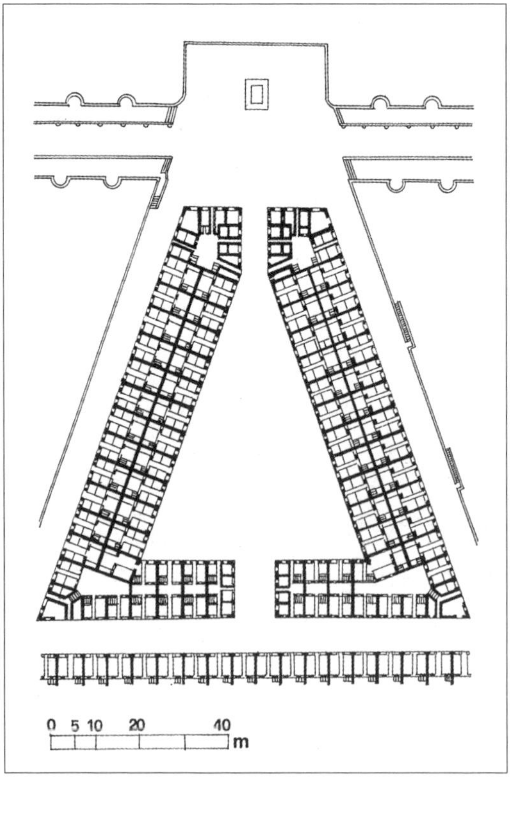

0 5 10 20 40 m

图1-23　巴黎　西岱岛王子广场全景（Gabriel Perelle的版画）

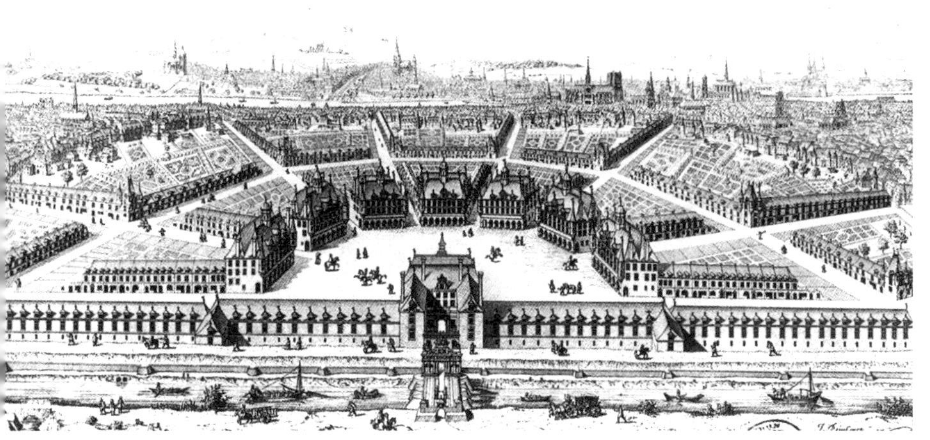

图1-24　巴黎　法兰西广场设计方案（作者为C.Chastillon，马雷区北面广场于1608年开始建设，但于1610年亨利四世死后终止）

图1-25　巴黎　路易十三时期的卢浮宫，从塞纳河看去的景色（Gabriel Perelle的版画）

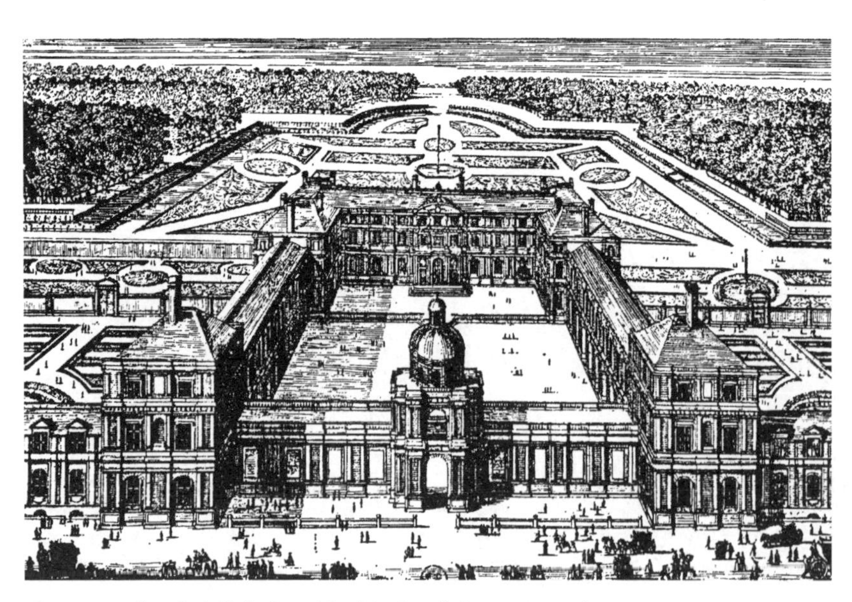

图1-26　巴黎　卢森堡宫（17世纪的版画，作者S.de Brosse）

图1-27　巴黎　国王广场（现沃士日广场，始建于1605年；图为C.Chastillon的版画，表现1612年新广场落成时骑术表演的盛况；1639年广场中央立路易十三骑马雕像）

图1-28　巴黎　国王广场（现沃士日广场，J.Rigaud的版画，约1720年）

17世纪，巴黎得到了进一步扩建，人口增长到50万人。1661年枢机主教马萨里诺（Massarino）去世后，开始了路易十四亲政时期（图1-29）。路易十四在位时间长达72年110天，是有确切记录的世界历史上在位最久的主权国家君主，也是一位有雄才大略的帝王，以其文治武功使法兰西成为当时西欧最强的国家，修建了富丽堂皇的凡尔赛宫，其建筑风格引起俄国、奥地利等国君主的羡慕仿效。这一时期的巴黎取得了很大的发展（图1-30）。20世

图1-29　法国国王路易十四画像

图1-30　巴黎　1697年的规划图（环城大道线路已确定）

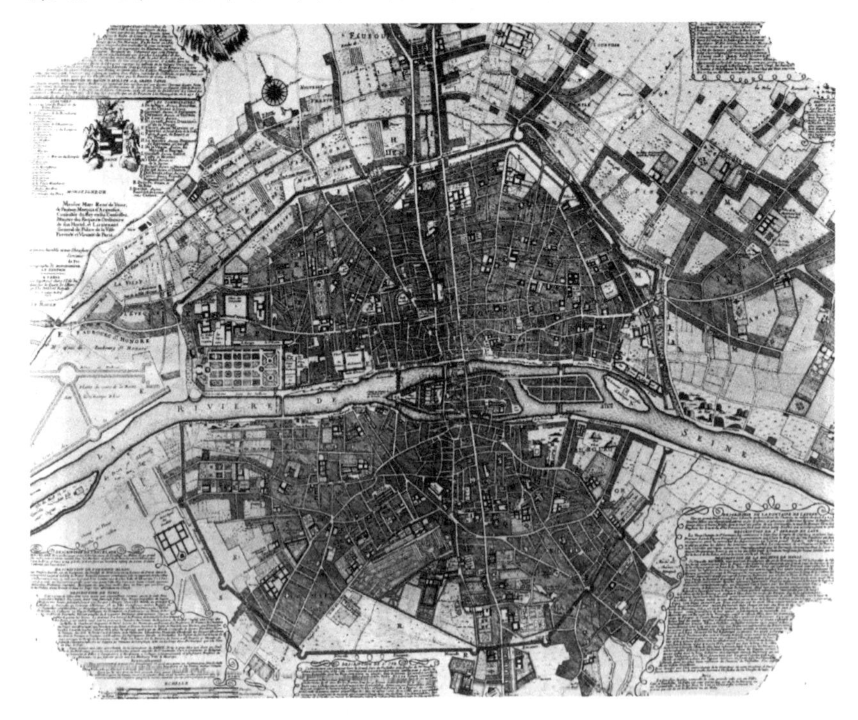

纪著名建筑大师、城市规划家和作家勒·柯布西耶认为，路易十四是西方少有的城市规划大师之一，在《明日之城市》一书中，他写道：“他（路易十四）是历史上伟大的城市规划学家”。路易十四十分重视城市公共设施建设，为巴黎城市的现代化发展奠定了基础，对世界城市公共事业的发展也有很大的推动作用。由皇室投资在城市兴建了大量公共设施，包括道路、桥梁、给水排水系统等，奠定了日后巴黎现代都市的发展基础。发展的地区主要集中在塞纳河右岸，形成了香榭丽舍大街等多条干道和包括卢浮宫东廊在内的一批纪念性建筑物；兴建了旺道姆广场（图1-31、图1-32）等封闭广场。1653年，巴黎市政府在市区设置了第一批邮筒，开创了世界各大城市沿用至今的邮政制度；1669年，巴黎市政府成立了法国第一支

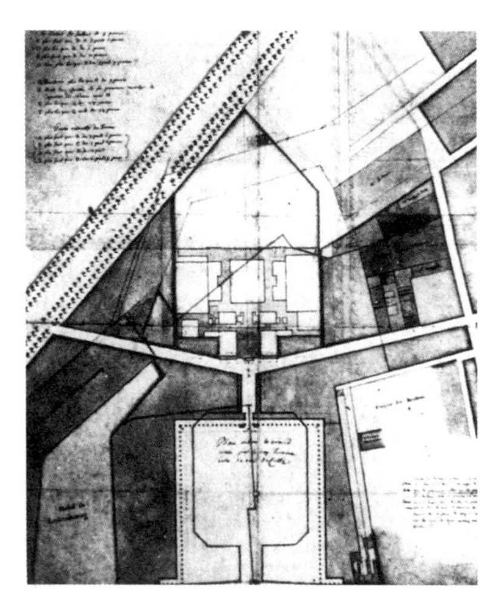

图1-31　巴黎　旺道姆广场，Robert de Cotte（1656—1735年）绘制的广场平面图

图1-32　巴黎　旺道姆广场（当时为路易大帝广场），Perelle的版画（1695年之前）

消防队；1672年，开办了巴黎总医院，并设立了职业病专科门诊；修建了巴黎天文台，配置了先进的设备，汇集了一大批知名的天文学家和气象学家，使巴黎成为举世闻名的天文研究中心。这些纪念性建筑同主要干道、广场联系在一起，成为地区的艺术中心（图1-33）。

图1-33　巴黎　所谓“Turgot平面”（1739年），图示1678年卢浮宫-丢勒里宫苑停工时的状态。丢勒里宫苑已经完成，在它和卢浮宫之间尚存一片城市街区；卢浮宫东面和城市教堂之间也有建筑（现已拆除）；塞纳河左岸与卢浮宫相对的是四国学院

为了建设一个与外部的自然环境既分隔又融合的近郊区，路易十四拆除了原来的城堡要塞及城墙，代之以弧形的宽阔林荫大道；这条临时城界（林荫大道）内包含的面积近1200公顷。1702年，在巴黎市长选举中胜出的警察局陆军将领阿尔让松侯爵将区位编码从16升至20。此时的巴黎将近60万人口，从左岸开始，新的郊区向着周围环有山丘的村庄发展。巴黎就这样成了一座由建成区和绿化地带组成的开放城市，市区逐渐渗透到周围的风景之中。

由于城市周围没有建筑的大片自然风景区可以按照新的原则和几何原理进行规划，国王和许多高层人士都把他们的住宅迁到郊外。路易十四离开了卢浮宫，和家眷一起迁至凡尔赛宫。凡尔赛宫逐渐扩大，最后变成一个小型的、充满了艺术杰作的城镇（图1-34~图1-37）。

在18世纪，巴黎市政当局做了大量的努力来改造和美化城市（图1-38）。路易十五年轻时在丢勒里宫苑的临时府邸鼓励附近地区发

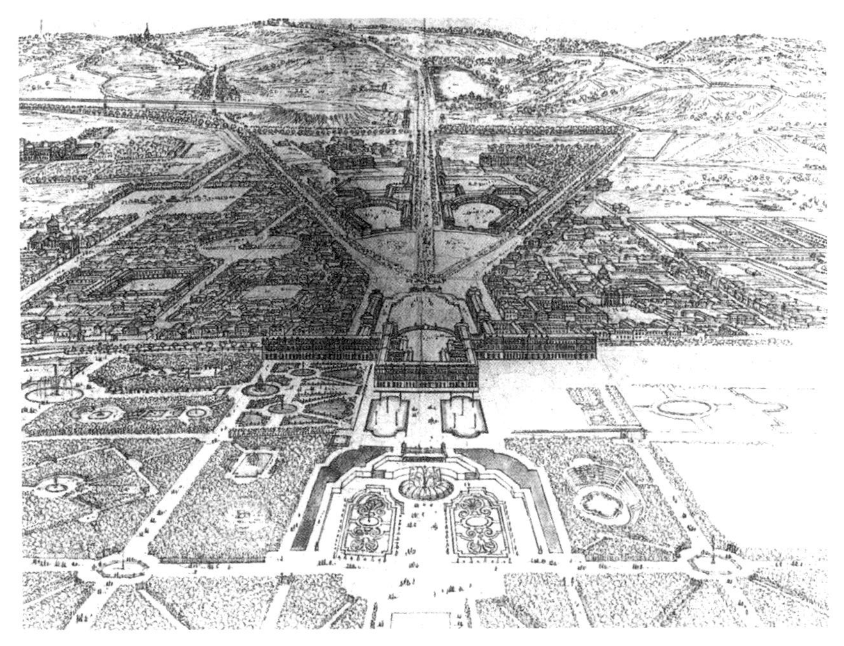

图1-34　凡尔赛宫　向东面望去的宫殿及花园全景（Israel Silvestre的版画，表现17世纪末凡尔赛宫的景色，除没有1698—1710年建造的礼拜堂外，基本为路易十四在位时期的全貌）

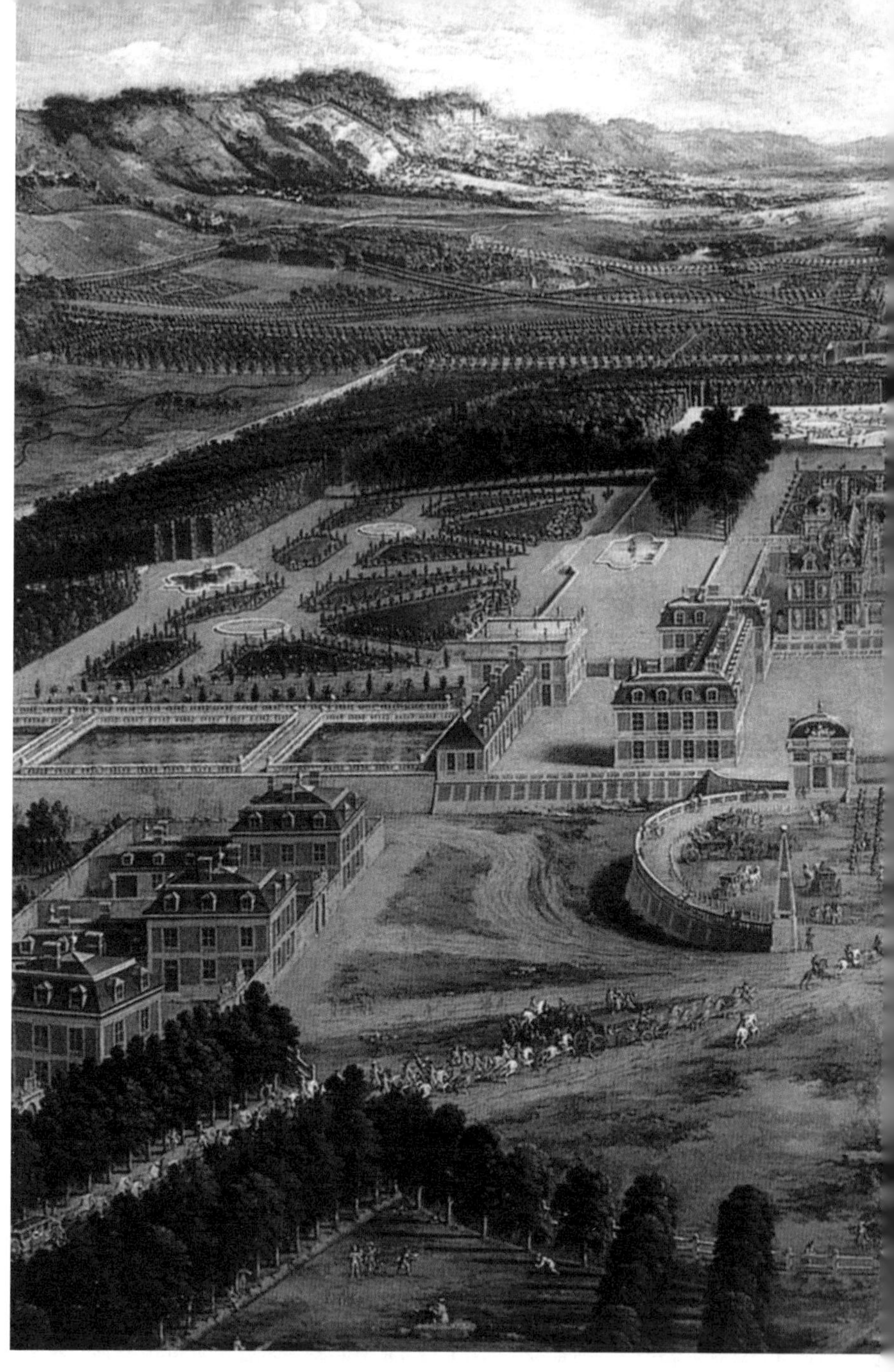

图1-35　凡尔赛宫　向西面望去的宫殿及花园全景（1668年的布面油画，原尺寸为115cm×161cm，现存于凡尔赛宫博物馆）

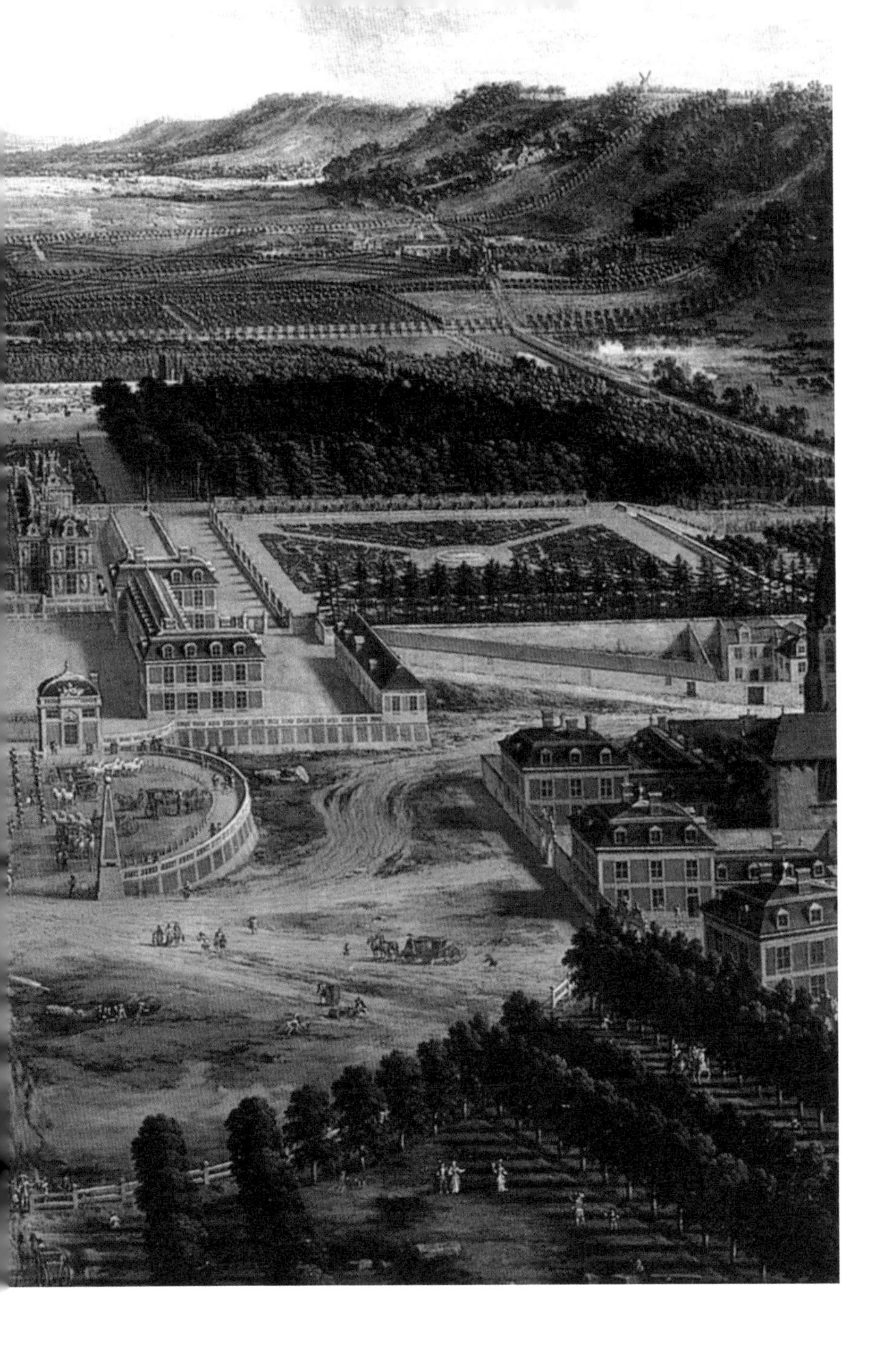

图1-36 凡尔赛宫近景（17世纪的版画）

图1-37 凡尔赛宫前大理石院夜间演出的盛况（Israel Silvestre的版画）

展，圣奥诺雷（St Honore）郊区开始扩大，并像圣日耳曼（St Germain）郊区一样成为“贵族区”。大林荫道沿线开始建造房屋，包括一些豪华的官邸，而东部地区则成为时尚的“散步区”，建造一些小剧场和咖啡馆。贵族和资本家建造的别墅分散在这些偏远地区的周围。18世纪80年代为征进口税而建造的“包税者城墙”构成了巴黎的第五道城郭（图1-39）。

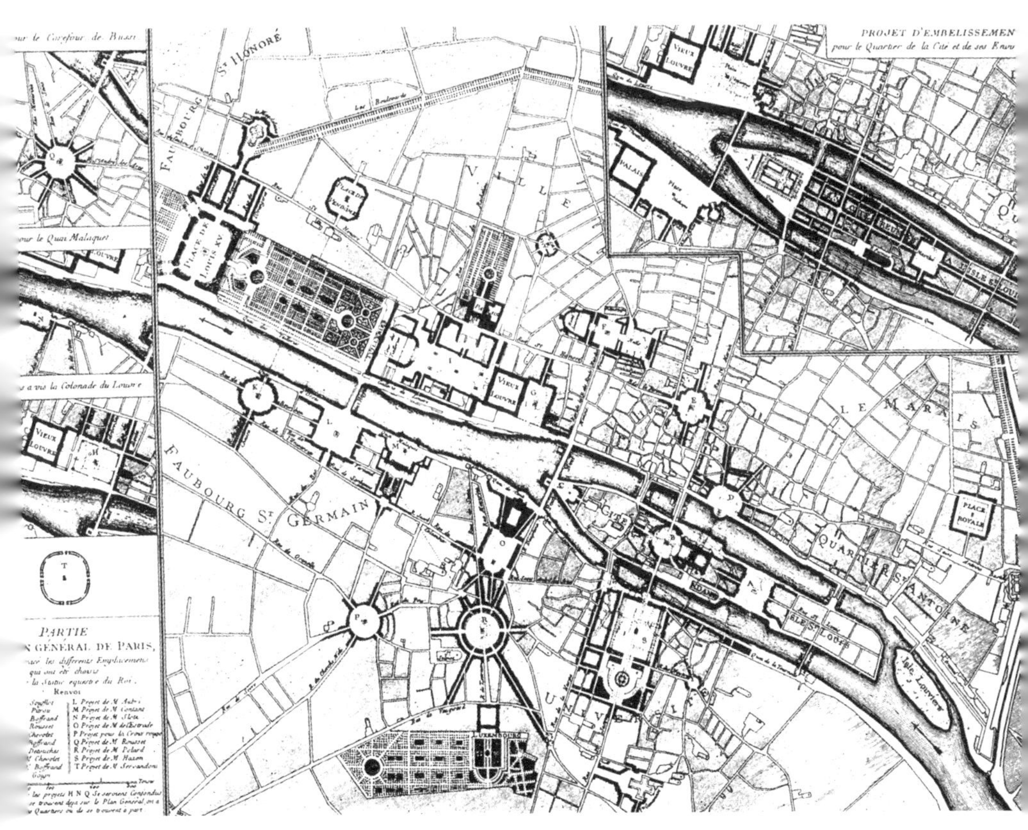

图1-38　巴黎　1765年城市平面图上为纪念路易十五而设计的雕像广场的竞赛方案

图1-39　巴黎　18世纪末市中心平面图（图中重要建筑：1.卢浮宫方院；2.新桥及王子广场；3.沃士日广场；4.黎塞留宫；5.王室桥；6.旺道姆广场；7.胜利广场；8.协和广场；9.先贤祠及其广场）

三、现代城市的演进（1793 年以后）

1789年法国大革命爆发，破坏了不少中世纪遗留下来的文物建筑，其中最著名的就是巴士底狱（图1-40）。由于17世纪时枢机主教黎塞留（Richelieu，1585—1642年）将巴士底狱变为关押政治犯的国家监狱，巴士底狱1789年7月14日被起义的群众攻占后不久即被拆除。1789年10月，国王及相应国家机构从凡尔赛迁回巴黎。

法国大革命爆发三年后，法兰西第一共和国成立。此后80年间，共和制与帝制交替，其间还有王朝复辟；在经过多次政治风云的变幻之后，最终确立了共和制度。在此期间，巴黎经历了三次规模较大的改建和规划：第一次是在1793年法国大革命后的雅各宾派专政期间；第二次在拿破仑执政时期（1804—1815年）；第三次为拿破仑三世法兰西第二帝国时期（1853—1870年），这也是规模最大的一次城市规划与改造。

雅各宾派专政代表了最下层贫苦人民的利益，因此当时城市建设的重点是解决第三等级和手工业工人的聚居区和交通问题。为了缓解市中心的压力，从贫民区开辟了几条新干道同香榭丽舍大街相连；同时为普通市民与劳动者阶层居住的地段铺设了街道和路面，进一步增加水井，

图1-40　巴黎　巴士底狱

建立垃圾中心，还封闭了一些市内坟场。当时从贵族和教会没收的土地占巴黎市区面积的八分之一，应该说是个规模宏大的都市改造计划，但由于雅各宾派专政在1794年就被颠覆，这个计划没能全部完成。巴黎的城市人口在革命期间反而减少了10万人。

拿破仑执政的法兰西第一帝国时期，对外战争连连告捷，经济也迅速发展起来。在这期间发明了煤气灯；1828年，开始了公共马车服务；巴黎开始有了第一条铁路，通向圣日耳曼昂莱（Saint-Germain-en-Laye）附近的勒佩克（le Pecq）。巴黎边缘的新区也开始发展起来，尽管直到1859年“包税者城墙”仍作为巴黎的行政边界，但在1840年人们就决定用更坚固的城墙来加强首都的防御。为了颂扬资本主义经济和拿破仑的丰功伟绩，巴黎在文化、艺术和城市建设上进行了大规模的投资，主要表现在以下两个方面：

第一，大规模兴建以五层楼为主的住宅公寓。特别是1811年兴建的巴黎里沃利大街（图1-41、图1-42），整条街由清一色的房屋组成，加上阁楼共五层，底层是商店，下面连绵不断的柱廊构成人行道。里沃利大街与对面与之平行的卢浮宫和中轴线上的皇家园林配合得宜，迄今依然是巴黎最具有特色的建筑群之一。

第二，在巴黎西部改建了“贵族区”，在市中心以纪念碑、纪念柱和宏伟的建筑群点缀广场与街道，彼此之间相互呼应，以此组成巴黎中心区的帝都风貌。协和广场中央拆除了路易十五的雕像，代之以自古埃及运来的方尖碑。拿破仑时期的另一个“纪念物”是旺道姆广场中央的纪念柱，为此移走了原来的路易十四骑像；纪念柱高达43.5米，造型模仿罗马图拉真纪功柱，柱上雕刻有拿破仑的战争史迹（图1-43）。此外，这一时期还建造了位于同一条轴线上的两处凯旋门——练兵场凯旋门和位于戴高乐广场上的雄师凯旋门。位于两处凯旋门之间的三公里长的大道即著名的香榭丽舍大道，这条构成巴黎主轴线的大道与拿破仑时期建造的下议院和马德兰教堂形成的横轴在协和广场处相交，确定了巴黎的规划中心。

拿破仑三世时期（1853—1870年）是巴黎城市规划和建设史上的一个重要时期，巴黎城市的空间布局形式主要奠基于这一时期。当时，巴

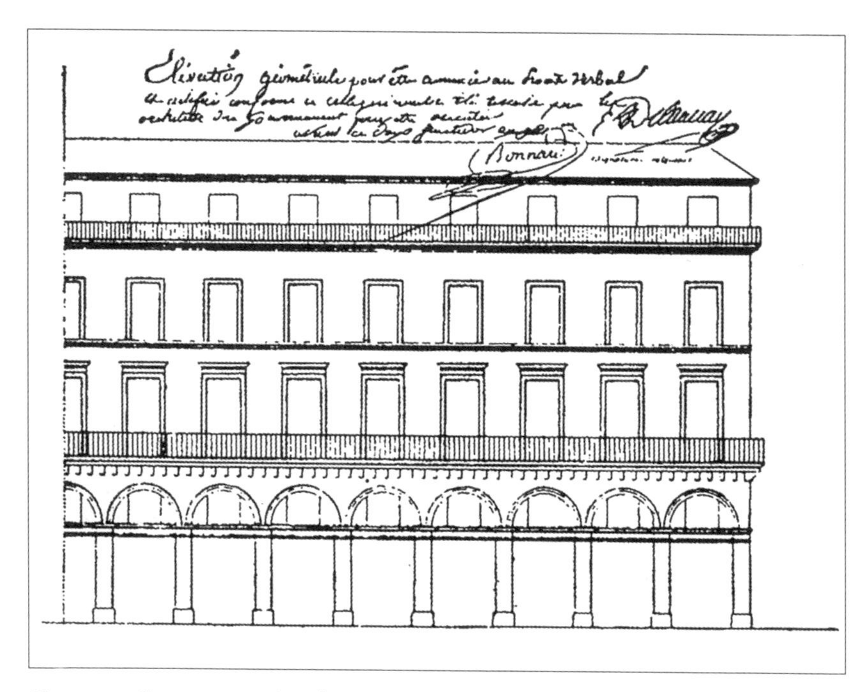

图1-41　巴黎　里沃利大街，建筑师Percier和Fontaine设计的统一立面

图1-42　巴黎　里沃利大街全景（始建于拿破仑一世时期，19世纪前半叶完成）

图1-43　巴黎　旺道姆广场现状

黎塞纳区行政长官欧仁·奥斯曼在拿破仑三世的授意下，对巴黎城进行了改建、重修和各功能区的全面规划。19世纪中叶，巴黎许多地区近百年来一直没有得到改善。各中心之间以及到火车站（这实际上是巴黎的大门）的交通都非常不便；人口的膨胀和工业化的迅速发展进一步导致了贫穷和拥挤。拿破仑三世时期塞纳区行政长官奥斯曼进行的巴黎改造就是在这样的背景下推进的。

长期以来，社会对奥斯曼的评价参差不齐，既有高度的赞誉，也有无情的批评，支持者认为奥斯曼是现代巴黎的创造者，反对者则认为他是割裂巴黎传统的罪人，奥斯曼一直被夹在两种极端评价当中。反对者最有力的证据莫过于奥斯曼改造巴黎时野蛮地摧毁了大量的历史遗迹，并借改造之机大力炒作地产房产。奥斯曼与拿破仑三世的巴黎改造被本雅明视作“一场巨大的投机繁荣”，破坏传统和创造现代性都成为被攻讦和批评的理由。而奥斯曼也可以说是现代巴黎的创造者。大卫·哈维在其《巴黎城记：现代性之都的诞生》一书中称之为“创造性破坏”，他评论说：“一场破坏与创造的碰撞，一段古典与现代的交织，美轮美奂的巴黎浪漫之都”“时间压缩了空间，空间容纳了资本，资本又成为时间”。奥斯曼开创了一个全新的城市改造模式，其规模之宏大，执行力之强，表现出“与过去完全决裂”的意志，被称为“奥斯曼手术刀”。勒·柯布西耶对奥斯曼大加赞赏，在其《明日之城市》一书中写道：“奥斯曼做出的决定。这个意志坚强的人所完成的一些杰出作品是外科学的，他毫不留情地挖掘巴黎。似乎城市是该死的。在今天的巴黎，汽车全靠奥斯曼才得以存活下来。”奥斯曼对巴黎进行了有史以来最宏大的改造，前后历时约20年，本次改造使巴黎的城市面貌、基础设施网络产生了重大变化，为巴黎的现代化发展奠定了基础。

奥斯曼在对巴黎进行大规模规划和改造时，提倡修建笔直的主干道、对称且壮观的街景，开始使用现代的给水排水系统，拆除了西岱岛上的主要房屋，重建了中央古市场（图1-44、图1-45），还为塞纳河增加了四座新桥，改造了三座老桥。在拿破仑三世统治下的巴黎就这样呈现出前所未有的辉煌和繁荣。

图1-44　巴黎　中央古市场全景图（Baltard的版画，1864年）

图1-45　巴黎　中央古市场内景（Baltard的版画，1864年）

17—19世纪，法国是欧洲乃至整个世界的霸主之一，巴黎在全球的影响力也空前增加。19世纪的巴黎，已经成为世界文化之都，可谓是群星灿烂：在自然科学领域，涌现了博物学家巴蒂斯特·拉马克、天文学家约瑟夫·勒维烈、近代微生物学的奠基人路易斯·巴斯德等著名科学家；在文学领域，涌现了从巴尔扎克到雨果，从福楼拜到莫泊桑，再到大仲马、小仲马等一大批世界文豪，与巴黎有关的文学作品数不胜数，巴黎很多纪念性建筑与文学杰作大都有着密切的关系。法国著名历史学家克里斯多夫·普罗夏松在其《巴黎1900：历史文化散论》一书中不无自豪地写道："巴黎，它不仅属于法兰西，它还属于全世界""在19世纪，大家可以不去伦敦，不去维也纳、柏林，不去圣彼得堡，也可以不去罗马，但无论是谁，不管他是什么出身，也不管他是什么国籍，都不能不去巴黎""巴黎是世界的神经中枢，正如雅典原先是希腊的思想灵魂一样。""在巴黎，法兰西的心脏在跳动，她的精神在激荡，她的天才在发光。巴黎永远是首创精神，是向前发展的尊严之故乡，是才智的中心和发源地，是想象力的火山。"显然，在他的心目中，巴黎俨然已经是一个令人向往的“圣地”了。虽然有些夸张，但也在很大程度上说出了巴黎当时作为世界性城市的重要性。这一时期，巴黎的人口飞速增长，在1800—1910年这一百多年的时间内，人口增长了近5倍（表1-1）。

表1–1 巴黎、北京、伦敦、柏林、纽约1800—1910年的人口比较

（单位：万人）

城市	年份		
	1800年	1880年	1910年
巴黎	64.7	220	300
北京	98.7（1781年）	109（1882年）	113
伦敦	80	380	720
柏林	18.2	184	340
纽约	6	280	450

资料来源：巴黎、伦敦、柏林、纽约的历史人口数据来自勒·柯布西耶所著的《明日之城市》（中国建筑工业出版社，2009年：第83页）；北京的历史人口数据来自侯仁之主编的《北京城市历史地理》（北京燕山出版社，2000年：第289页）

19世纪末至20世纪初，在巴黎举行的几次世界博览会给城市建筑增添了不少新的内容，如埃菲尔铁塔（1889年）、大宫和小宫（1900年）、夏约宫（1937年）等。从参展的建筑和布局而言，1889年世博会可谓别出心裁、与众不同，为巴黎留下了埃菲尔铁塔、自由女神像等重要历史文化遗产。在塞纳省和巴黎市的坚持下，1889年世博会选址马尔斯校场以及毗邻的荣军院广场、奥赛河岸等地。为了给世博会提供一个气势恢宏的入口，法国建造了当时世界上最高的建筑——埃菲尔铁塔（La Tour Eiffel），初始高度达到312米，至今每年接待游客700多万人次，成为巴黎乃至法国的重要象征。这些建筑的出现，形成了几组新的建筑群，其构图轴线同城市原有建筑群轴线相互交织，形成很多对景和借景，进一步丰富了城市的面貌（图1-46）。然而，在埃菲尔铁塔这一现代世界建筑杰作初建之时，因其外形有些怪异而并未得到所有人的认可，质疑之声来自包括建筑师、艺术家和数学家在内的各界人士，当时的《时代报》曾刊载了《艺术家抗议书》，声称“黑铁塔蔑视了巴黎特色、威胁了法国历史，其野蛮格调破坏了整个巴黎建筑氛围，对于古典巴黎是一场噩梦”，拆除的呼声不绝于耳，政府曾经计划将其拆除，但因世界大战未能实施，可谓是命运多舛。第一次世界大战期间，作为无线电广播发射器和接收器，埃菲尔铁塔截获了不少德军情报，成为“战争功臣”；1925年，埃菲尔铁塔成为世界第一座电信和电视塔；1929年，埃菲尔铁塔广播了来自350个气象站的气象数据，使欧洲、北非和大西洋岛屿的气象信息得以交流。到1964年，埃菲尔铁塔被政府列为不得拆毁的“历史纪念碑”，正式成为受到法律保护的建筑遗产。1991年，埃菲尔铁塔连同塞纳河沿岸的建筑被整体列入世界文化遗产，成为人类具有“突出的普遍价值”（Outstanding Universal Value）的世界遗产。由埃菲尔铁塔在巴黎的命运可以看出，对城市历史文化遗产的认识是一个复杂的过程，传统与现代、历史与未来之间的矛盾始终存在着，需要加强对历史文化遗产的保护，在传统与新潮、传承与创新之间找出平衡。

然而，从19世纪末开始，巴黎作为“世界文化之都”的地位就开始受到欧洲其他城市（如柏林）的挑战，渐失昔日辉煌。勒·柯布西耶对巴黎的评论是：“巴黎是一个从四面八方汇集了各种征战、繁衍和迁移的人们的危险大杂

烩，她是世界各地流浪人群的集中营 。”但是，巴黎毕竟是巴黎，它历史文化底蕴深厚，各类文化遗产资源非常丰富。作为文化之都，巴黎仅在市区就有150座博物馆，在郊区也有40家博物馆，至今仍然是历史与文化交织、时尚与浪漫并存的世界性文化都市。

图1-46　巴黎　市中心航拍照片，左上方圆形为位于主轴线上的戴高乐广场

第二节　北京（史前—1912 年）

一、史前至隋唐时期（史前—10 世纪）

北京及其周边地区具有悠久的历史渊源。考古发现，早在四五十万年前，房山区的周口店就有人类居住，周口店发现的距今五十万年前的“北京人”头盖骨属旧石器时代早期原始人类，为人类起源提供了大量的、富有说服力的证据，对于人类起源和早期社会发展史的研究具有重要意义。在“北京人遗址”的发掘过程中，共发现了属于四十多个不同年龄、性别的猿人化石。1988年，采用电子自旋共振法测定的“北京人”化石年代为距今约57.8万年。周口店的古代人类还有著名的“山顶洞人”，属于旧石器时代晚期的原始人类，距今约2.7万年，其骨骼形态与现代人类已经没有太大区别。周口店遗址早在1961年就被国家公布为第一批全国重点文物保护单位，并于1987年被联合国教科文组织世界遗产委员会列入《世界遗产名录》，成为我国最早列为世界遗产的项目之一，具有很高的历史文化价值，是我国历史文化遗产的典型代表。在北京门头沟区、平谷区、昌平区等地还分别发现了东胡林遗址、上宅遗址、雪山遗址等文化遗址，这些文化遗址主要是有关于制陶业与原始农业和畜牧业的。其中，雪山文化一期距今5000—6000年，属新石器时代中期文化，出土的陶器以红陶为主，如红陶罐、彩陶片、陶制纺轮等；雪山文化二期属于新石器时代晚期文化，距今约4000年，陶器中第一次出现了泥质黑陶和磨制石器等龙山文化的典型器物，说明这一时期北京地区的原始文化越来越受到中原文化的影响。

北京古称“燕”和“蓟”。著名建筑学家林徽因认为“北京在位置上是一个杰出的选择。它在华北平原的最北头，处于两条约略平行的河流中间，它的西面和北面是一个弧形的山脉围抱着，东面南面则展开向着大平原……选择这地址的本身就是我们祖先同自然斗争的生活所得的智慧。”据著名历史地理学家侯仁之院士主编的《北京城市历史地理》，房山区董家林古城遗址，即琉璃河西周燕都遗址，位于地势较高的董家林村，在20世纪60年代地面部分还保留着1米高的城墙，经考古发掘，确知北城墙保存较好，长度为829米，南部被大石河冲毁，残存的东、西城墙北段，长度各约300米，古迹城市为东西向的长方形，城内发现有夯土城基址、祭祀遗址等。董家林古城遗址是今北京范围内所见的最早的城市遗存（图1-47）。

据《史记·燕召公世家》记载："周武王之灭纣，封召公于北燕。"《史记·周本纪》载："武王追思先圣王，乃褒封神农之后于焦，黄帝之后于祝，帝尧之后于蓟"。《礼记·乐记》也有"武王克殷反商，未及下车，而封黄帝之后于蓟"的记载。房山区琉璃河董家林村商周遗址所出土的随葬器物（礼器、兵器、车马器等）有力地证实了这一记载（图1-48~图1-50）。

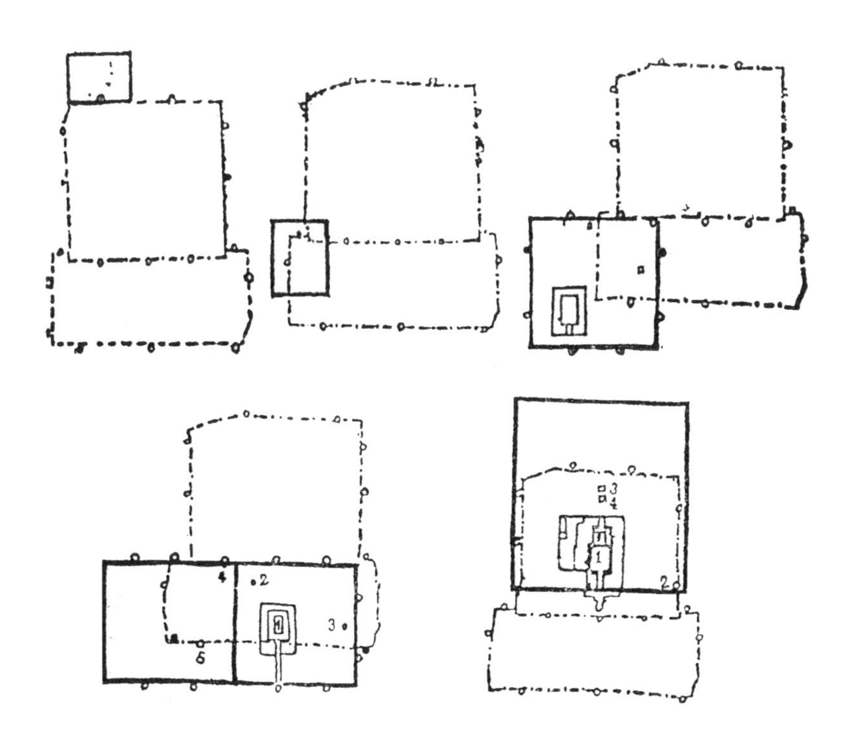

图1-47　北京　早期城市相对于北京城址的位置示意图，左上为蓟城，中上为燕（幽州），右上为燕京，左下为金中都，右下为元大都

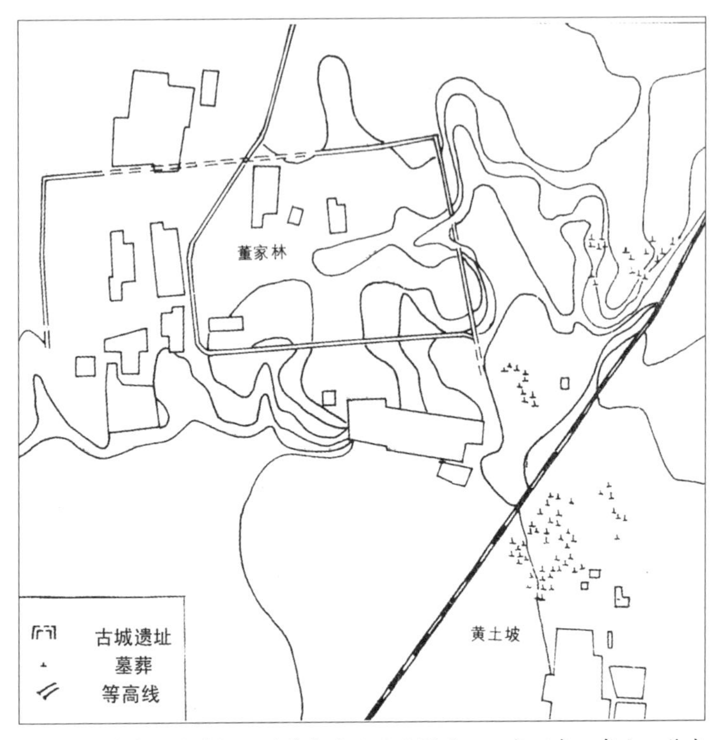

图1-48　北京　琉璃河西周燕都遗址平面图（1973年以来，考古工作者已清理发掘出各种墓葬300多座，车马坑30余座）

图1-49　西周堇鼎

图1-50　西周堇鼎内壁铭文拓片

根据历史文献记载，周初在北方地区先后分封了两个诸侯国，除了“燕”以外，还有一个就是“蓟”。《周礼·职方氏》曰：“东北曰幽州。”《吕氏春秋·有始览》云：“北方为幽州，燕也。”《尔雅·释地》则曰：“燕曰幽州。”《史记·周本纪》则曰：“蓟燕二国俱武王立，因燕山、蓟丘为名，其地足自立国，蓟微燕盛，乃并蓟居之，蓟名遂绝焉。”幽州之名，最早见于《尚书》。《尚书·尧典》有“申命和叔，宅朔方，曰幽都。平在朔易。日短星昴，以正仲冬”的记载，《尚书·舜典》则有“流共工于幽州，放欢兜于崇山，窜三苗于三危，殛鲧于羽山，四罪而天下咸服”之说。这里的“幽都”“幽州”，大致是指今天的华北平原的北部边缘，即燕山南麓。《山海经》也有关于“幽都”和“黑水”的记载，《山海经·海内经》曰：“北海之内，有山，名曰幽都之山，黑水出焉”。按郭璞的注释，同处于幽都之山的浴水、黑水实为一水，即今之永定河。唐代司马贞撰写的《史记·五帝本纪·索隐》在解释“幽都”时则说：“《山海经》曰：‘北海之内有山名幽都’盖是也。”1995年，著名历史地理学家侯仁之院士为矗立在广安门立交桥北侧滨河公园内的“蓟城纪念柱”题写了《北京建城记》，曰：“北京建城之始，其名曰蓟……燕在蓟之西约百里。春秋时期，燕并蓟，移治蓟城。蓟城核心部位在今宣武区，地近华北大平原北端，系中原与塞上来往交通之枢纽……立石为记，永志不忘。”

自前221年秦始皇对中国的统一到唐宋时期的1100多年间，蓟城虽降为郡治，但仍是北方中国的区域性政治和商业中心，并发展为中央政府和北方少数民族的重要军事重镇和交通重镇，成为举足轻重的兵家必争之地。西汉初期，施行郡国并行制，亦设治所于蓟城。西汉中期以后设置“右北平郡”，现在的居庸关就是当年著名的蓟门关。东汉时期70年左右，在蓟城以南约十里处，即今北京内城西南角一带，又建起一座新城，称作“燕”，三国时期改称“幽州”。

隋代的蓟城为隋炀帝向东北讨伐的基地。唐代时此地为“幽州”，有高大坚实的城墙。据唐代李吉甫编著的《元和郡县图志·阙卷逸文·卷一》记载："蓟城，南北九里，东西七里，开十门。"据此可知，唐代幽州城呈长方形，周长32里，折合成现在的里数约有23里（每唐里约合今0.72里），"不窥天下之产自可封殖"。贞观十九年（645年），唐太宗李世民为哀悼北征辽东的阵亡将士诏令在幽州建设"悯忠寺"（实际建成于武则天万岁通天元年，即696年），自清雍正十二年（1734年）命名为法源寺保持至今，寺内至今保留有《无垢净光宝塔颂》《悯忠寺藏舍利记》等唐代碑刻。宋代的《太平寰宇记》引《郡国志》称蓟城（唐幽州城）"南北九里，东西七里"。据首都师范大学历史学院张天虹教授研究，幽州城作为幽州镇的首州治所，安史之乱以后至唐末动乱以前，幽州城的面积约为8.7平方公里，常住人口约为8万人。在唐玄宗天宝年间爆发安史之乱时，幽州曾作为叛军的都城，建有宫殿，但为时很短，宫殿也早已湮没无存。自唐代后期开始，边地和平的局面开始恢复，幽州又成为中原民族与东北各地少数民族之间相互融合的枢纽之一，这种民族融合的局面，一直延续了千年之久。

二、辽南京和金中都（938—1267 年）

唐代末年，北方游牧民族契丹强大起来，幽州成了他们攻占的首要目标，其战略地位也大大加强 。后唐清泰三年（936年），石敬瑭起兵造反，后唐军兵围太原，石敬瑭割让幽云十六州予辽以获得支持。辽太宗会同元年（938年）建都幽州城，改称南京，置幽都府。辽圣宗开泰元年（1012年）改称燕京，更幽都府为析津府，直辖十一县，其中七县位于今北京辖区内，北京成为其陪都。辽代设五京：南京析津府（今北京市），其他尚有上京临潢府（今赤峰市林东镇）、中京大定府（今内蒙古宁城县）、东京辽阳府（今辽宁省辽阳市）、西京大同府（今山西省大同市）。五京中，以燕京规模最大，城周长约27里，东至法源寺东，南至右安门，西至白石桥东，北至白云观北，城中街道笔直整齐，呈方格网状，主要街道有6条，设26坊。据《辽史·地理志》记载："（南京析津府）城方三十六里，崇三丈，衡广一丈五尺。敌楼、战橹具。八门：东曰安东

（东偏北之门，简称东北门）、迎春（东南门），南曰开阳（南东门）、丹凤（南西门），西曰显西（西南门）、清晋（西北门），北曰通天（北西门）、拱辰（北东门）。坊市、廨舍、寺观，盖不胜书。其外，有居庸、松亭、榆林之关，古北之口，桑干河、高粱河、石子河、大安山、燕山，中有瑶屿。”辽南京城的城垣位于今天的广安门地区。辽代契丹人在燕京广建寺院，现存的西城区天宁寺塔即为辽代建筑，主要河水导源自西湖（今莲花池）（图1-51）。辽南京城极盛时人口约30万人。

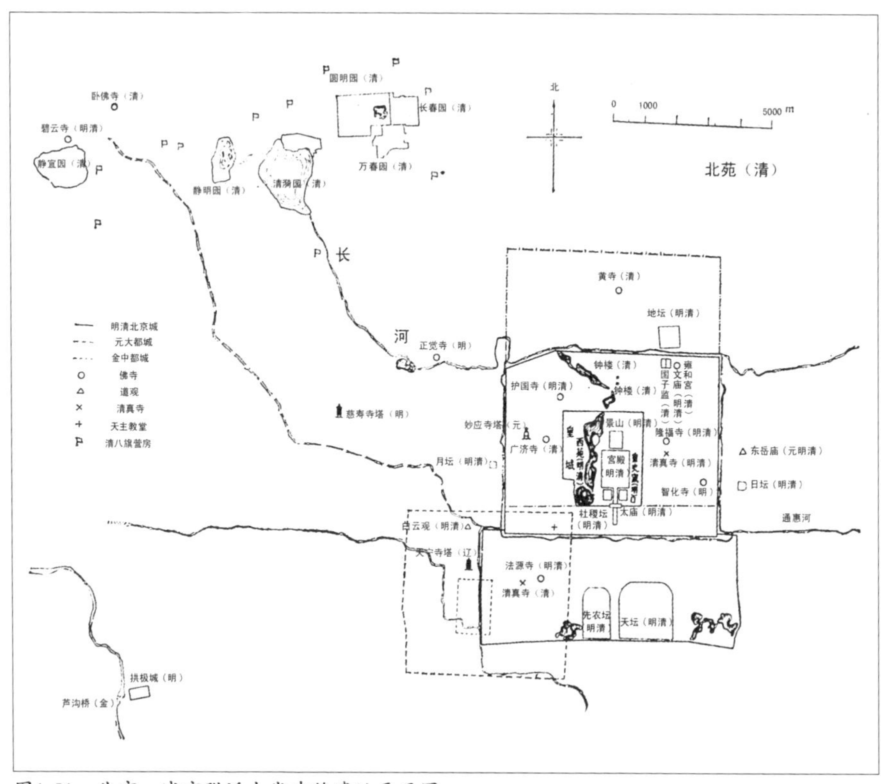

图1-51　北京　城市附近古代建筑遗址平面图

隋唐以来，新兴的佛教在辽代大为盛行。期间，南京城内外兴建了很多规模宏伟、造型精巧的寺庙殿塔，其中规模较大的就有36座，有名的如开泰寺、延寿寺、延洪寺、三学寺等，这些寺庙现均已不存。北京市内尚存的辽代建筑主要是塔，最具有代表性的就是天宁寺塔。该塔为八角十三层密檐式实心砖塔，建于辽天祚帝天庆九年至十年（1119—1120年），塔高57.8米，塔基为方形平台，底部为须弥座，是北京现存最精美的佛塔建筑之一（图1-52、图1-53）。

辽代末年，女真族在长白山、黑龙江一带兴起，建立金国。1123年，宋金联盟攻克燕京，宋金协议将燕京归宋，北宋在燕京建立燕山府。1125年，金人毁约，攻克燕山府，改燕京为南京。皇统末年（1149年），完颜亮弑金熙宗继帝位，改号天德。据《元统一志》记载："天德元年（1149年），乃令右丞相张浩、张通，左丞相蔡松年，调诸路民夫筑燕京，制度如汴。"《金史·地理志》记载："天德三年（1151年），始图上燕城宫室制度，三月，命张浩等增广燕城。城门十三，东曰施仁、曰宣曜、曰阳春，南曰影风、曰丰宜、曰端礼，西曰丽泽、曰颢华、曰彰义，北曰会城、曰通玄、曰崇智、曰光泰。"天德三年（1151年）四月，颁布《议迁都燕京诏》。为了确保迁都成功，他首先将金始祖以来历代先祖的陵墓迁到燕京附近的大房山。天德五年（1153年）三月，迁都燕京，改元贞元，改南京为中都，改析津府为大兴府。北京于是正式成为中国北方的政治中心，至完颜珣贞祐二年（1214年）为逃避蒙古族的频频威胁而迁都汴梁（今开封），作为金代的国都共历六十余年。此举在一定程度上加速了女真的封建化及其与汉族的融合。金中都在辽南京城的基础上加以改造和扩建，主要的建设包括城池扩建、宫殿兴修、桥梁建造及离宫苑囿四个部分。根据著名建筑学家林徽因等人研究总结，自辽代以来的一千多年的时间内，北京曾有四次大规模的发展。其中，金代在辽南京旧城的基础上扩充建设，是辽以后北京第一次大规模改建 。

新建的金中都，城凡三重，采取外城、内城、宫城回字形重重相套的形式。根据《大金国志》记载："内城四周凡九里三十步。"除北城墙依旧外，东、西、南三面都大大向外扩展。其位置相当于原北京市宣武区西部的大半。大城中部的前方为皇城（图1-54～图1-56）。故址在今广安门以南，为长方形的小城。皇城之内又有宫城，宫城西侧为风景优美的苑囿。宫城位于皇城内中央偏北，中路为金宫中轴，西路为御花园、鱼藻池（现青年湖）、西苑，北为嫔妃住所，东路为太子、皇后寝

图1-52　北京　天宁寺塔

图1-53 北京 天宁寺塔及细部，德国建筑师恩斯特·伯施曼摄于1906—1908年

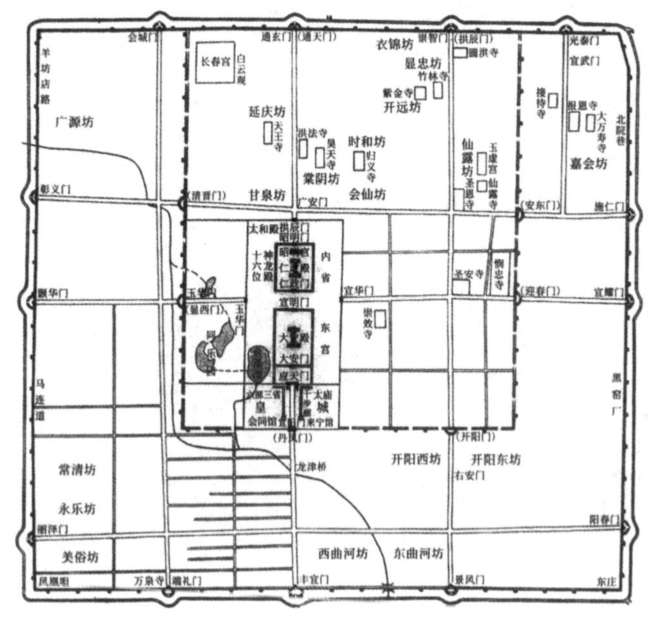

图1-54 北京 金中都复原图

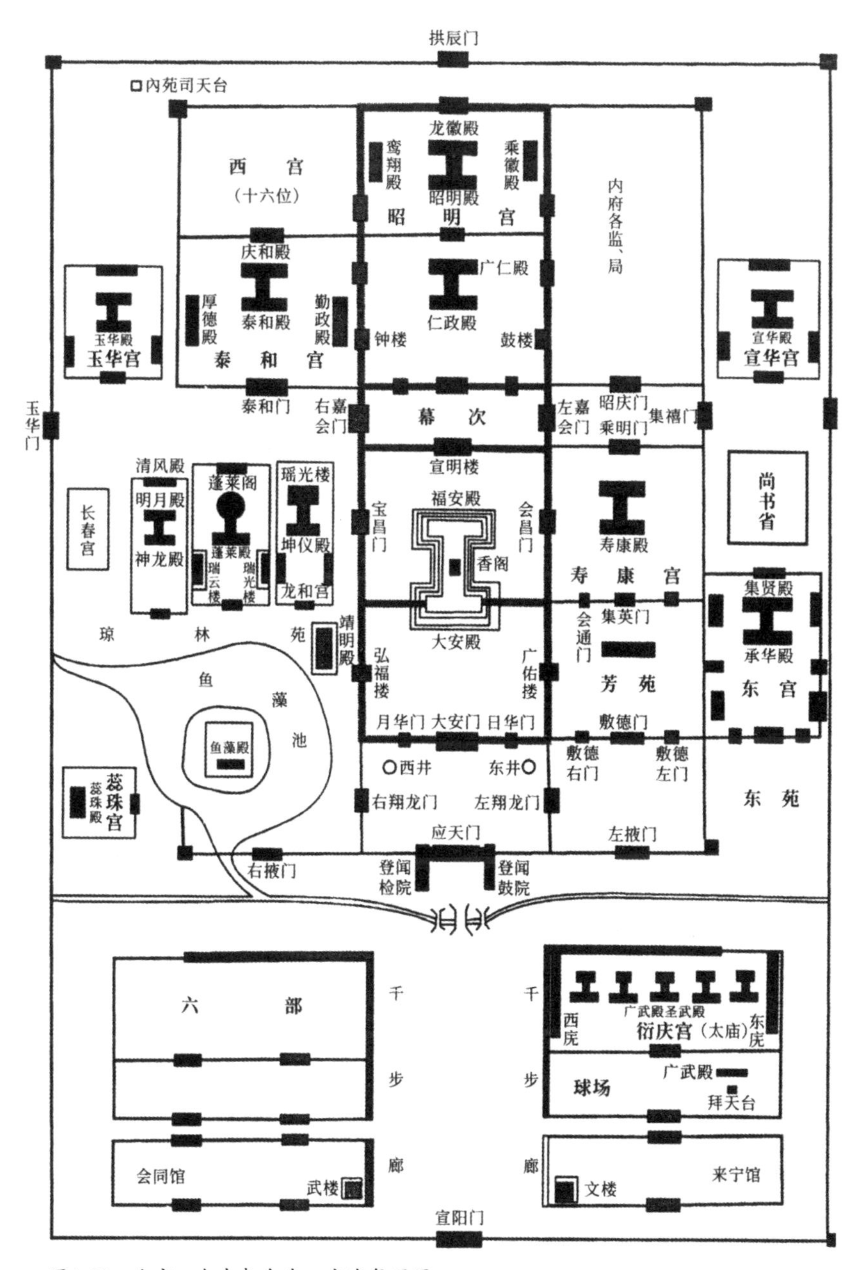

图1-55　北京　金中都皇城、宫城复原图

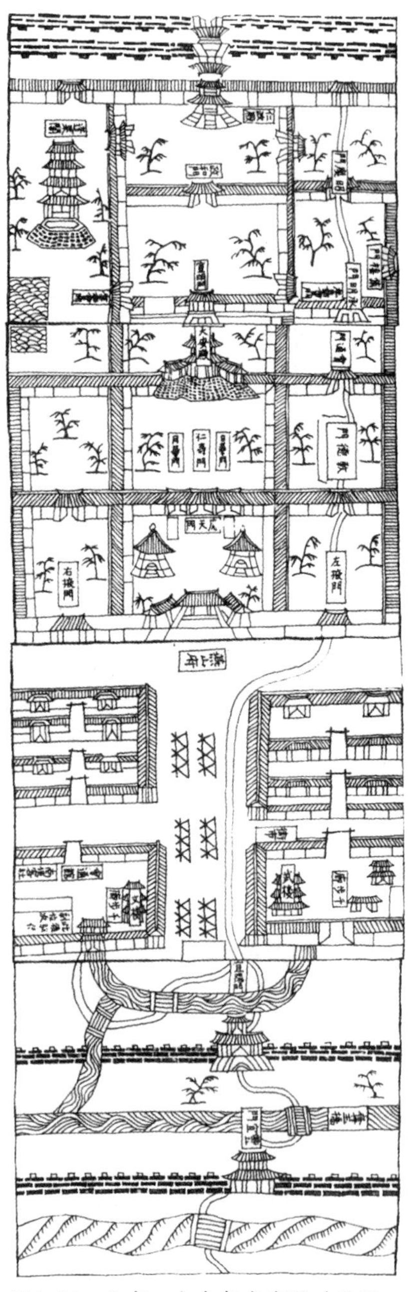

图1-56　北京　金中都皇城图（图源：《事林广记》）

宫和内省政务机构，其城池、宫殿，尽力模仿北宋东京汴梁城的形制来建设，不少建筑材料甚至是太湖石，均从汴梁城拆运至此。据宋代范成大以资政殿大学士的身份在乾道六年（1170年）闰五月戊子出使金国时所撰写的《揽辔录》记载："（在金中都的宫城内）遥望前后殿屋，崛起处甚多，制度不经，工巧无遗力，所谓穷奢极侈者……金既蹂躏中原之地，制度强效华风，往往不遗余力，而终不近似。"

金中都建成之后，大城略呈方形，城周长37里有余，位置相当于原宣武区西部，东墙约在今四通路以北到麻线胡同、大沟沿一线，南墙在今凤凰嘴、万泉寺、三官庙、四通路一线，西墙则在由凤凰嘴至木楼村的延长线上，北墙位于今白云观略北的位置 。中都城内有62坊，宫城两侧为官署，西南为园林、寺观，东北为商业区。城占地约22平方公里，既继承了唐幽州、辽南京的城市建制，又汲取宋汴梁城的格局，建筑豪华绮丽。

金中都的豪华宫殿有36座，比较有名的为大安殿、仁政殿（金帝临朝的处所）等。中都的宫殿完全是按照北宋汴京皇宫规制构筑，甚至装修陈设也多是从汴梁掠来的宣和旧物，在建筑风格上也承袭了北宋末年奢丽纤巧的风气。在蒙元崛起之初，金中都屡遭蒙古铁骑的劫掠，在五十余年的反复破城抢劫中，中都城的宫殿渐次损毁。残毁的金代宫殿遗址，明代初年犹存，嘉靖筑外城（1554年）后，遗址始渐渐湮没。

金中都时，每年的漕运数量少则十万石，多则百万余石。为使漕运入京，金代从通州到中都挖掘了闸河，但水量不足，航道欠畅。大定十年（1170年）议分卢沟水为漕渠，即开金口河以通京师漕运。然而开通后洪水季节容易泛滥成灾，渡河上仅有浮桥，严重威胁着这条通衢大道的畅通。在卢沟河上修建一座在洪水季节也能畅通无阻的大桥已是势在必行。金章宗明昌三年（1192年）修建了横跨卢沟河的大石桥，名“广利”，即今卢沟桥前身。桥长266.5米，下分11个涵孔，桥身两侧各有石雕护栏望柱等。

除了修建城池宫殿和建造桥梁外，金中都还兴建了离宫御苑。其中规模最大、最重要的为金世宗大定十九年（1179年）在辽代瑶屿行宫基址上兴建的大宁宫（今北海公园）。此外，西北郊还建造了行宫别馆，在今颐和园基址上建有完颜亮的行宫。在香山和玉泉山、今钓鱼台国宾馆的基址上也曾建有金帝的行宫，只是这些行宫别苑均已无存。

三、元大都（1267—1368 年）

元大都在我国乃至世界城市建设史上享有重要的历史地位。著名历史地理学家侯仁之院士认为“元大都城是今日北京城的前身，它的城址的选择和城市的平面设计，直接影响到日后北京城的城市建设。因此它在北京城的建筑史上占有重要地位，也是我国封建社会后期都城建设的一个典型。”元大都建设时，废金中都旧城，选择中都城东北郊的离宫御苑作为新城的核心，称北海和中海为太液池。整个都城以积水潭、太液池为中心，符合堪舆“得水为上”的原则，对于美化环境、改善城市小气候、便利水运等方面都起到了很好的作用，太液池中有琼华岛，是俯瞰都城的制高点 。

金贞祐三年（1215年），即金迁都汴梁的第二年，成吉思汗领导的蒙古军队攻克中都，改称燕京。当初蒙古统治者无意在此建都，城内宫阙尽遭焚毁。1260年，忽必烈继任蒙古大汗，即位于滦河上游的开平，建元中统。据《元史·世祖本纪》记载，忽必烈到达燕京后并没有住在城里，而是“驻跸燕京近郊”，实即金中都城东北郊外的离宫（太宁宫）中琼华岛上的广寒宫。中统五年（1264年）八月癸丑，忽必烈从刘秉忠之请，定都于燕，乙卯，诏改燕京为中都，并以中统五年为至元元年。忽必烈战胜其胞弟孛儿只斤·阿里不哥即位之初，曾经拥护阿里不哥的很多蒙古贵族在被征服后对忽必烈十分疏远，并不真正拥护他的统治，为了削弱阿里不哥在和林（今蒙古哈拉和林）的政治影响力，决定在燕京建立新都，采取两都制度，以开平（今内蒙古正蓝旗境内）为主要都城，名上都，以原金中都为陪都。至元元年（1264年），元世祖决定以原金中都城东北方向琼华岛金代大宁宫一带为中心建新城 。至元四年（1267年）正月，正式以琼华岛所在的湖泊为中心兴建宫城。《元史·刘秉忠传》记载：“四年，又命秉忠筑都城，始建宗庙宫室。”至元五年（1268年）冬，宫城城墙基本建成。至元八年（1271年），准刘秉忠“建国号曰大元，而以中都为大都”之奏。大都城之命名自此始。至元十一年（1274年），大都城基本建成。到13世纪，北京已经发展成为当时世界最辉煌的城市，引起了全世界的瞩目。意大利旅行家马可·波罗在至元十二年（1275年）来到大都后，对大都城的设计极为赞赏，他写道：“全城中划地为方形，划线整齐，建筑房舍。每方足以建筑大屋，连同庭院园囿而有余……全城地面规划有如棋盘，其美善之极，未可宣言。”元大都为土城，其中心宫城基本上就是今天北京的故宫与北海中海，这便是辽以后北京第二次的大改建。

元大都是根据《周礼·考工记》规制建设的最完备的封建都城，基本上符合《周礼·考工记》中“匠人营国”条所载“匠人营国，方九里，旁三门，国中九经九纬，经涂九轨，左祖右社，前朝后市”的传统规制。元大都城内街道的分布，除什刹海、北海和中海附近，基本上呈棋盘形。东西南北各有九条大街，呈“九经九纬”之状。元大都的建设奠定了北京旧城的基础（图1-57）。

元大都的形制为三套方城，即外城、皇城（内城）和宫城。据《元史·地理志》记载：“京城右拥太行，左挹沧海，枕居庸，奠朔方。城方六十里，十一门：正南曰丽正，南之右曰顺承，南之左曰文明，北之东曰安贞，北之西曰健德，正东曰崇仁，东之右曰齐化，东之左曰光熙，正西曰和义，西之右曰肃清，西之左曰平则。”元代黄文仲在《大都

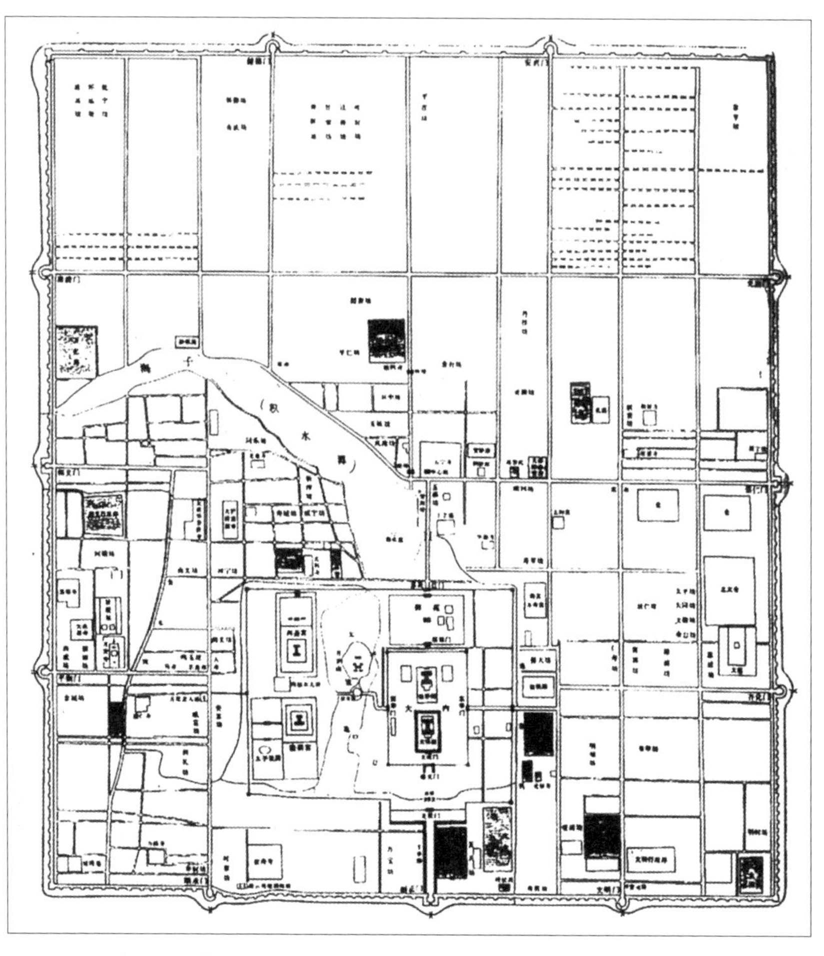

图1-57　北京　元大都平面图

赋》中写道："辟十一门，四达幢幢。盖体元而立像，允合乎五六天地之中。"北京城因设置"十一门"的形制，与神话中"三头六臂两足"的哪吒形象一致，故被京城的老百姓形象地称为"八臂哪吒城"。环绕在皇城外的是外城，即外城郭。外城平面略作长方形，据考古实测，外城东西宽6635米，南北长7400米，周长约28600米。南城墙在今东西长安街的南侧，北城墙在今德胜门和安定门以北5里处，今尚有残存遗迹可见，且被辟为"元大都公园"。整个大都城的城垣均为夯土版筑而成（图1-58）。

图1-58　北京　元大都的土城遗址，位于安定德胜门外一带，遗址上立的为"燕京八景"之一的"蓟门烟树"御碑

为了巩固城墙，在土城中加以"永定柱"（竖柱）和"紝木"（横木）。南城墙修建时为躲庆寿寺，城墙在该处向南退三十步，今长安街不是一条直线概源于此。城垣四角建有角楼，周围绕以护城河，城门筑瓮城和吊桥。皇城周长20里，位于外城内南部中央地区，其内包括宫城、御苑以及兴圣宫、隆福宫、太子宫和太液池等。宫城在皇城内偏东，位于全城的中轴线上，分为前朝和后宫两部分。商业活动的市，集中布置在城内北部鼓楼一带。宗教建筑用地虽多但很分散。

这一时期的城市已有明确的中轴线，以宫城（大内）为中心，南起丽正门，经皇城前广场，过灵星门，进入皇城、宫城，直抵皇城以北位于都城中心的中心阁。由此向北，轴线略向西移，通过鼓楼，直达钟楼。元大都的干道系统基本是方格网系统，整齐方正，南北向道路贯穿全城，东西向干道则受到居中的皇城和海子的阻隔，因而形成若干“丁”字街。中轴线更加突出了皇权的至高无上。根据侯仁之院士的研究，大都城内，除去在城市的中心位置上，有一条自北而南确定宫城大内位置的中心干道之外，其他城内的主要干道，纵横交错，略成棋盘状。其主要特点是在南北向的主干道东西两侧，近似等距离地并列着若干东西向的大街和“胡同”。大街宽约25米左右，胡同宽约6～7米，这是大都城内民间居住区的主要特点。这种东西向的胡同最宜于主房（或称正房）坐北向南的四合院的划分，对北京的影响延续至今。不过皇城同各城门口和干道之间的联系仍很便捷。全城被干道划分成方形的街坊，街坊再被平行的小巷划分为住宅用地。坊内的小巷称胡同，多为东西向，胡同内院落式住宅并联建造。笔直宽阔的大道给意大利旅行家马可·波罗留下深刻的印象，他写道：“那城中的街道是非常的宽阔，可以由一端看到它们的另一端。它们是特此布置，可以由这门看见对面的门。”

水源问题是城市建设中头等重要的问题，也可以说是城市的生命线。古代的北京水源丰富，位于永定河、潮白河的洪积扇和冲积扇所积的平原区，有大量的沼泽、淀泊，地下水非常丰富，地理位置优越，商周时期在此地就形成了都邑。据侯仁之等学者的研究，元代把北京城的城址从莲花池转移到高粱河水系上来，起初曾经引永定河水东行，但因夏季山洪暴发，控制困难，不久即放弃。大都城内的水源是比较缺乏的，所以从西北郊导引了很多小流泉来解决大都的给水问题。元大都的规划建设引入了自然山水，据《元史·地理志》记载：“海子在皇城之北、万寿山之阴，旧名积水潭，聚西北诸泉之水，流入都城而汇于此，汪洋如海，都人因名焉。恣民渔采无禁，拟周之灵沼云。”元大都的供水水系分两类：一为由高梁河、海子、通惠河构成的漕运；一为由金水河、太液池构成的宫苑用水。元代水利专家郭守敬为大都城规划了水系工程。主要水系有两条：一条由高粱河引水经海子、通惠河通往城东通州，使漕运可以直达大都城内；一条由金水河引水入太液池，再流往通惠河，保证了宫苑的用水。城市的排水，是在干道两侧用石条砌筑宽约1米的明渠，将废水通过城墙下预先构筑的涵洞排出城外。

元大都基本符合《周礼·考工记》所记载的国都应有的形制，但也有所创新，有所发展。例如，充分考虑自然山水格局，把以积水潭为主的一连串天然湖泊纳入大都城是元大都规划建设的一大创新；在元大都北面城墙上只开“两门”而非“三门”，全城开十一门，这也是一种创新 。关于在北城墙设置“两门”的问题，已经引起国内外许多学者的兴趣。侯仁之院士认为，《周易·系辞上》称“天一、地二、天三、地四、天五、地六、天七、地八、天九、地十。”地之数，阳奇阴偶。取天数一、三、五、七、九，和地数二、四、六、八、十，这些数的天地之中和，即将天数的中位数“五”和地数的中位数“六”相加之和为“十一”。这取象为阴阳和谐相交，衍生万物，天地合和，自然变化之道尽在其中。大都城既是天子王位所在、众生所依，自当被视为天地之正中。元大都只建十一门，不开正北之门也是和《周易》卦的方位有关。《周易·说卦》认为：“坎为隐伏”，隐伏之极就是关闭。其方位为北方，是“重险，陷也”，所以不开城门，这也符合中国北方民俗中有严严实实的北面的山墙，以示有牢固的靠山。元大都的宫殿、城门的命名大都与《周易》有关（图1-59）。据清代的《日下旧闻考》记载：“殿曰大明、曰咸宁。门曰文明，曰健德，曰云从，曰顺承，曰安贞，曰厚载，皆取诸乾坤二卦之辞也。”至元八年（1271年），刘秉忠奏建国号曰大元，而以中都为大都。元之国号，也来自《周易》，《周易·乾卦·彖辞》曰：“大哉乾元，万物资始，乃统天”，寓意如果遵循天道，则统治者能够长期统治。元大都的规划建设充满着复杂多样的象征意义。

大都城内街道整齐划一，以坊为基层行政单位。大都城内皇城以外的居民区共划分为五十坊，分别属于左、右警巡院，坊有坊正，坊下有巷，设巷正。坊不设坊墙，各有坊门，门上署有坊名。据《析津志》记载：“（元大都）坊名五十，以大衍之数成之”。坊名主要取自《周易》《尚书》《左传》《孟子》等书，也有一些取名于地形方位 。城内依据“八亩”见方的地块为单位进行划分，住户可以在八亩宅基地上建

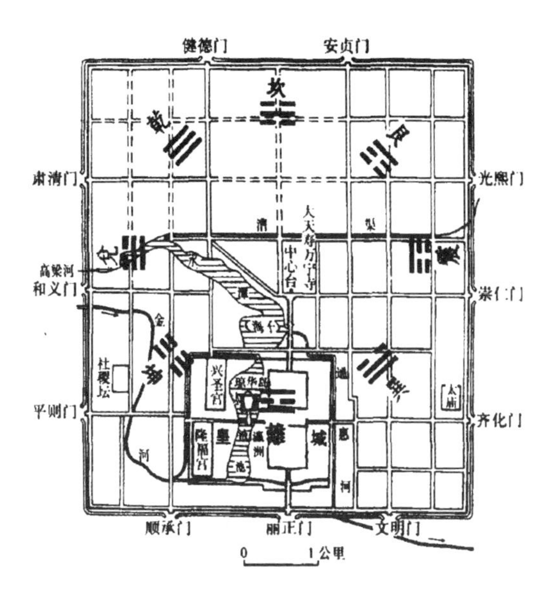

图1-59　元大都的城门依文王八卦方位排列命名（据于希贤，《周易》象数与元大都规划布局，1999年）

造住房，于是形成了一个个四合院。据《元史·世祖本纪》记载：“至元二十二年（1285年）二月任戌，诏旧城（金中都）居民之迁京城者，以赀高及居职者为先，仍定制以八亩为一分，其或地过八亩及力不能作室者，皆不得冒据，听民作室。”由此可见，当时是把全城划分为若干份，并按份授地，其基本模数为50步，大体上与当时两条胡同之间的距离相当，这也是其他大型建筑，如坛庙、署衙占地的基本模数。

13—14世纪，元大都在世界的影响力很大，是著名的国际大都市。元代黄文仲在《大都赋》中写道：“駃舌螺发，黧面雕题，献獒效马，贡象进犀，络绎乎国门之道，不出户而八蛮九夷。谓之大都，不亦宜乎？”元大都世界城市的特征跃然纸上。熊梦祥在《析津志》中记述了元大都中的茴茴葱、荨麻林、树奶子、葡萄酒、高丽菜等外来物产，种类丰富多样。意大利旅行家马可波罗在《马可·波罗游记》中写道：“每逢基督教的主要节日，他（忽必烈）都照例行事。而在萨拉森人、犹太人或偶像信徒的节日，他也举行隆重的仪式。”不同宗教在元大都并行不悖，当然，蒙古统治者所信奉的藏传佛教更是大行其道。对待四方来客，元代规定："凡诸国朝贡使客，虽是经由行省，必须到都（即元大都），于会同馆安下。"意大利传教士孟高维诺（1247—1328年，Montecorvino），在他写给教皇的书信中描述了他本人被大汗按照教皇专使的身份接待的情形，他写道："余在大汗廷中有一职位。依规定时间，可入宫内。宫内有余座位，大汗以教皇专使视余，其待余礼貌之崇，在所有诸教官长之上。大汗陛下虽已深知罗马教廷及拉丁诸国情形，然仍渴望诸国有使者来至也。"元代的驿站非常发达，是丝绸之路文明发展的重要时期，而元大都又是丝路文明的"枢机"，对中西方文化交流做出了重要贡献。据《元史・志第四十九・兵四・站赤》记载："元制站赤者，驿传之译名也。盖以通达边情，布宣号令，古人所谓置邮而传命，未有重于此者焉。凡站，陆则以马以牛，或以驴，或以车，而水则以舟……于是四方往来之使，止则有馆舍，顿则有供帐，饥渴则有饮食，而梯航毕达，海宇会同，元之天下，视前代所以为极盛也。"很明显，元大都作为天下"风俗之枢机"的京师，元大都的世界性特征又辐射到帝国的每个角落，从而使13—14世纪的中国整体形象都充满了与世界关联的活力 。

元代初期，统治者迁都并建都燕京，城市户口大幅度增加。在大都建设伊始的中统五年（1264年），城市大约有4万户，14万人；到至元八年（1271年）人口增长到11.95万户，42万人；到至元十八年（1281）年，人口已经增长到21.95万户，88万人（表1-2）。到元代中后期，元大都已经发展成为人口规模在百万量级的世界城市。

表1–2　元大都城市户口变迁

年代	户数/万户	口数/万人
中统五年（1264年）	4.00	14.00
至元八年（1271年）	11.95	42.00
至元十八年（1281年）	21.95	88.00
泰定四年（1327年）	21.20	95.20
至正九年（1349年）	20.85	83.40

资料来源：侯仁之 主编，唐晓峰 副主编.北京城市历史地理[M]. 北京燕山出版社，2000年：第269页

四、明清北京城（1368—1912 年）

明代1368年开国，建都南京。明洪武元年（1368年），明太祖朱元璋派兵北伐元大都，八月初二徐达率军从通州攻入元大都，“一鼓而克全城”，元顺帝仓皇北逃。至此，从成吉思汗十年（1215年）蒙古军队攻占金中都到元顺帝至正二十八年（1368年）为止，其间一百五十余年，元大都地区的蒙元统治结束，改元大都为北平府。洪武三年（1370年），朱棣封为燕王，驻北平府。建文元年（1399年），朱棣以入京诛奸臣为名，向南京进兵，史称“靖难之役”。明永乐元年（1403年），朱棣夺取皇位，决定升北平为都城，“以北平为北京”，北京之名由此而始。永乐四年（1406年），下诏营建宫阙城池。永乐十八年（1420年）宫阙城池建成，明代都城由南京迁都北京（图1-60）。

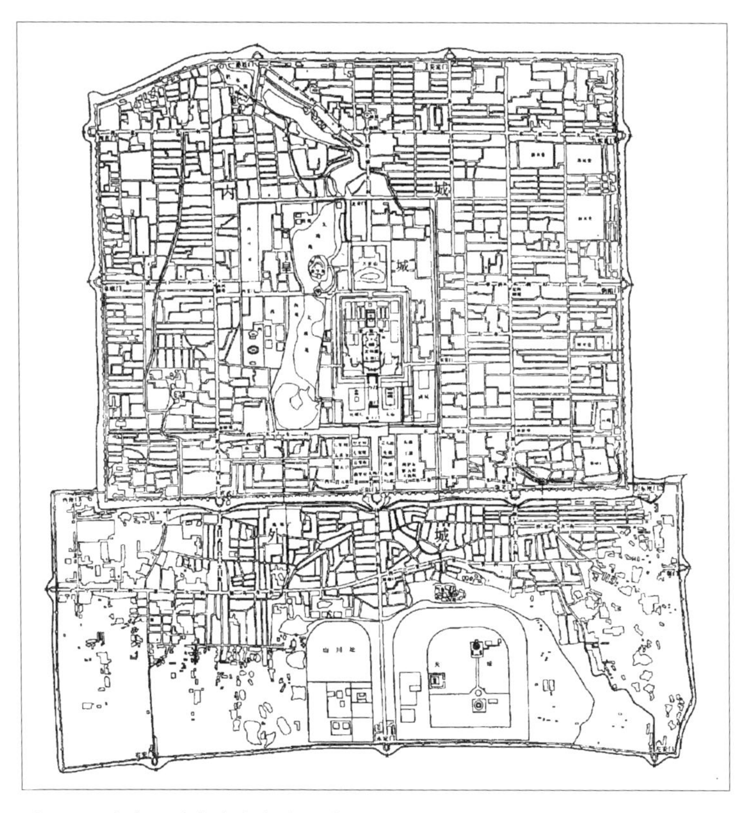

图1-60　北京　明代北京城平面图

明崇祯十七年（1644年），明王朝被李自成的起义军推翻。随后，吴三桂引清军入关，李自成兵败，清顺治帝在北京即位。明灭亡后，清王朝仍建都北京，前后长达268年。清建都北京后，沿用明代旧城，城市总体格局和街道体系没有变化，城池、宫殿、坛庙大多完整保留。清初由于火灾和地震，宫殿多数毁坏，北京现存宫殿大多是清代重修的，但布局上尚存明制（图1-61）。

明代为了加强防守，对元大都进行了大规模的改建。明代的北京城包括内城和外城。内城东西墙仍是元大都城垣。洪武四年（1371年）将元大都内比较空旷、居民稀少的北部放弃，在原北城垣以南5里另筑

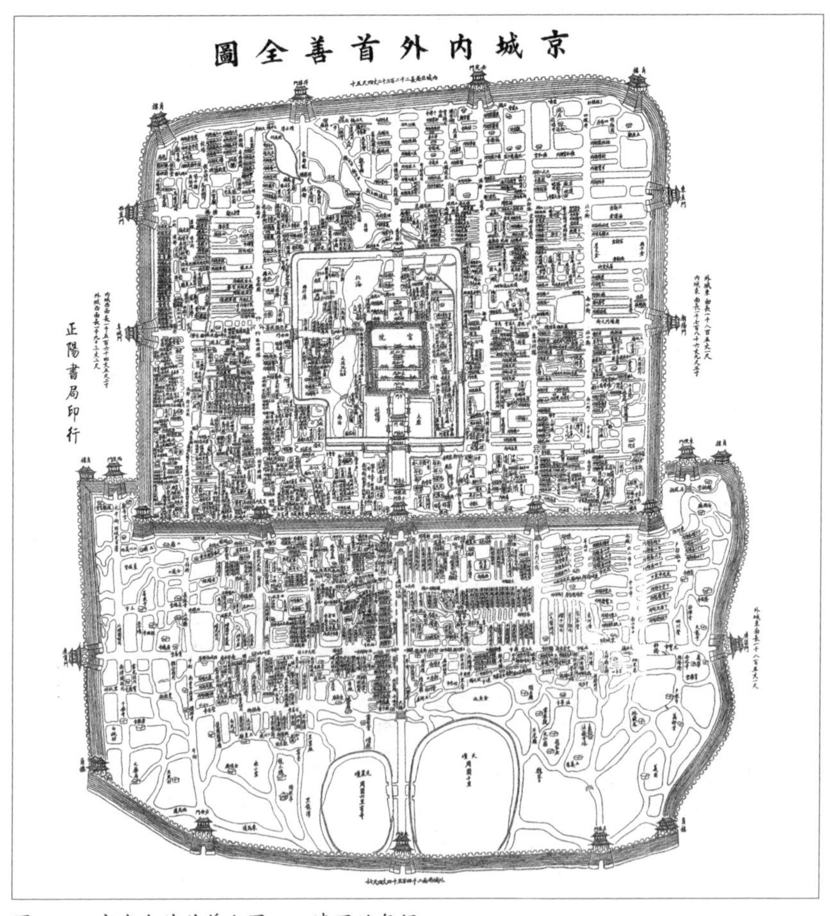

图1-61　京城内外首善全图——清同治年间

新垣，位于今德胜门、安定门一线。北城墙设两个门，东为安定门，西为德胜门。为了破除元代的“王气”，把元大内皇宫宫殿建筑尽数拆除。明初，分别将东城墙的崇仁门更名为东直门，将西城墙的和义门更名为西直门。明永乐十七年（1419年）又将南城垣南移近一公里，即正阳门、崇文门、宣武门一线；这样形成的内城，东西长6635米，南北长5350米。由于南、北城墙的变化，从全城总体格局来看，元大都以“中心台”为中心的空间布局已不复存在，新的城市几何中心已经转移到万岁山的位置。

明正统元年（1436年），为了加强京城的防守，开始修建九门城楼。据《明英宗实录·卷二十三》记载：“正统元年十月辛卯，命太监阮安、都督同知沈清、少保工部尚书吴中，率军夫数万人，修筑京师九门城楼。初，京师因元旧，永乐中虽略加修葺，然月城（即瓮城）楼铺之制多未备，至是命修之。”正统二年（1437年）二月，西直门和平则门开始营建。正统三年（1438年）营建东直门、朝阳门、德胜门等，最后完成的是丽正门。至正统四年（1439年）工成，前后历时四年之久，是明永乐以来的规模最大的一次修整，也可以说是明成祖营建北京的一个延续，城防功能得到很大程度的加强。遂改丽正门为正阳门，文明门为崇文门，顺承门为宣武门，齐化门为阜成门，九门之名称保留至今。这五十多年时间内完成的三次大工程便是北京在辽以后的第三次改建。

明中叶以后，东北的军事威胁逐渐强大，所以有了在城的四面再筑一圈外城的需要。嘉靖年间（1522—1566年）又在内城南垣以外发展出大片居民区和市肆。为加强城防，修筑了外城墙，形成外城。外城东西长7950米，南北长3100米。据明张爵《京师五城坊巷胡同集》记载，嘉靖时北京分中城、东城、西城、南城、北城33坊。原计划在内城东、西、北三面也修建外城墙，但限于财力，一直未能完成。清代因同北方少数民族关系友好，无须再建外城。这样就使明清北京城的平面形成日后的“凸”字形外廓。这次改造是辽以后北京的第四次改建。

城市布局为宫城（紫禁城）居全城中心位置，宫城外套筑皇城，皇城外套筑内城，构成三重城垣。宫城内采取传统的“前朝后寝”制度，布置皇帝听政、居住的宫室和御花园，宫城南门前方两侧布置太庙和社稷坛。宫城北门外设内市，还布置了一些为宫廷服务的手工业作坊。整套布局完全承袭“左祖右社，前朝后市”的传统王城形制。

明清时期，北京城的居住区分布在皇城四周。这时的里坊只是城市地域上的划分，不具里坊制的性质（图1-62）。

居住区结构同都城相仿，以胡同划分为长条形的住宅地段。内城多住官僚、贵族、地主和商人；外城住一般平民。清时满族住内城，汉族及其他民族多居外城。

商业区的分布密度较大。明代在东四牌楼和内城南正阳门外形成繁荣的商业区（图1-63）。

由于行会的发展，同行业者相对集中，并在今北京市街名中有所反映，如米市大街、猪市大街和菜市口、磁器口等。城内有些地区已形成集中交易和定期交易的市，例如东华门外的灯市、庙会形式的集市及固定的商业街。清代商品运输主要靠大运河，由城东通往通州的运河码头较便捷，因而仓库多在东城。

明清时期北京城的建筑布局依然运用中轴对称的手法。形成的中

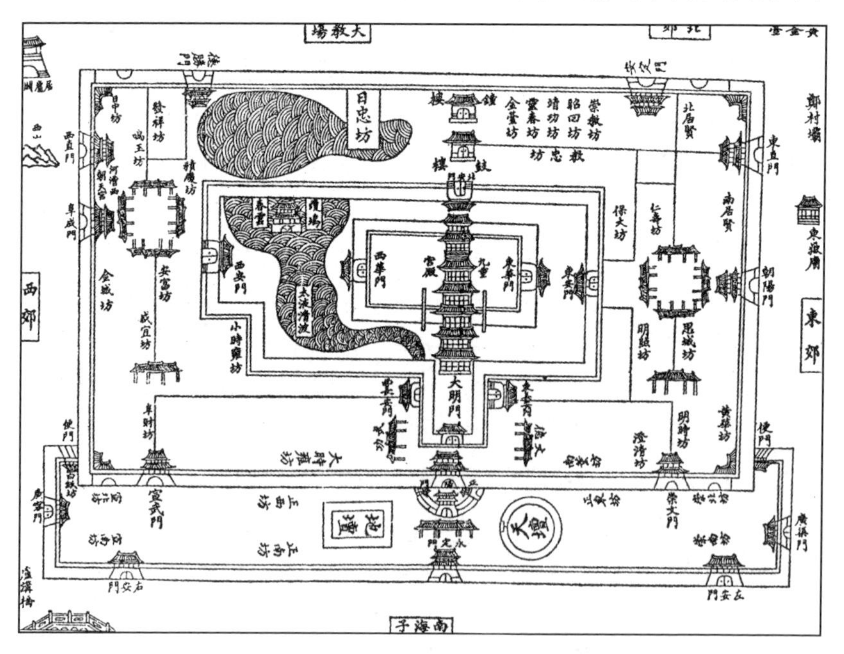

图1-62　北京　明代北京城坊图（据《京师五城坊巷胡同集》）

图1-63　北京　《弘利知春诗意图》中正阳门外商业大街

轴线南自永定门起，北至钟楼、鼓楼，全长8公里，是布局结构的骨干（图1-64、图1-65）。

皇宫以及其他重要建筑物都沿着这条轴线布置。轴线的两侧布置天坛和先农坛两座建筑。从正阳门向北经大清门，即进入“T”字形的宫前广场，其北部向左右两翼展开。广场北面屹立着宏伟的天安门，门前点缀着汉白玉的金水桥和华表（图1-66）。

迈进天安门，经端门、午门和太和门即为六大殿[1]，这六座形式不同的宫殿建筑和格局各异的庭院结合在一起，占据了中轴线上最重要的部位（图1-67、图1-68）。

在紫禁城正北，矗立着近50米高的景山，是全城制高点。自景山向北，经皇城北门地安门，直抵中轴线的终点——鼓楼和钟楼。中轴线上的建筑重点突出，主次分明，布局整齐严谨。

[1] 清代重修名太和殿、中和殿、保和殿（即前三殿）和乾清宫、交泰殿、坤宁宫（后三宫）。

图1-64　北京　中轴线的起点——永定门（傅公钺，张洪杰，袁天才：《旧京大观》）

图1-65　北京　中轴线的终点——鼓楼及钟楼

图1-66　北京　天安门

图1-67　北京　清《胪欢荟景图册》中的太和门和太和殿（绘于清乾隆年间）

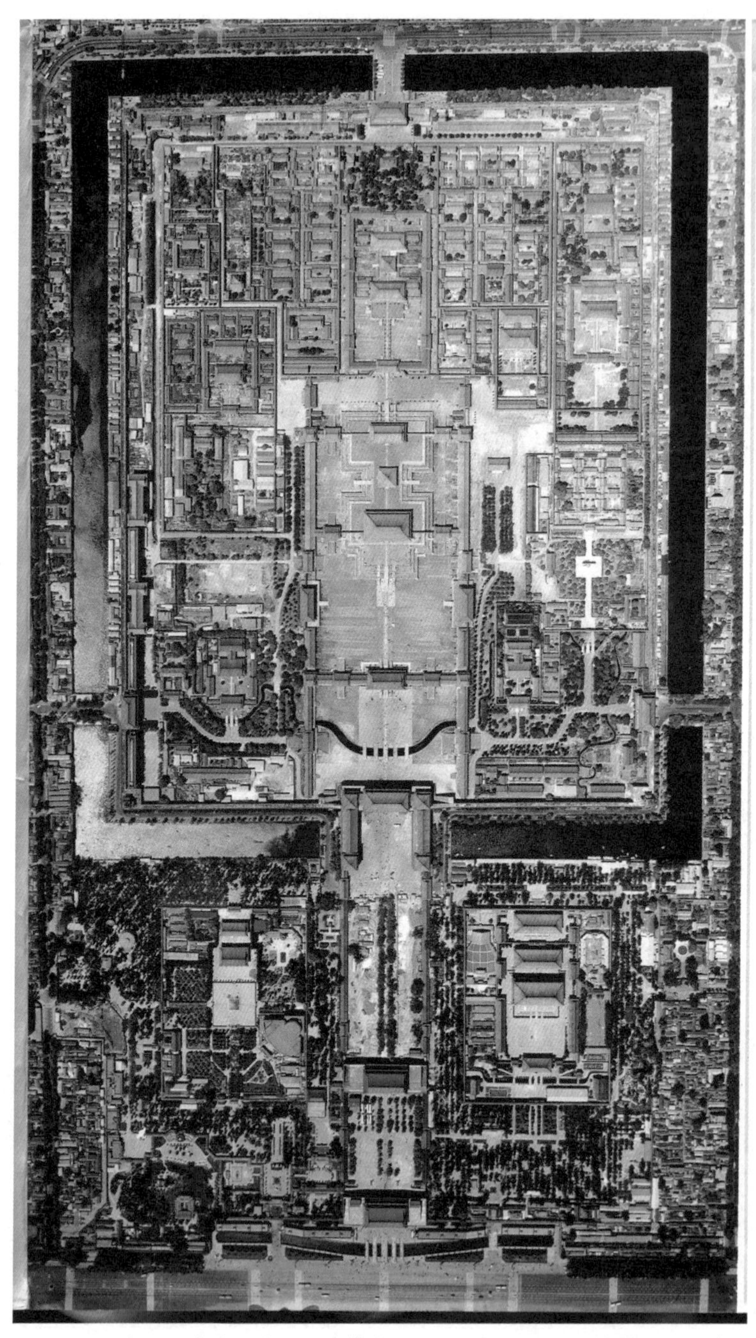

图1-68　北京　北京中轴线——紫禁城和天安门广场航拍全景（侯仁之《北京历史地图集》，北京出版社，1988年）

明清时期北京城的道路系统基本是在元大都的基础上扩建而成，构成方格式路网的街道大多为正向。城内主要干道是宫城前至永定门和宫城通往内城各城门的大街。外城有崇文门外大街、宣武门外大街以及连接这两条大街的横街。由于皇城居中，所以内城分为东西两部分，东西向交通受到一些阻隔，方格路网中出现了不少丁字街。明清时期的城门与元代的城门有很大的不同，外城有九座城门，内城有七座城门，皇城有四座城门。老北京城的“内九外七皇城四”之说指的是就是内城九门、外城七门以及皇城四门。明清时期，城门的名称略有变动。清代，内城的九门的名称分别为正阳门（俗称前门）、神武门、阜成门、西直门、德胜门、安定门、东直门、朝阳门和崇文门，外城七门分别为永定门、右安门（俗称南西门）、广安门、西便门、东便门、广渠门、左安门（俗称南东门），内城四门分别为大清门（实为三重大门，包括大清门及其里面的天安门和端门，明代分别称大明门、承天门和端门）、西安门、地安门、东安门。紫禁城开四门，南门为午门，西门为西华门，北门为神武门，东门为东华门。然而，由于诸多原因，老北京城门大多已经被拆除，不少城门现已踪迹难觅。

明、清两代，北京城的城市形态基本相似，但其人口构成和功能分区却很大不同。明代京城居民以汉人为主，内城居住多为官宦，外城居民多为普通百姓。据《燕都丛考》记载：“明代皇城以内，外人不得入，紫禁城以内，朝官不得入，奏事者至午门而止。”明成祖迁都北京以后，城市人口骤增，商业设施有很大发展；嘉靖三十二年（1553年）兴建外城以后，扩充了大片城市商业区。据北京大学韩光辉教授等人研究，到正统十三年（1448年），北京已经有27.3万户，约96万人。随着城市人口的增加，北京城市商业特别是外城的商业发展进入空前繁盛的时期。清代初期，为了保卫皇室，实行“旗民分城”的政策，强制将内城原有居民搬出，旗人居内城及郊区各旗营中，民人居外城及关厢郊区一带 。旗人肩负着拱卫京师、服务帝后的重要职责。八旗分为满洲八旗、蒙古八旗和汉军八旗三支。在八旗中，满洲八旗以天子亲自统领的镶黄、正黄、正白三旗最为尊贵。当然，旗人在内城也并非是随意居住，而是按照八旗军队行军打仗过程中形成的八旗方位，分片区居住。

据清乾隆年间《八旗通志初集·卷二》记载："本朝龙兴，建旗辨色。制始统军，尤以相胜为用。八旗分为两翼，左翼则镶黄、正白、镶白、正蓝也，右翼则正黄、正红、镶红、镶蓝也。其次序皆自北而南，向离而治。两黄旗位正北，取土胜水；两白旗位正东，取金胜木；两红旗位正西，取火胜金；两蓝旗位正南，取水胜火……世祖章皇帝定鼎燕京，分列八旗，拱卫皇居。镶黄居安定门内，正黄居德胜门内，并在北方。正白居东直门内，镶白居朝阳门内，并在东方。正红居西直门内，镶红居阜成门内，并在西方。正蓝居崇文门内，镶蓝居宣武门内，并在南方。盖八旗方位相胜之义。以之行师，则整齐纪律；以之建国，则巩固屏藩。诚振古以来所未有也"（图1-69）。旗人拥有军人身份，由朝廷"供养"，居住在内城，内城实行军营化管理，禁止在内城开办茶楼、酒楼、戏院等休闲娱乐场所，全城实行严格的宵禁制度。旗人基本不事生产和经商活动，内城商业活动受到一定程度的影响，外城商铺、票号众多，较为繁华，但这种局面在清代后期有所改变。清代中后期，京城

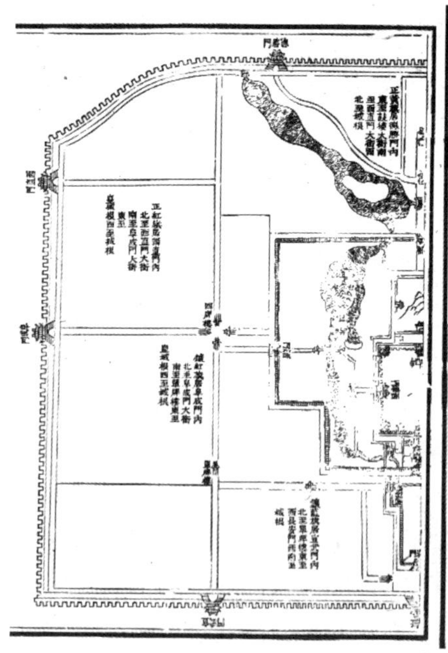
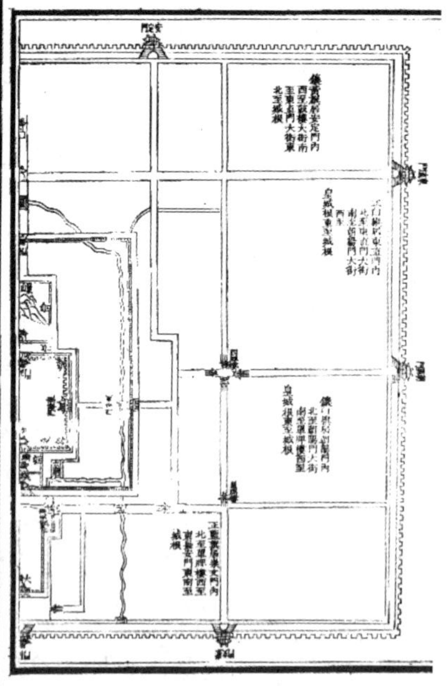

图1-69　北京内城八旗方位全图（据（清）《八旗通志初集·卷二》）

人口压力加大，出现了用地紧张的现象，尽管官方采取了禁止政策，但随着时间的推移，京城的人口和经济社会发展条件发生了不少变化，旗人与旗人之间、旗人与民人之间的房产禁止交易管制松动，人口流动加快，外城民人开始向内城渗透，内城旗人也有不少居住在外城。人口流动带动了城市功能分区结构的变化。外城最为繁华的地带是正阳门外地区，内城最发达的地区则属鼓楼地区。总之，在清代统治下，直到清代灭亡之前，北京内城几乎只有满人（旗人）居住；外城则相反，除了约1万人满人外，其余的都是汉人（民人）（表1-3、表1-4）。

表1–3 明清时期北京城市人口变迁

年代	户数/万户	口数/万人
明洪武二年（1369年）	3.69	9.50
明洪武八年（1375年）	7.21	14.30
明正统十三年（1448年）	27.30	96.40
明万历六年（1578年）	17.92	85.10
明天启元年（1621年）	15.12	77.00
清顺治四年（1647年）	13.48	53.90
清顺治十四年（1657年）	12.22	56.22
清康熙二十年（1681年）	13.36	64.12
清康熙五十年（1711年）	15.33	76.67
清乾隆四十六年（1781年）	15.53	98.70
清光绪八年（1882年）	19.49	108.51
清宣统二年（1910年）	20.99	112.88

资料来源：侯仁之 主编，唐晓峰 副主编. 北京城市历史地理，北京燕山出版社，2000年：289-291

表1-4　清末民初北京人口统计

年份	内外城人口数/人	男女性别比	北京市人口/人
1908	662747	158/100	
1909	674011	226/100	
1910	785442	199/100	
1911	783053	201/100	
1912	725035	182/100	
1913	727803	186/100	
1914	769317	183/100	
1915	789127	179/100	
1916	801136	199/100	
1917	811556	174/100	
1918	799395	173/100	
1919	826531	172/100	
1920	849554	166/100	
1921	863209	167/100	
1922	841945	170/100	
1923	847107	180/100	
1924	872576	171/100	
1925	841661	174/100	1266148
1926	816133	167/100	1224414
1927	878811	166/100	1325663
1928	899676	171/100	1340199

资料来源：王均. 1900—1937年北京城市人口研究[J]. 地域开发与研究，1996，15（1）：86-90

明、清两代，北京城的礼制建筑和宗教建筑兴盛。明永乐十八年（1420年）在建设宫殿的同时，在正阳门外仿南京形制建立了天坛和先农坛。嘉靖九年（1530年），在安定门外建立了方泽坛（今地坛），朝阳门外建立日坛，阜成门外建夕月坛（今月坛）。清代修建的密宗庙主要有雍和宫、双黄寺、福佑寺、永安寺及白塔（今北海白塔）等。北京伊斯兰教建筑现有60余处，著名的有牛街礼拜寺、东四清真寺、锦什坊街北京清真普寿寺等，其中最早的清真寺是牛街清真寺，是北京地区伊斯兰教形成与发展的重要历史见证。据潘梦阳《伊斯兰与穆斯林》："牛街礼拜寺是北京市规模最大、历史最悠久的一座清真寺。它建于辽统和十四年（996年，北宋至道二年）。明正统七年（1442年）重修。"另外，在这一时期基督教也再次传入中国，并且得到长足的发展，建有多座天主教堂、东正教堂，如王府井大街的东堂、东交民巷的圣玛利亚教堂等。意大利传教士利玛窦、德国传教士汤若望、法国传教士白晋等人对东西方文化交流均做出了重要贡献。其中，对天主教在中国发展贡献最大的是利玛窦，在中国传教28年。经过利玛窦的努力，天主教在元代灭亡以后重新出现在北京地区。北京宣武门教堂就是利玛窦在徐光启等人帮助下创建的。汤若望在中国生活47年，历经明、清两代，是继利玛窦之后最重要的来华耶稣会士之一，对中西文化交流做出了重要贡献。明清易代之际，宣武门内教堂的传教士也被限期搬出，教堂内的德国传教士汤若望却坚守并上书清政府恳请予以保留，奏书很快得到清政府批准，即"恩准西士汤若望等安居天主堂"，还颁布满文告示张贴于宣武门教堂门前。清代入主中原后，出于修订历法的需要，对这位通晓天文历法的德国传教士十分器重，并任命他为钦天监监正。

明、清两代，北京城的宫苑建筑，是在今中都、元大都的基础上发展起来的。明代主要宫苑如紫禁城以西的西苑，是利用金元时期以太液池（今北海和中海）和琼华岛为中心的离宫旧址扩建而成，明初还在太液池南端开凿了南海。清代继续扩建以三海（北海、中海、南海）为中心的宫苑；大片的园林水面和严谨的建筑布局巧妙结合，堪称杰作，至今一直是北京市中心园林绿化的基础。清代还在西北郊兴建大批宫苑，包括圆明园、长春园、万春园、静明园、静宜园、清漪园（后称颐和园）等（图1-70）。

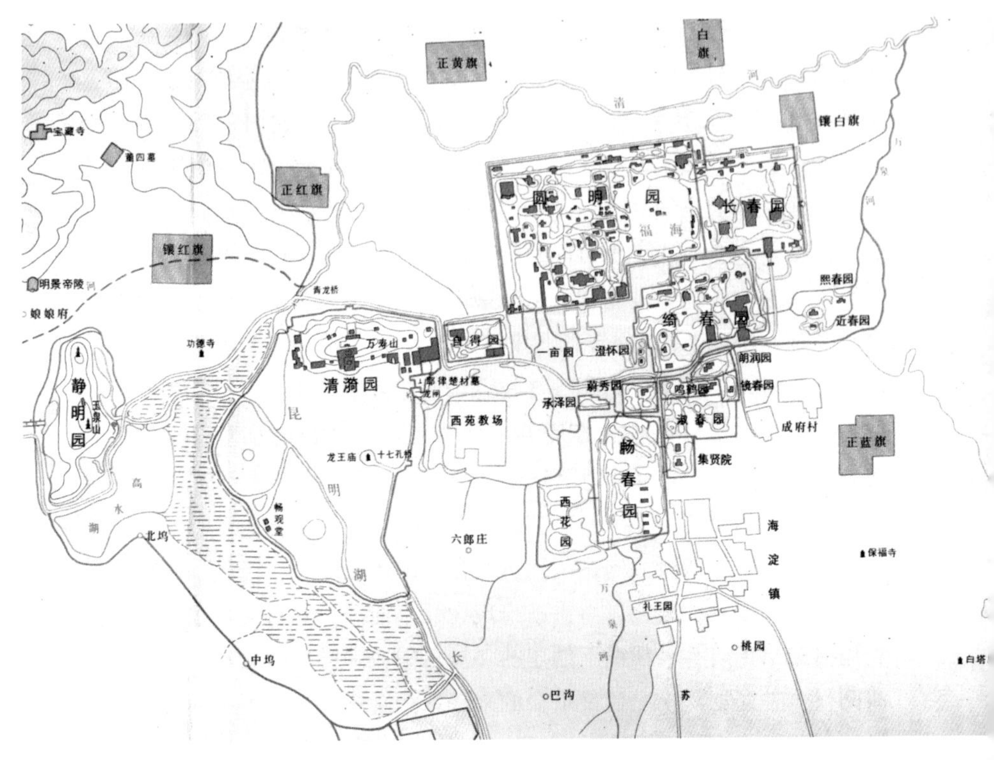

图1-70　北京　清西郊园林平面图

以上宫苑各具特色，形成环境优美的风景地带。清代统治者采用“园居理政”的统治方式。这种方式自顺治帝居南苑、西苑始，至光绪、慈禧亡于西苑止，前后延续了260余年。在清代，西郊地区是北京城市建设的重要一环，建设内容包括皇家园林、八旗营房、皇庄等，最终形成了以“圆明五园”为核心的西北部行政中心。关于圆明园的始建年代，目前还有不同的认识，不少学者认为始建于康熙四十八年（1709年）应该是可以确定的。雍正即位后，不断对圆明园进行大规模修建；至乾隆九年（1744年），形成了著名的“圆明四十景”；至乾隆四十七年（1782年），形成了圆明园五座园林的规模，即通常所说的“圆明五园”。到清代中后期，圆明五园区域已经发展演变成为北京绝对的政治中心。据统计，乾隆住在圆明园内的年平均时间约100多天，雍正皇帝平均每年住在圆明园内200多天，道光皇帝平均居住圆明园的天数达到260天之多。紫禁城的功能主要是举办大祀、大典、大朝和大宴等重大典礼，而一般的常朝理政，则主要是在圆明园中完成。有清一代，康、雍、乾、嘉、道、咸诸帝每年驻跸圆明园的时日远多于在紫禁城的时间，肇建于雍正七年（1729年）的清代军机处就设置在圆明园，圆明园可以说是清代的“园林紫禁城”。

咸丰十年（1860年），清政府在通州谈判中拒绝了英国的无理要求，谈判破裂。英法联军进攻北京。1860年10月6日，英、法两国侵略者占领圆明园，在对该园大肆抢劫之后，又派马队纵火焚烧，大火烧了三天三夜，清漪园和圆明园惨遭浩劫，前山和西部大半被毁，只有山巅琉璃砖建造的建筑和“铜亭”得免。不仅如此，侵略者还占据了东交民巷，建立两国使馆。之后，美、日、比、俄等也在东交民巷建立使馆。1900年，英、法、德、美、意、俄、日、奥八国联军攻入北京，再次洗劫圆明园，强迫清政府签订了丧权辱国的《辛丑条约》，将东交民巷划为使馆区（面积1.31平方公里），不准中国人居住，成为特殊租界地。圆明园作为清末北京政治中心的地位因此也受到很大影响。

这一时期，封建都城已经难以适应时代发展的需要，特别是封建帝制下形成的封闭的城市格局与城市本身应具有的开放性之间的矛盾越来越突出。政府对外来人口的控制放松，创办大学等一系列的城市改造活动已经悄然发生，北京开始进入城市近代化的起步期。根据北京大学韩光辉、王均等人的研究，在北伐战争成功后迁都南京以前的这段时期内，北京处于由封建政治中心向近代工业时代转型的过程之中，城市开始具有吸引资本和外来劳动力的能力，城市人口迅速增加，1908—1928年，北京城市人口年增长率达到12%。

第三节　浅析与比较

从上述北京和巴黎的城市发展和沿革上不难看出，这两座城市都有着悠久的建城史和建都史，都是采取了集中式的城市布局；但也能看到它们之间的重大差异。这些差异主要表现在以下几个方面：

首先从城址选择上看，巴黎是从塞纳河上的西岱岛发展起来的，西岱岛之所以成为最早的居民点主要是出自防卫的要求。此后城市的发展虽然历经波折，但主要趋势还是以此为中心不断向外扩展，城址基本上没有变动，城市最早的古迹可一直追溯到高卢-罗马时期。北京是在燕山脚下的一片平原上发展起来的，其建城史可以追溯到距今三千多年前的西周时期，现保存有西周燕都遗址。尽管城市的历史源远流长，但由于水系（金中都所仰仗的莲花河水系水流涓微，土泉疏恶，难以满足城市的发展需要。元大都另选新址将万宁宫及附近大片湖水包括在内，解决了城市的水源问题）等原因，更由于改朝换代等传统观念的影响，城址一直在不停变换，目前的城市基本上是在明、清两代北京城的基础上形成的（图1-71）。

再从规划体系上看，巴黎基本上是一种无序的自发增长，随着城市的膨胀，城墙一圈圈向外扩大，开始时只是在西岱岛上建了高卢（罗马时期）的城郭，随着城市的发展建了跨河两岸的菲利浦·奥古斯都城墙（1190年），以后一段时期城市主要在塞纳河右岸发展，因此只在这一边续建了查理五世城墙（1370年）和路易十三城墙（17世纪），在城市进一步扩大后又建了横跨两岸的包税者城墙（1784—1791年）和梯也尔城墙（1841—1845年），一共经过6次扩张（图1-8）。城市的街道也没有什么规划，通过自发成长形成杂乱的网状格局。只是从拿破仑时期开始，特别是在拿破仑三世期间，才开始拆除城墙修建环路，拓宽道路开辟轴线。但这些无非都是在旧城基础上进行局部改造而已，终归无法变动历史上形成的城市基本格局。而北京则不同，从开始定都就有全面完整的规划。明代北京内城、外城虽然建造时间上略有先后，但基本上可认为是一次定局，直到清代一直没有变动。城市中轴线和街道也都经过全面规划，特别是中轴线上的建筑，前后布置，空间搭配及高低错落，全都通过统一考虑，一次建成，气势恢宏。与此相配合，城市道路也采取了正向的方格网体系，规制严整、主从有序。当然，这种不同规划体系的形成，和两座城市的地形也有一定的关系，巴黎不但有塞纳河自中心穿过，两岸亦多为丘陵与缓坡。北京是一个具有计划性的整体，在位

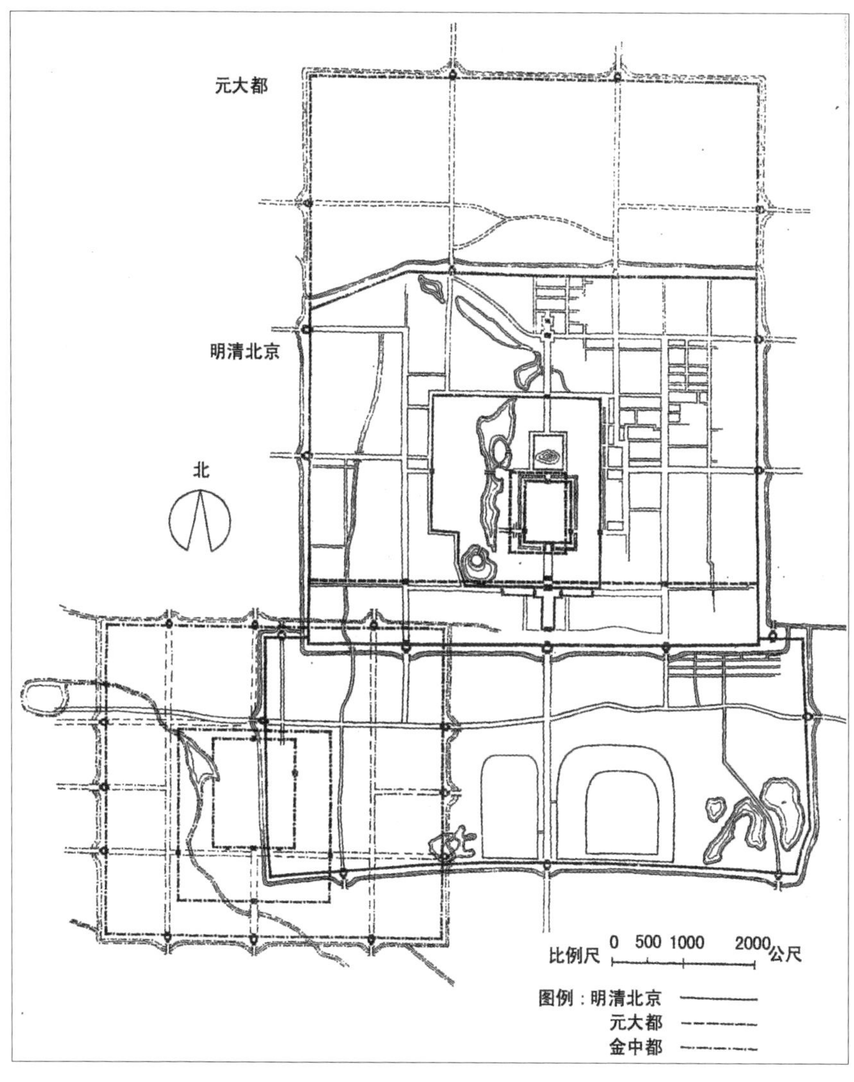

图1-71　北京　城址更替示意图（建筑工程部建筑科学研究院建筑理论及历史研究室《北京古建筑》）

置上是一个杰出的选择，体现了古代人的高度智慧。

最后从发展上看，在16世纪前，由于历代北京城都是经过规划而建成的，因此在规划格局、城市规模等方面都领先于同时代的欧洲城市。从城市设计的角度来看，北京的一个显著特点就是将城市规划、城市设计、建筑设计、园林设计高度结合，在东西方古代佳作中尚无先例。美国学者埃德蒙.N.培根在1934年首访北京时认为："在地球表面上人类最伟大的作品，也许就是北京城了，这是无价的遗产。"用勒·柯布西耶的评论则是："高度文明的中国北京城。"用梁思成的评论则是："整个北京城乃是世界的奇观之一。它的平面布局匀称而明朗，是一个卓越的纪念物，象征着一个伟大文明的顶峰。""北京对于我们证明了我们的民族在适应自然、控制自然、改变自然的实践中有着这么多光辉的成就。这样的一个城市是一个举世无匹的杰作。"

金代是北京作为政治中心的第一个朝代，金中都城市发展已具有一定的规模；元代是北京作为都城进一步发展的重要时期，元大都为举世闻名的世界城市，城市人口规模达到百万量级。这时的巴黎刚刚经过500年的内外战争，在卡佩王朝的领导下形成了右岸雏形。1370年，巴黎在查理五世统治下扩建城墙之后，城市面积也只有4.4平方公里，不到元大都（49平方公里）的十分之一。16—18世纪，巴黎经历了两次扩建，分别建了路易十三城墙和包税者城墙，城市面积扩大到33.7平方公里，已开始进入城市的大发展时期，但仍无法和明、清两代北京城的62.5平方公里面积相比。事实上，16世纪以前，北京城市的发展一直处于世界领先的地位，但16世纪以后，北京的发展高潮已经过去，巴黎则加快了速度，尤其在波旁王朝时期和法国大革命以后城市获得了空前发展（图1-72~图1-75）。梯也尔城墙的建立最终使城市的面积达到了78平方公里，超过了北京在明清时期旧城的面积。这一时期的巴黎在城市规划与建设方面已处于世界领先地位，它也成为许多国家大城市的效法对象。如在墨西哥城，马克西米利安一世（Maximilian Ⅰ）皇帝就建造了一条模仿香榭丽舍大街的道路，即改革大街（Paseo de la Reforma），将阿兹台克城和查普特佩克宫殿连接起来。虽然目前奥斯曼对的巴黎改造仍然褒贬不一，但不可否认的是，这次大范围的改造工程对巴黎迈向现代化都市确实起到了重要作用，在一定程度上缓解了巴黎的工业污染问题，城市改造后地价上升，众多重工业和污染企业不得不搬出巴黎，按照当代西方著名地理学家、城市学家和哲学家大卫·哈维（David Harvey）的说法："奥斯曼持续对巴黎市内的重工业、污染工业与轻工业施加压力，到1870年，巴黎市中心绝大部分区域都已看不到工厂。"

清代的康熙皇帝（1662—1722年）与法兰西帝国的路易十四大帝（1643—1715年），是17、18世纪亚欧大陆两极的两大圣君。他们的从政经历有许多共同之处，基本算是同时代的人，一个在北京西北郊区建立了皇家园林，一个在巴黎西南郊区建立了凡尔赛宫，在位时间分别达到61年和72年，虽然同为专制君主，也具有许多开明政见，两位大帝为中西文化交流做出了贡献。用对两个人均较为熟悉的法国传教士白晋的话说："从各个方面来看，这位皇帝（康熙皇帝）正好与路易大王陛下十分相似。"17—18世纪的世界，全球化发展成为一个重要方向，清代皇帝对其得到的欧洲文物和技术制品十分欣赏，欧洲则从中国引进瓷器和丝绸并掀起了一阵"中国风"（Chinoiserie）。17世纪后半叶，"太阳王"路易十四为推行其东进政策，于1685年3月特派遣通晓数学、天文学的六名传教士东渡（其中有一位神父被暹罗国王挽留，没有同行来到中国），来华的五位包括洪若翰、李明、白晋、张诚、刘应等，其中白晋、张诚被康熙皇帝留京供职（其他三人则获准前往各省自由传教），对康熙皇帝学习和了解西方科学技术产生了重要影响。康熙三十二年（1693年），法国传教士洪若翰用随身携带的金鸡纳霜（又称奎宁）治好了康熙皇帝久治不愈的疟疾。路易十四与康熙皇帝所建立起的两国关系，促进了中法两国的经济文化交流，相互影响、相互渗透。以建筑为例，中国受法国文化影响很大，圆明园中的畅春园全部仿照法国宫殿建设，其中蓄水楼、方行观、竹亭等十二处的喷水池和白石雕刻全部模仿路易十四时代的风格；法国文化也深受中国文化的影响，当时法国宫廷和王公贵族竞相收藏中国的丝织品、瓷器和漆器等艺术品，很多法国贵族喜欢乘坐中国式的轿子或轿子式的马车，中国建筑和绘画也在法国风靡一时。正如贝里维支（H.Belevitch）在其《路易十四时代法国对中国风格的爱好》一书中所写："法国在18世纪前夕出现的最美风格之

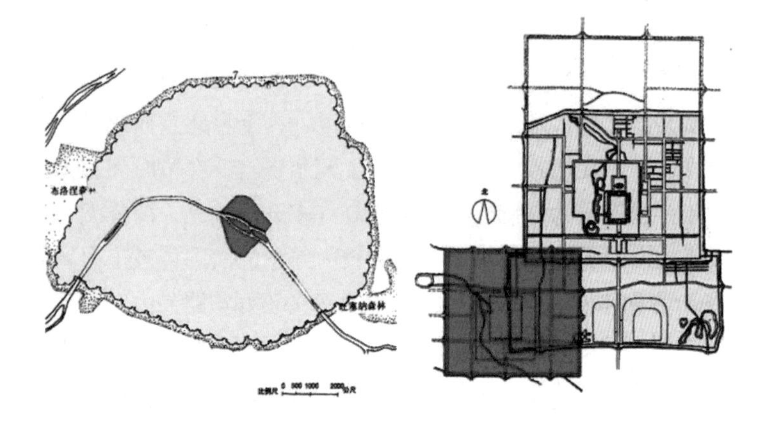

图1-72　金中都时期北京城与巴黎菲利普·奥古斯都城墙（1190年）城市规模对比图

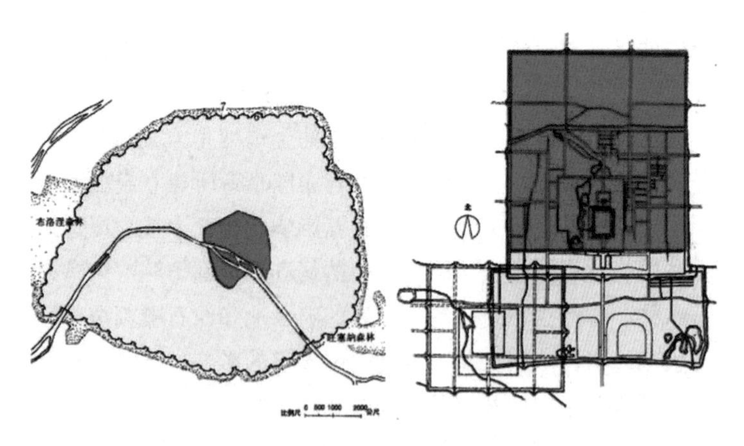

图1-73　元大都时期北京城与巴黎查理五世城墙（1370年）城市规模对比图

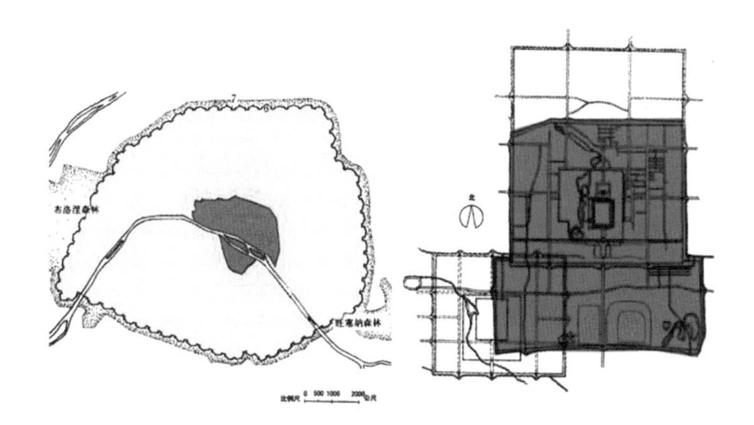

图1-74　明代北京城与巴黎路易十三城墙（17世纪）城市规模对比图

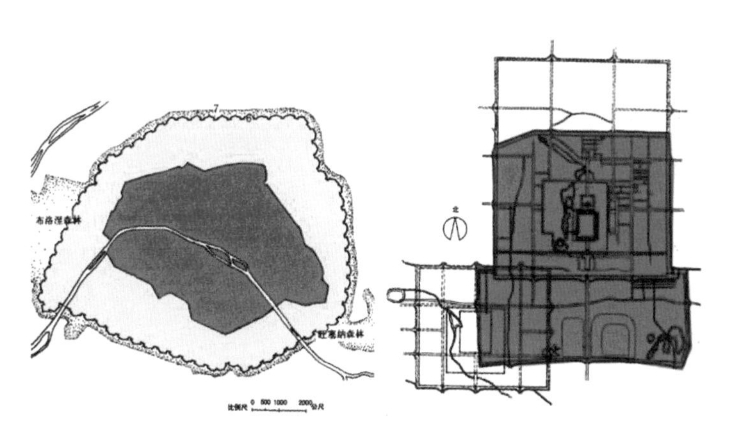

图1-75　清代北京城与巴黎包税者城墙（1791年）城市规模对比图

一——洛可可风格，中国对它的形成，是一个重要因素，因为洛可可风格迷人的力量来自中国式的丰富的想象力。”可以说在这一时期，北京开始有了巴黎的影子，巴黎也开始打上了北京的烙印。

第二章　城市总体规划及布局

第一节　北京总体规划的发展

一、中华民国时期北京的规划与建设（1912—1949 年）

北京的规划与建设在1912—1949年新中国成立前这38年期间，可以划分为四个阶段。第一阶段为中华民国元年（1912年）至17年（1928年），北京为袁世凯及北洋军阀政府的首都。第二阶段为中华民国17年至26年（1937年），首都南迁，北京改称北平。第三阶段为中华民国26年至34年（1945年），为日寇侵占北平的沦陷期。第四阶段为中华民国34年至1949年1月北平和平解放，为抗战胜利后国民党统治时期。这段时期曾有过两次规模较大的规划实践，一次是1938年日本人主持编制的北平市规划方案（图2-1），另一次是抗战结束后中华民国国民政府北平市

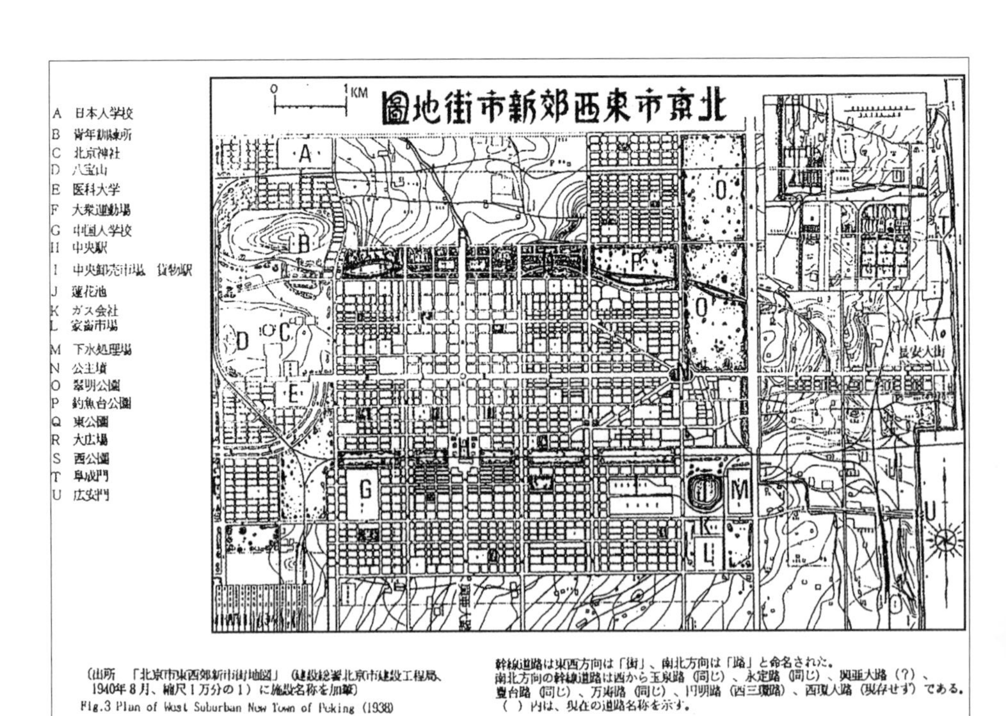

图2-1　北京　北京市东西郊新市街地图（日伪政府当时将北平称北京）

工务局在前者基础上修改编制而成的方案（图2-2）。

1937年七七事变之后，日本侵略者占领了北京城。随着战争的全面展开，在京的日本和外地人口激增，仅1936—1939年就增加了近24万人。为了缓解人口的剧增，保障日军对华的侵略和占领，1938年底日本人成立了伪建设总署，开始编制北京的规划方案。

规划的主要内容包括：①城市性质与人口规模：城市性质为政治中心、军事中心、观光城市、商业都市，20年内人口从200万人增长至250万人；②新旧城关系：由于旧城内传统住宅的布局和设计无法满足日本人的生活要求，再开发费用高昂，故保存旧城作为文化、观光都市。同时，为了不损害旧城作为观光都市的价值以及避免日本人与中国人混居，采纳在郊区兴建新市区的方案；③城市分区：日本人的新市区设于北京城西郊、将来增加的中国人计划安置于城墙外围附近地区。考虑到

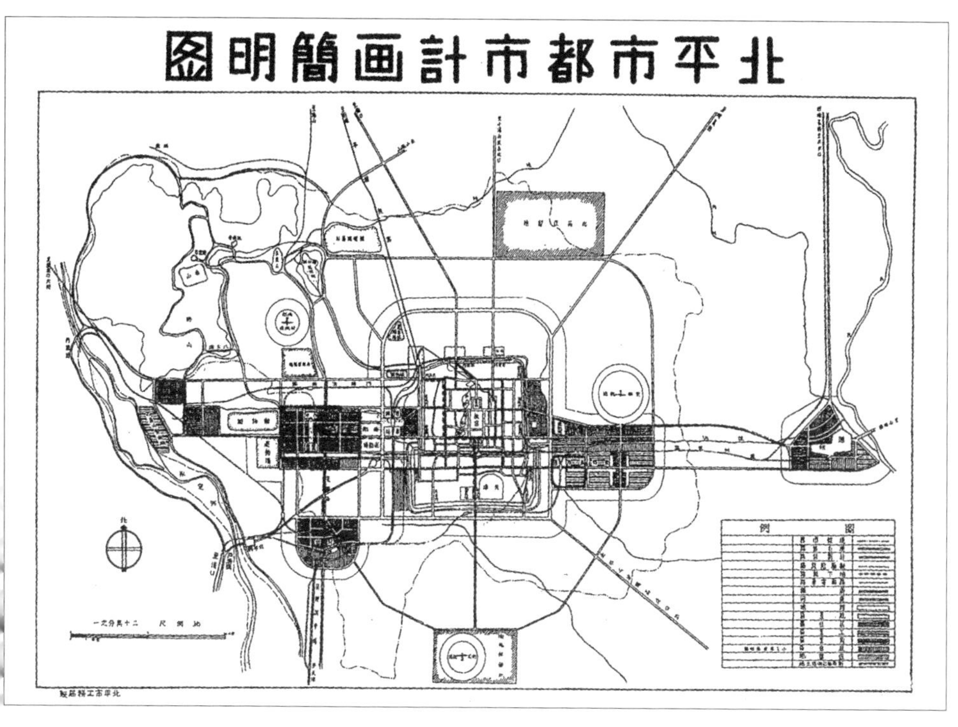

图2-2　北平　北平市都市计划简明图

水源、风向以及交通等因素，工业区配置于城东，通州则计划发展为重工业区；④城市文化：规划声称："城内仍然保持中国的意趣，万寿山、玉泉山及其他名胜地作为公园计划，在此范围乃至于周围的庭园、树木、庭石、山川，希望采取中国的式样。将来准备复原被英法联军烧毁的圆明园，希望尽力保持中国文化"云云。

由于政局动荡、科技落后，日本人仅在西郊新市区开辟了一些道路，打通了复兴门至新市区的道路。

抗日战争胜利后，1946年北平工务局征用日本人（原伪工务局总署都市计划局规划人员）在原日本规划方案基础上进行修改，编制了"北平都市计划大纲草案"，该草案肯定了原规划方案的要点，在规划的细节上做了更合理的处理。

1947年7月，北平市工务局编写了《北平市都市计划设计资料——第一集》，在名为"北平市都市计划的研究"的报告中，确定了北平城市规划的基本方针，即：①完成市内各种物质设施、使之成为近代都市，以适应社会经济需要；②整理旧有名胜古迹、历史文物，建设游览区，使之成为游览城市；③发展文化教育区，提高文化水平，使之成为文化城；④建设新市区，以疏散城区人口，解决市民的居住问题；发展近郊村镇为卫星市（如海淀为大学教育区，门头沟为工矿区，香山、八大处为别墅区，通县为重工业区等），开发产业，建设住宅，使北平成为自给自足的都市。

不过总的看来，在这个时期北京的城市建设发展不快，基本处于停滞状态。同时也正因为落后贫穷，北京古城基本没有受到工业化的冲击，使其得以成为当时完整保存下来的中国古代都城之一。

二、新中国成立初期有关北京行政中心位置的争论

1949年新中国成立后，人民政府定都北京，北京从此成为全国的政治中心并进入了一个大发展时期（图2-3），对北京进行认真科学的规划已成为刻不容缓的重要工作。为此北京曾先后成立了北京市建设局、北京都市计划委员会（梁思成先生任副主任）。当时，在如何规划建设

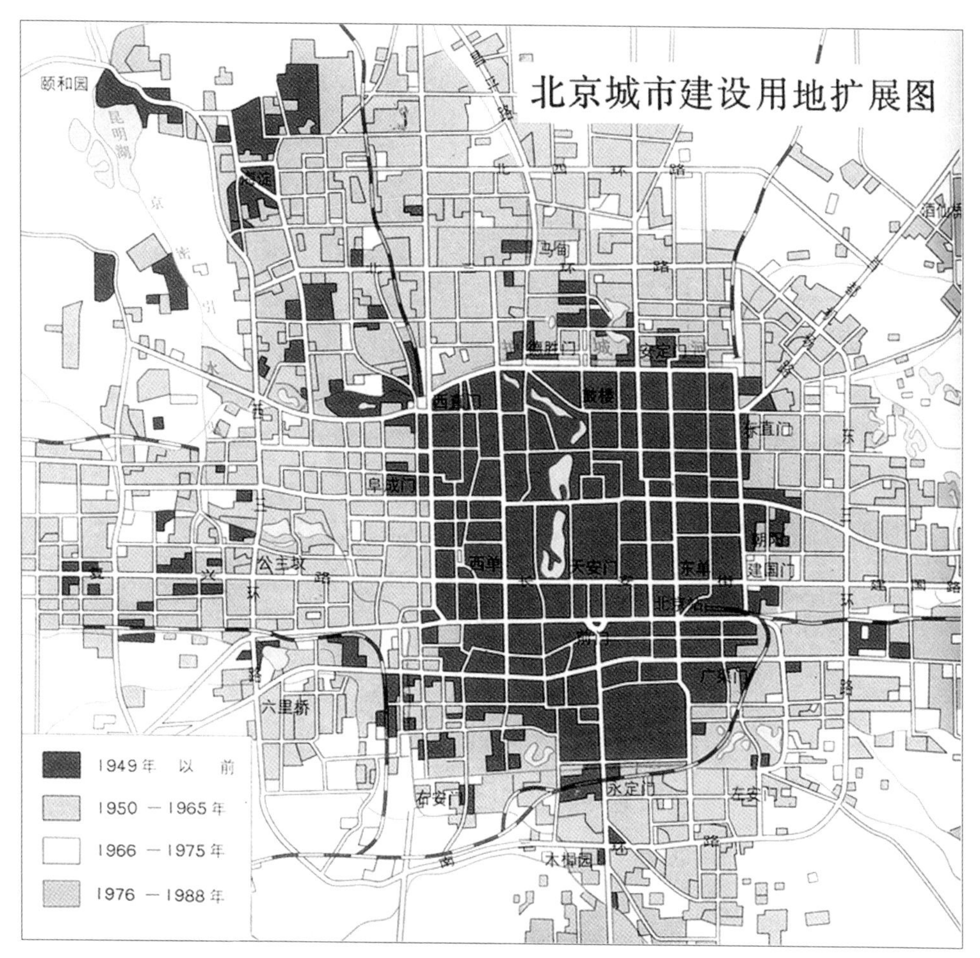

图2-3　北京　北京城市建设用地扩展图

新北京的问题上，由于意见分歧引发了一场争论。这场争论和1949年9月以阿拉莫夫为首的苏联专家组来京协助研究北京城市规划和建设问题有密切联系。其焦点是总体规划中“行政中心”的位置问题，主要观点有二：

第一种观点认为，行政中心应设在城区。其理由是北京城历经600多年建设，已具有相当的规模，具备城市各种必需的生活设施，在这一基础上继续进行建设，使其更加完善，既能适应现代化工作与生活需要，又可以节省建设经费。如果放弃原有城区在郊外建设新的行政中心，一切要从头做起，在财力、物力条件有限的情况下，难以新旧兼顾，弄不好将会导致旧城区荒废。

持这种观点的方案大体有三个：一是以巴兰尼科夫为首的“专家组方案”（图2-4），建议在东单至府右街南侧以及天安门广场建设。二是朱兆雪、赵冬日的“朱赵方案”（图2-5、图2-6），认为“行政区”应布置在建国门至复兴门的长安街和前三门大街之间的地带以及午门至灵境胡同一线以南部分，面积约6平方公里（其中包括南海、北新华街至天安门广场周围的范围内约2平方公里的“行政中心”，并在东郊和西郊分别安排了中心区）。三是1953年的《改建与扩建北京市规划草案的要点》。这一方案从城市总体结构出发，以延长的南北中轴线和发展的东西轴线交汇点天安门广场作为全市的中心；这个中心既有象征意义，又

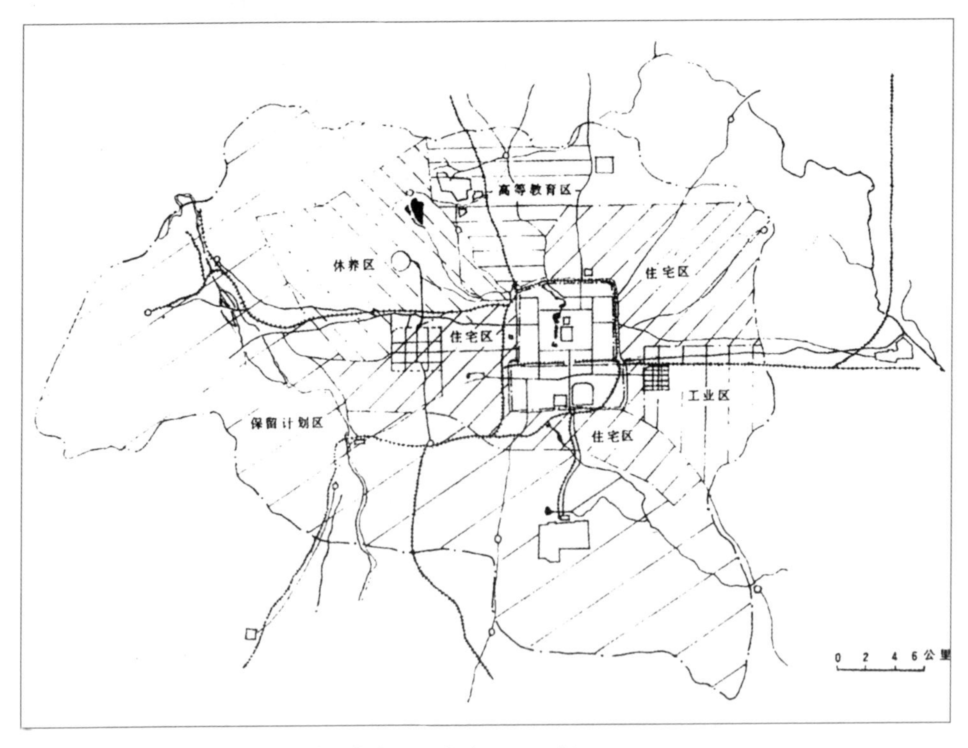

图2-4　巴兰尼科夫方案（北京市分区计划及现状图）

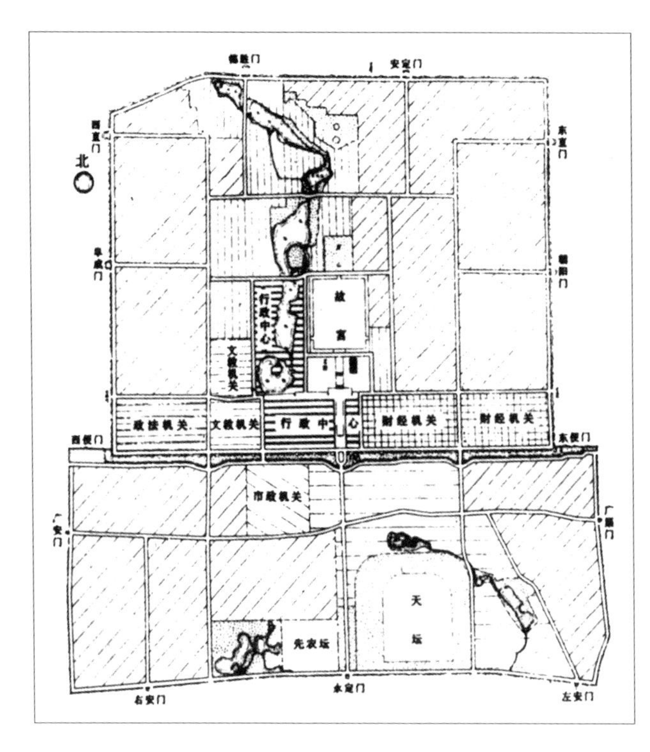

图2-5　朱兆雪、赵冬日的“朱赵方案”（城区分区示意图）

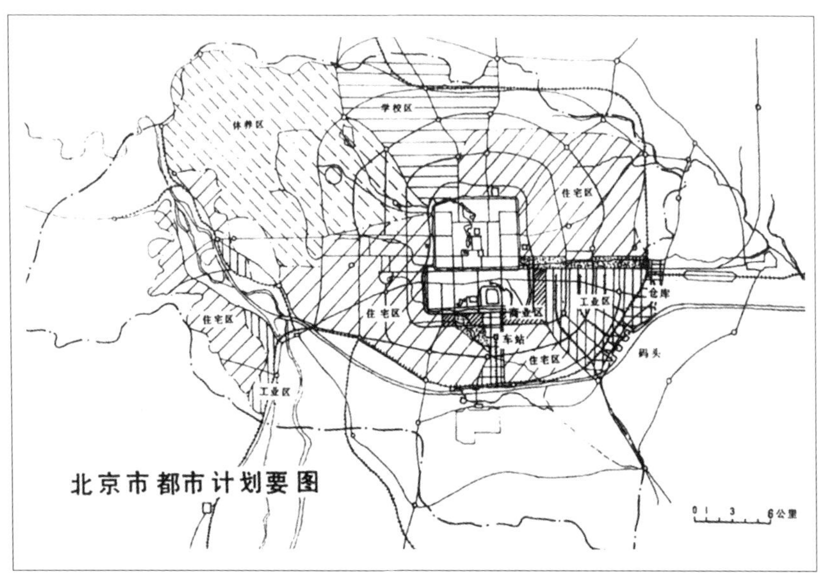

图2-6　朱兆雪、赵冬日的“朱赵方案”（总体规划）

有具体内容（天安门及天安门广场、人民大会堂和全国人大常委会都设在这里；中央人民政府政务院和主要行政机关安排在中南海、府右街附近），并在城市总构图上考虑作为西副轴，以与王府井大街至天坛祈年殿的东副轴对称；其他部委机关则在东、西长安街、内环路（一环路）以内安排。这三个方案虽然位置都在旧城中心地段，但“专家组方案”只是“选择首先建设行政机关房屋的位置”，并提出分三批建设的具体地点，其规划构想除建设天安门广场周围建筑外，采取利用空地并拆除少量旧房组成沿街建筑的办法。“朱赵方案”和“1953年规划”两个方案都是包括国家首脑机关、主要行政机关和各部委机关在内的规模较大和主要部分较为完整的“行政中心”，中心核心部分布局宏伟，有鲜明的轴线。

第二种观点认为，应在北京西郊另辟行政中心。持这种观点的方案当时有两个。一是由梁思成先生提出的方案，他力主“把北京建设成像华盛顿那样禁止办工厂的行政中心，并像罗马、雅典那样的‘古迹城’”。为了保护古城，满足行政中心的功能要求和有利于将来的发展，他提出将新的行政中心置于20世纪40年代日本人开辟的新市区（即今北京五棵松）一带的初步设想。二是梁思成和陈占祥的联合方案（图2-7、图2-8），简称“梁陈方案”。陈占祥先生来都委会工作后，对梁思成先生的原规划方案提出了修改意见。陈占祥认为“日本侵略者在离北京城区一定的距离另建‘居留民地’，那是置旧城区的开发于不顾，我主张把新市区移到复兴门外，将长安街西端延伸到公主坟，以西郊三里河（现国家发展与改革委员会所在地）作为新的行政中心，像城内的‘三海’之于故宫那样；把钓鱼台、八一湖等组织成新的绿地和公园，同时把南面的莲花池组织到新中心的规划中来”。梁思成接受了陈占祥的意见，修改了方案，将新行政中心的位置移至西城墙外月坛以西处。

为了更好地说明自己的观点，梁思成曾在《新观察》杂志发表了题为《北京——都市计划的无比杰作》的文章，同时又和陈占祥一起向有关方面提出了保护北京的规划《建议》。《建议》提出把行政中心放到靠近城区的西郊，认为旧城区是有计划建设起来的壮美城市，布局系

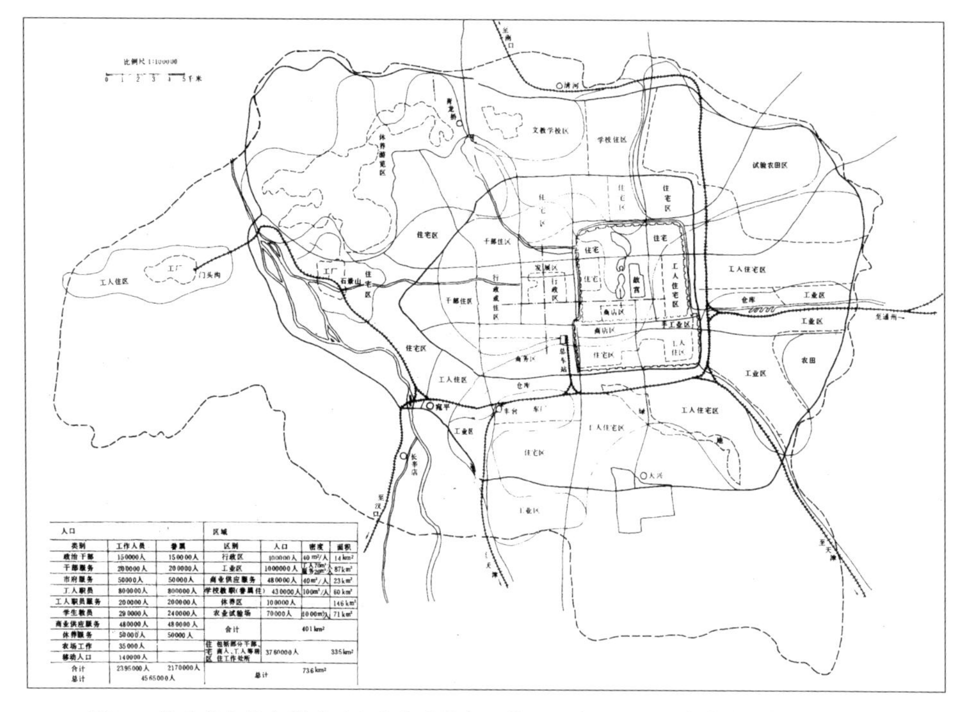

人口			区域			
类别	工作人员	眷属	区别	人口	密度	面积
政治干部	150000人	150000人	行政区	100000人	40 m²/人	14 km²
干部服务	200000人	200000人	工业区	1000000人	工人70m²/人 服务20m²/人	87 km²
市府服务	50000人	50000人	商业供应服务	480000人	40m²/人	23 km²
工人职员	800000人	800000人	学校教职(眷属住)	430000人	100m²/人	60 km²
工人职员服务	200000人	200000人	休养区	100000人		146 km²
学生教员	290000人	240000人	农业试验场	70000人	1000m²/人	71 km²
商业供应服务	480000人	480000人	合计	401 km²		
休养服务	50000人	50000人				
农场工作	35000人		住宅区 包括部分干部、商人、工人等刚住工作处所	3760000人		335 km²
移动人口	140000人					
合计	2395000人	2170000人	总计	736 km²		
总计	4565000人					

图2-7　梁思成和陈占祥的联合方案（基本工作区及其住区与旧城关系图）

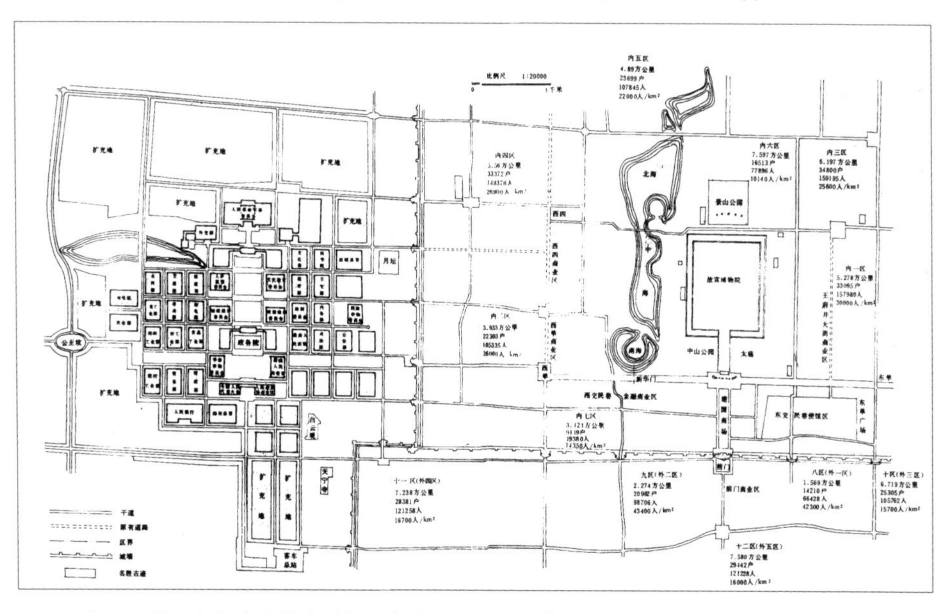

图2-8　梁思成和陈占祥的联合方案（行政区内各单位部署图）

统完整，有很高的历史价值和艺术价值，是世界上罕贵无比的珍品，担心行政中心放在旧城，新的建不好，旧的保不住，会导致“两败俱伤”（从历史上看，辽、金、元的都城每次移动和发展，都因为地区不足，随着发展另辟新址。明时南移城区，增筑外墙，也是如此）；认为在近城地点另建政府中心，可以做到新旧两全：新区可以充分表现时代精神，旧城可划为博物馆及纪念性文物区。梁思成还分析了如果把行政中心放在旧城内将会遇到的困难：一是不利于历史名城保护，因北京原来的布局系统极为完整，无法容纳如此庞大的行政区；二是不利于建设具有高效率现代化的新行政中心，原因是“现代行政机构所需要的总面积至少要大于旧日的皇城，还要保留若干发展用地，在城垣以内不可能找出位置适当而又具有足够面积的地区”。他具体指出，会出现五个难以克服的缺点，即：

——增加城内的人口密度，造成必须疏散人口的困难。

——造成大量的旧房拆除任务，费时费力，劳民伤财。

——大量新时代高楼出现在文物中心区域，改变了北京原有合理的街形，破坏了城市风貌，不利于文物保护。

——在城市主干道两侧增加建筑物，势必增加交通流量及复杂性。

——政府各机关单位的长距离，办公区和住宅区的城郊大距离，将大大加重交通运输的负担和工作人员时间、精力的耗费。

除了当时这两个方案外，之后吴良镛先生又在梁、陈两位先生的基础上提出了一个规划设想，从理论体系上看也可归入这派观点中，姑称为第三个方案（图2-9）。在其中，吴良镛先生进一步发挥我国古代建都先确立中轴线的传统手法，规划了一条圆明园至丰台火车站的南北轴线，以旧北京城与石景山工业区各为左右翼，中隔绿带，东西有宽阔的林荫道相连；将以长安街为基础，与通县、石景山相连的东西横轴线相交的玉渊潭一带辟为新行政中心，使新旧城形成新的“品”字形格局。虽说旧城还需要根据新的社会要求予以必要的改建，但就旧城保护来说，问题就相对简单多了，新区可以得到有序的发展，城市交通也避免了完全向旧城“聚焦”。吴良镛认为，按这样的布局，未必不能建成一个远比旧城更为宏伟的“新都”。

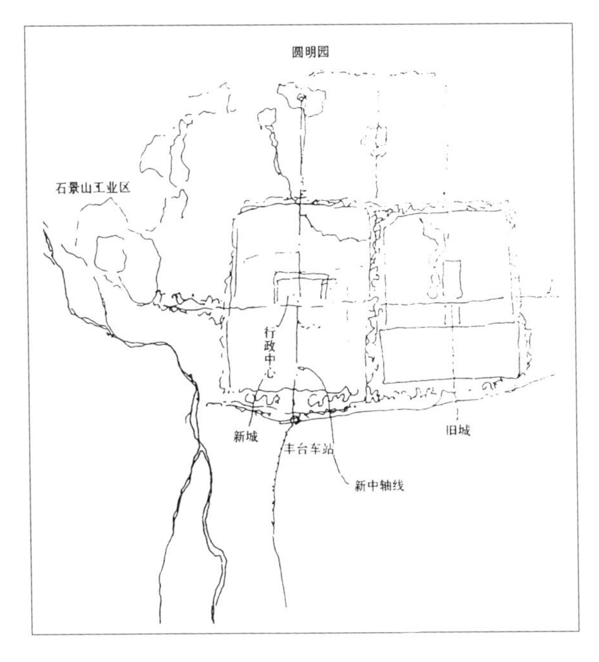

图2-9 吴良镛方案（北京西郊新区规划发展构想）

这三个方案虽然设想的行政中心具体位置不同，但出发点基本相同，即：①位置在西郊，长安街西延长线附近；②包括国家首脑机关、主要行政机构和各部委办公楼等在内；③用地规模大，有的达600多平方公里；④建筑群布局宏伟，有鲜明的中轴线。

实际上，这三个规划方案主要是出自两方面的考虑，其一是为了将历史名城保护得更好，把新建筑尽可能地安排在西郊，以减少旧城内的建设规模，降低对旧城的压力；其二是把较大数量同类型的公共建筑集中建设，不仅功能合理、联系方便、效率提高，而且可以做出具有一定规模、结构完整的城市设计，形成与老轴线呼应的新轴线，为都城增辉。

当时负责组织方案讨论的建设局局长赵鹏飞和卫生工程局局长曹言行基本赞成第一种观点，在向市委的报告中指出，把行政中心放在旧城区"是在北京已有的基础上，考虑到整个国民经济的情况及现实的需要与可能的条件以达到新首都的合理的意见，而郊外另建新的行政中心的方案则偏重于主观愿望，对实际可能条件估计不足，是不能采取的。"这个意见也反映了当时市委和中央的意见，因而被确定了下来。

三、1953年规划方案的形成、发展和“第一个五年计划”期间北京的建设

新中国成立伊始，北京城市总体规划方案迟迟不能出台，严重影响城市建设的有序进行。1953年初，都市计划委员会责成华揽洪和陈占祥分别组织人员编制了甲、乙两个方案（图2-10）。两个方案都是在行政中心放在旧城的前提下进行的，在规划布局上并没有原则性差异。如在分区上主张工厂要适当分散，住宅区与工作区要同中心区接近，二者之间的距离不宜过远，以此来保证生活的便利和市中心的繁华；保留并发展了北京城历史形成的棋盘式道路格局，使其与环路和放射路相结合；城市绿化结合河湖与主干道，并楔入中心区，形成系统等；所不同的是，甲方案对旧城的格局改变多一点，城市的东南、西南、东北、西北各插入一条放射路，东南、西南的两条相交于正阳门，东北、西北两条分别交于新街口和北新桥，并引铁路干线从地下插入中心区，总站仍设在前门外。乙方案对旧城的保护更加完整，保留了旧城棋盘式的道路格局，将放射路均交于旧城环路上。铁路也没有插入旧城，而是设在永定门外。

1953年夏，北京市委员会成立了以北京市委员会常委兼秘书长郑天翔为首的小组负责总体规划的编制。11月，提出了《改建与扩建北京市规划草案的要点》上报中央。其规划要点是：

1. 城市规模按20年左右人口可能达到约500万人规划，城市用地面积扩大到600平方公里左右。

2. 中央机关所在地（行政中心）设在旧城中心部位，集中在内环路（新街口、菜市口、蒜市口、北新桥）以内。

3. 四郊开辟大工业区和大农业基地，工业区设置在东北部、南部和西部，西北郊定为文教区，西山一带和团河等处开辟休养区。

4. 道路采用棋盘式加放射路环路系统。道路红线宽度，主干道宽度为60~100米，次要路宽度为40米左右。

5. 居住区面积9 ~ 15公顷、基本单位为四、五层住宅为主的大街坊。

6. 引永定河和潮白河水入城，开辟市内运河。

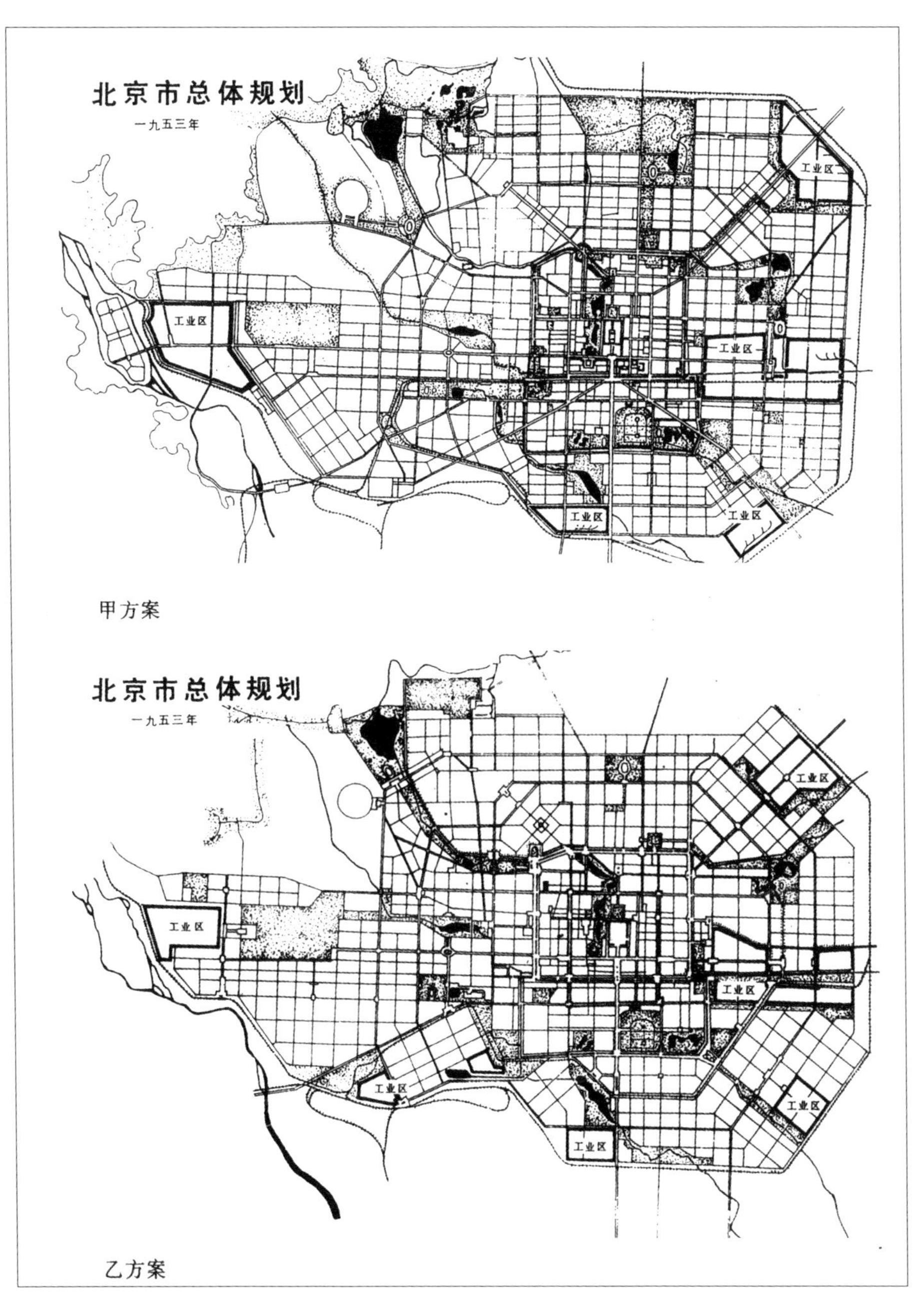

图2-10　1953年　北京市区甲、乙两个总体规划方案

7. 扩大绿地面积，营造大森林、防护林和苗圃。

8. 把铁路环移至市区外围，客车总站设在永定门外。

规划草案上报后，中央批交国家计划委员会审议。1954年10月16日国家计划委员会就北京的城市性质和规模等问题提出了几点意见；为此，北京市委员会对规划草案又进行了局部修改（图2-11），于1954年10月26日将《关于早日审批改建与扩建北京市规划草案的请示》和《北京市第一期城市建设规划要点》两个报告同时上报中央。报告依然坚持原有的城市性质和规模，并提出了近期建设的五条针对性意见。

这个草案及两次报告虽然中央没有批复，但这毕竟是经过多年努力第一次提出的比较完整的规划方案，北京在"第一个五年计划"时期的建设基本上是在这个方案的指导下进行的。

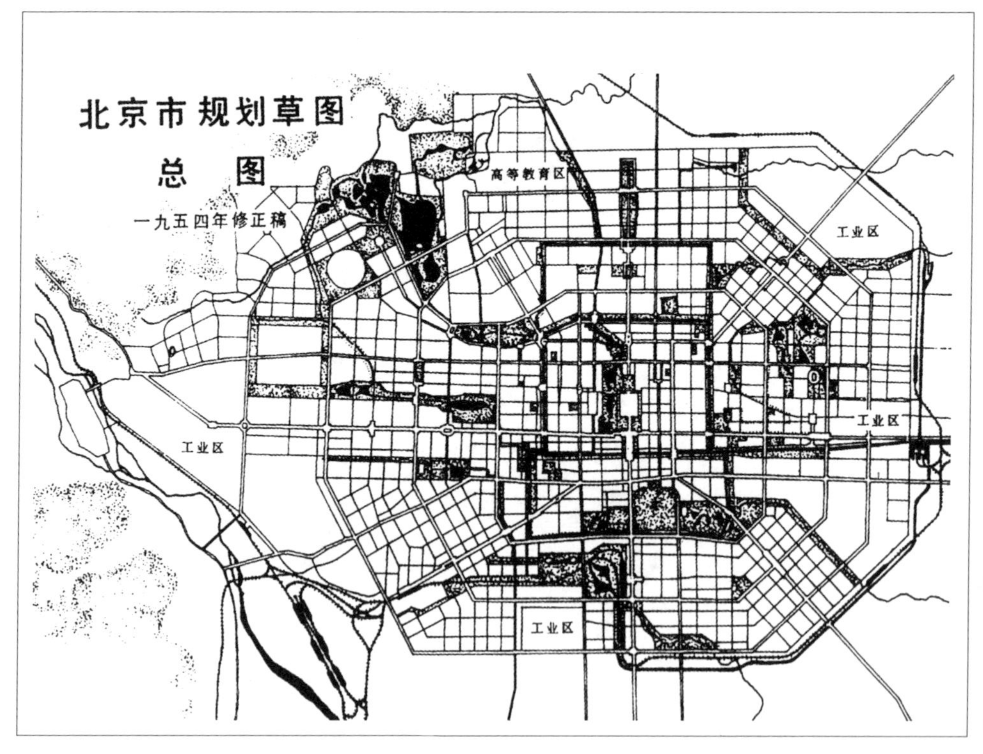

图2-11 北京市规划草图总图一九五四年修正稿

1953—1957年是北京的“第一个五年计划”中的建设时期，期间北京进行了大规模的城市建设：重点建设了东北郊和东郊工业区；在西北郊形成了文教区；在旧城区沿朝阳门至阜成门干线和西郊三里河、百万庄一带建成了一批中央部级机关办公楼。此外，建国门外的第一个使馆区也是在这个时期建成的；在生产区和工作区的附近还建了第一批住宅区；完成了一批公共服务设施，如王府井百货大楼、北京展览馆等；在城市基础设施方面也开展了一些工作。

四、1958 年总体规划的形成

1955年4月，北京市委员会改组了都市计划委员会，从城市建设各方面抽调技术人员，在苏联专家的指导下进行工作。规划修订之始进行了详尽的现状调查，积累了比较系统的资料，历时两年完成了规划初稿，并于1956—1957年间，先后举办了四次大规模的展览。1957年春，提出了《北京城市建设总体规划初步方案》，其后经过一年的修改补充，于1958年6月，一边以草案的形式印发给各单位研究执行，一边上报中央（图2-12）。

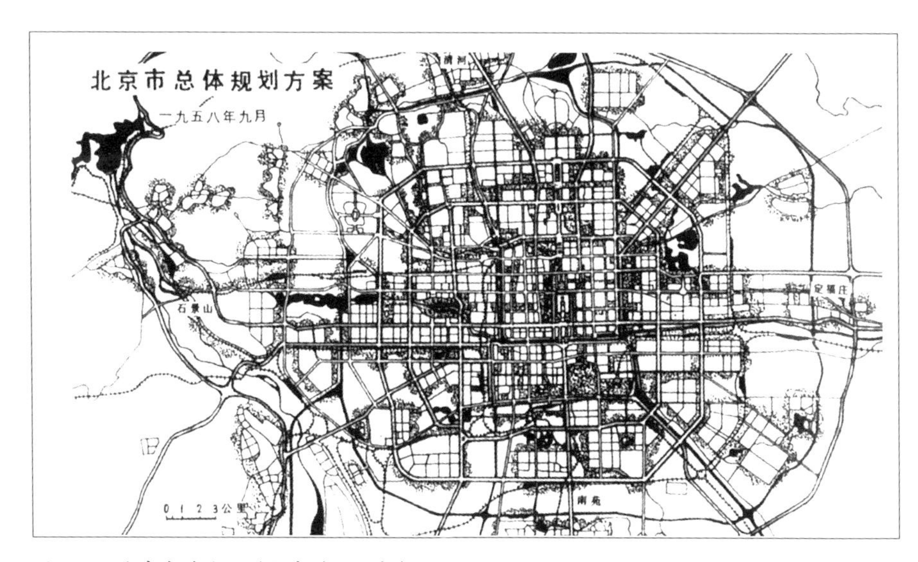

图2-12　北京市总体规划方案（1958年）

同1953年的方案相比，1958年的方案在许多方面都有所完善和发展。如住宅区改为以“小区”为组织城市居民生活的基本单位，其面积从9～15公顷增加到30～60公顷，人口1万～2万；每隔500～600米或800～1000米设一条城市道路，小区内不允许城市公共交通车辆穿行；在交通设施的发展上，一是规定了城市道路由市区4个环路、郊区3个公路环和以二环路为起点的18条向外放射干道组成干道系统，二是提出了由7条干线和一个路环组成的铁路枢纽规划；在市政公用设施方面，提出建立污水处理厂、电站，以及近期利用石景山钢铁厂的焦炉气和建设焦化厂解决煤气来源，远期利用华北地区天然气的设想。

1954年和1957年提出的城市建设总体规划方案，是北京总体规划逐步趋于完善的两个方案。目前北京市区的道路骨架、铁路枢纽、电源分布、给水排水骨干工程等城市基础设施和城市的总体布局都是先后按这两个方案建设的。因此，这一时期的规划工作，在北京城市建设发展中具有重要地位。

五、1958—1965 年及“文革”时期的北京城市规划与建设

“文革”前的北京规划建设可分为两个阶段：第一阶段为1958—1960年，城市建设得到了大规模的发展；第二阶段为1961—1965年，城市建设步入低潮。

在1958—1960年，完成了天安门广场第一期改建、扩建工程，打通了东西长安街；完成了“国庆十大工程”（包括人民大会堂、中国革命历史博物馆、中国人民革命军事博物馆、民族饭店、北京工人体育馆、全国农业展览馆、民族文化宫、北京火车站、华侨大厦、钓鱼台国宾馆等）和一批大型公共建筑（如中国美术馆、北京自然博物馆、地质博物馆、电报大楼、北京广播大厦、东北郊航空港等）；在西郊形成了重型机械工业区。科研、大学也有很大发展，中关村已形成了设有18个研究所的科研基地；同时完成了市政基础设施方面的一些骨干工程。

1961—1965年是北京城市建设的低潮，除了完成京密引水工程外，基本没有重大工程建设。

1966年，“文革”开始，这个时期完成的较大工程计有：首都航空港二期工程、首都体育馆等大型公建、三里屯第二使馆区，房山石油化工区、北京地铁一期工程（路线长23.6公里，1969年10月完成）及二期环线工程（路线长16.04公里，1971年3月开工）。

1971年，万里回到北京市革命委员会工交城建组负责城市建设方面的工作。同年6月，召开了北京城市建设和城市管理工作会议，提出重新拟制北京城市建设总体规划的要求。会后成立了城市规划小组，颁布了《加强城市建设管理的几条原则规定》等文件。1972年恢复了北京市规划局建制。1973年10月8日，北京市规划局提出北京市区总体规划方案（图2-13），并草拟《关于北京城市建设总体规划中几个问题的请示报告》，主要内容是有关于工业区的布置问题。报告建议：新建工业区应放远郊；市区内现有工厂应进行技术改造，有计划地进行调整，转产或

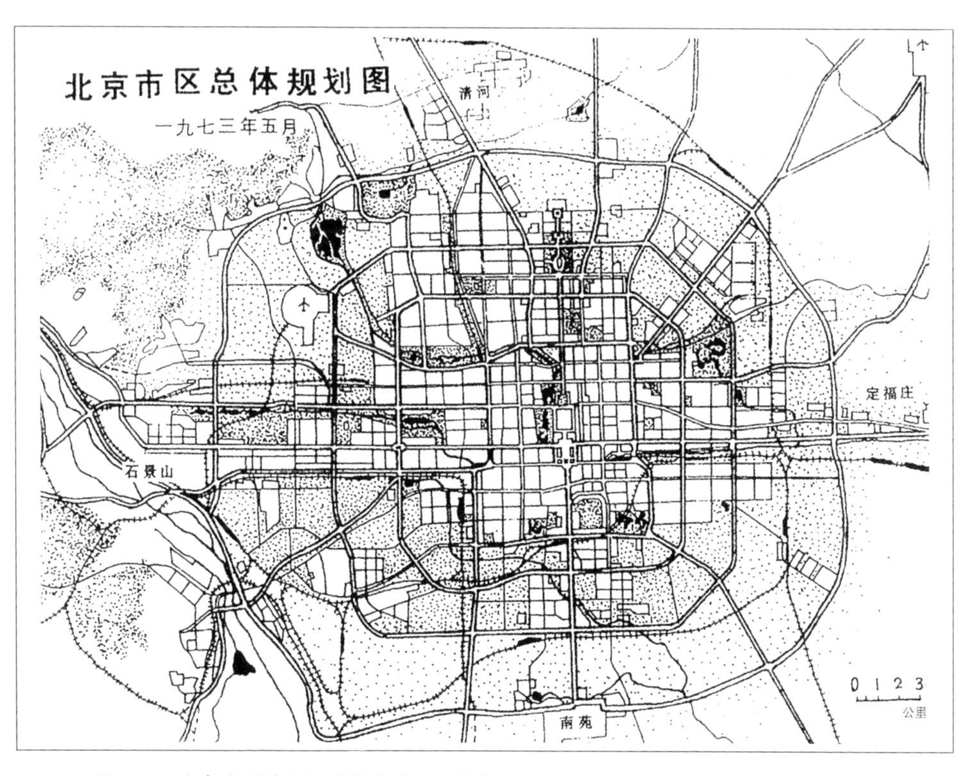

图2-13　北京市区总体规划方案（1973年）

外迁远郊；结合工业调整和发展，逐步建设一批小城镇。

可是，这个报告上报北京市委员会后被搁置了起来，未予讨论。然而，随着城市建设多年积累的矛盾激化，城市基础设施和生活设施严重不足的问题已迫在眉睫。为此，北京市委员会和北京市革命委员会于1974年底再次向中央、国务院做了《关于解决北京市交通市政公用设施问题的请示报告》。报告中说明了北京市基础设施和生活设施严重不足的现状，并建议接下来的几年在北京少建、最好不要新建科研机构和其他事业单位；工业方面，除正在建设的石油化工、钢铁等重点项目外，一般不再建新工厂；住宅、生活服务设施应优先满足劳动人民的需要；基建任务安排要统一领导、统一规划、统一建设等。

1975年6月11日，国务院对北京的报告做了批复，原则上同意北京市的报告。

六、1982 年城市总体规划的形成和发展

自从1973年重新编制总体规划以来，北京市规划局一直没有中断对城市建设问题的研究，曾先后编制和草拟了一些报告，如《北京城市建设10年规划纲要》《关于解决交通及公用设施等问题的请示报告》《北京城市建设中若干问题的汇报提纲》等。然而鉴于各方面对北京的城市性质、规模、布局、旧城改建等关系到首都建设方针的重大问题认识不一，工作难以进展。

直至1980年，中国共产党中央委员会书记处才明确指示北京是全国的政治中心，是我国进行国际交往的中心。在此前提下，于1981年底成立了北京市规划委员会；在北京市规划委员会的主持下，正式提出《北京城市建设总体规划方案（草案）》，并在进一步修改后于1982年底正式上报国务院（图2-14）。

这个《方案》与以往规划最大不同之处在于对北京的城市性质进行了重大修改，认为北京应是“全国政治中心和文化中心”，不再提“经济中心”和“现代化工业基地”。此外，确定了北京历史文化名城的地位，对保留、继承和发扬古都风貌提出了更高的要求。《方案》认为，

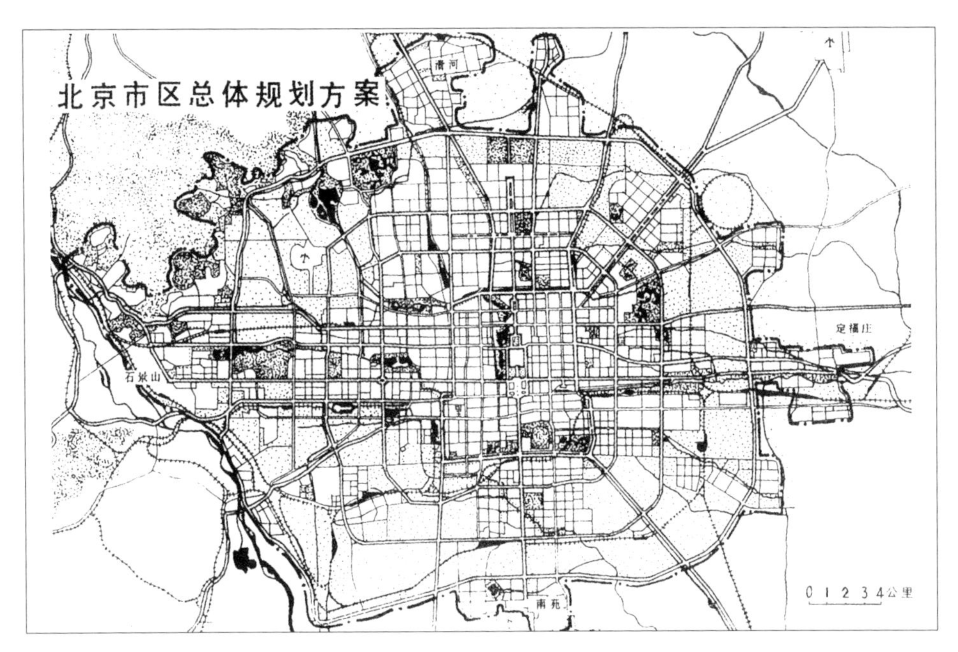

图2-14　北京市区总体规划方案（1982年）

古都风貌的保护范围不仅包括古建筑本身，还包括其周围环境，并提出了四点具体要求：一是要扩大保护范围，陆续公布新的文物保护单位；二是要重视保护文物周围的环境，慎重研究、妥善处理周围新建筑的性质、高度、体量、形式、色调和布局等问题；三是要注意整体保护，皇城、三海地区、天坛、国子监等处为保护重点，严格控制邻近建筑的层数，外围可逐步放宽控制尺度，整个旧城以四、五、六层为主，可以建一部分十几层楼房，个别还可再高一点；四是古建保护要和园林水系保护相结合。规划还第一次明确提出了实施规划的措施。

这个规划得到了中央及国务院的批准，1984年通过分区规划将北京分为四个层次，从而进一步落实了总体规划的要求。这四个层次分别是旧城区、近郊城市建设区、近郊农村地区以及远郊县城。1985年夏，首都建筑艺术委员会和北京市城市规划管理局提出了《北京市区建筑高度控制方案》。此后1987年分区规划中，又对旧城区的建筑高度控制做了进一步的调整，提出了更严格的要求。1990年，颁布了25个街区为“历史文化保护区”。此后市政府颁布了有关202项文物保护单位的保护范围和建设控制地带的规定，关于限制在城区内分散插建楼房的几项规定和关于严格控制高层楼房住宅建设的规定，对保护古都风貌起到了积极的作用。

七、1993 年城市总体规划的特色与建设情况

1983年城市总体规划10年之后，1993年出台了新的《北京城市总体规划（1991年—2010年）》（图2-15、图2-16）。同以往的规划不同，1993年总体规划有两个特点：第一，这是一项跨世纪工程，是首都建设的第二个50年计划，要考虑21世纪首都实现现代化的目标，这同以往只考虑20世纪末不同；第二，这是北京第一次按照社会主义市场经济体制的要求研究城市建设方向，而以往的规划都是计划经济体制下的产物。

图2-15　北京市域总体规划图

图2-16　北京市区总体规划图（1993年）

在城市性质上，再次强调了北京的文化内涵和全方位对外开放的要求；强调适合北京的经济是建立以第三产业为主的现代化产业结构；在城市布局上提出了两个战略转移，即把城市建设的重点逐步从市区向广大郊区转移，市区建设从外延扩展向调整改造转移；建议卫星城的规模从可以容纳20万人扩大至可以容纳40万人，赋予其相对独立的新城含义，为城市的发展提供充分的空间。

1993年总体规划还进一步把历史文化名城保护列入了城市总体规划，明确了名城保护的三项内容，即：对国家公布的文物保护单位按法律规定严格保护，文物本身与环境都不许破坏；对市政府公布的历史文化保护区，必须保持原有风貌，通过整治拆除与风貌不协调的一些临时建筑及构筑物，在建筑形式、高度、体量、色彩上加以管理与限制；对于新的建设，必须与传统格局相协调，从城市设计、宏观环境角度对历史名城提出整体保护的要求。其内容包括：保持和发展城市中轴线；保持传统城郭形象；保持棋盘式道路格局；保护历史水系和传统城市色彩；限制建筑高度，维护以故宫为中心平缓开阔的城市空间；保护景观视廊和城市对景；开辟步行广场；保护古树名木等。同时，为了有利于城市功能调整与实现现代化改造，提出对历史城市风貌变化的区别对待政策，旧城严格一些，城外放宽一些；内城严格一些，外城放宽一些；皇城严格一些，内城外缘放宽一些。

从1994年起，进一步开始了市区“控规”的编制工作，在规划上大规模使用这种手段在北京还是第一次。控制内容包括用地编码（图2-17）、用地性质、用地面积、容积率、建筑限高、建筑密度、绿地率、居住人口密度等八项。

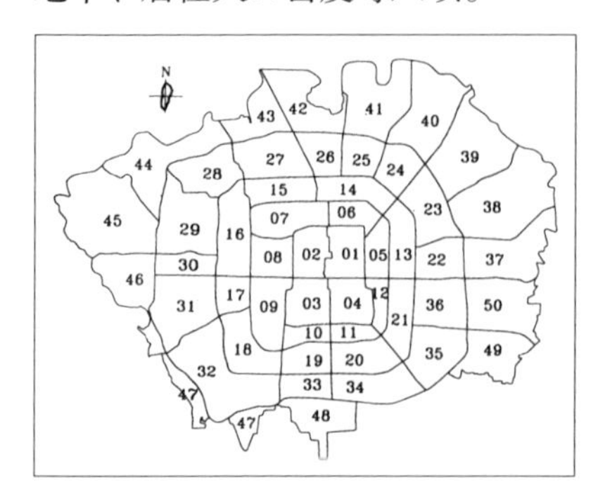

图2-17　北京市区“控规”用地编码图

八、2004 年城市总体规划的特色与建设情况

进入21世纪后，国务院于1993年批准的《北京城市总体规划（1991年—2010年）》所确定的2010年部分发展目标，如人口规模、用地规模、主要基础设施等方面已经提前实现，同时，北京面临举办2008年夏季奥运会和率先实现现代化的重要历史机遇，进入新的重要发展时期，但是，人口膨胀、交通拥挤、住房困难、环境恶化、资源紧张等“大城市病”突显。

为了适应首都现代化建设的需要，2002年5月中共北京市第九次代表大会提出了修订北京城市总体规划的工作任务，加快推进《北京城市总体规划（2004年—2020年）》编制工作任务。2004年1月，建设部致函北京市人民政府，要求尽快开展北京市城市总体规划修订工作。2004年11月，北京市人民代表大会常务委员会审议通过了《北京城市总体规划（2004年—2020年）》。2004年12月，城市规划部际联席会第26次会议审查通过了北京城市总体规划。2005年1月27日，国务院发布《关于〈北京城市总体规划（2004年—2020年）〉的批复》（国函〔2005〕2号），正式批复了北京城市总体规划。

该版规划的城市性质基本延续了1993年国务院批复的城市性质，即“北京是中华人民共和国的首都，是全国的政治中心、文化中心，是世界著名古都和现代国际城市”。规划到2020年，北京市总人口规模规划控制在1800万人左右，其中中心城区控制在850万人左右；北京市建设用地规模控制在1650平方公里，其中中心城区用地规模控制在778平方公里以内。规划在北京市域范围内，构建“两轴—两带—多中心”的城市空间结构（图2-18、图2-19）。

两轴：沿长安街的东西轴和传统中轴线的南北轴。

两带：包括通州、顺义、亦庄、怀柔、密云、平谷的“东部发展带”和包括大兴、房山、昌平、延庆、门头沟的“西部发展带”。

多中心：在市域范围内建设多个服务全国、面向世界的城市职能中心，提高城市的核心功能和综合竞争力，包括中关村高科技园区核心区、奥林匹克中心区、中央商务区（CBD）、海淀山后地区科技创新中

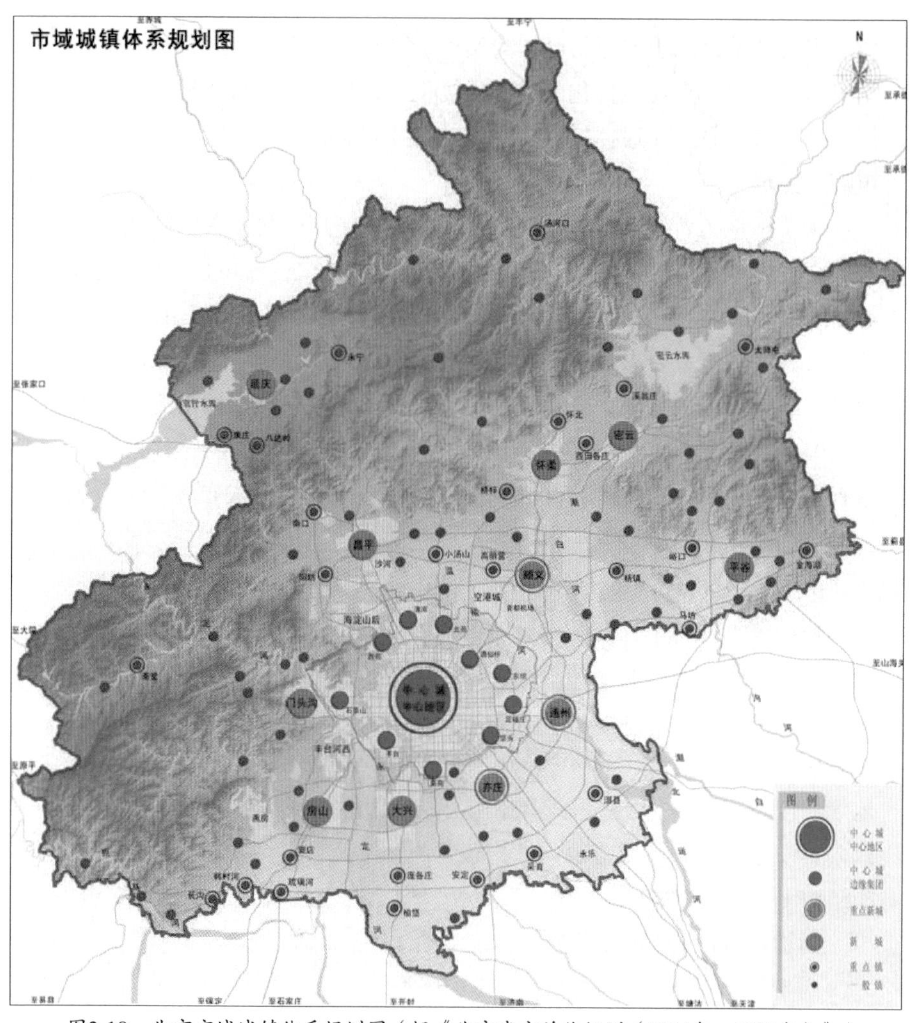

图2-18　北京市域城镇体系规划图（据《北京城市总体规划（2004年—2020年）》）

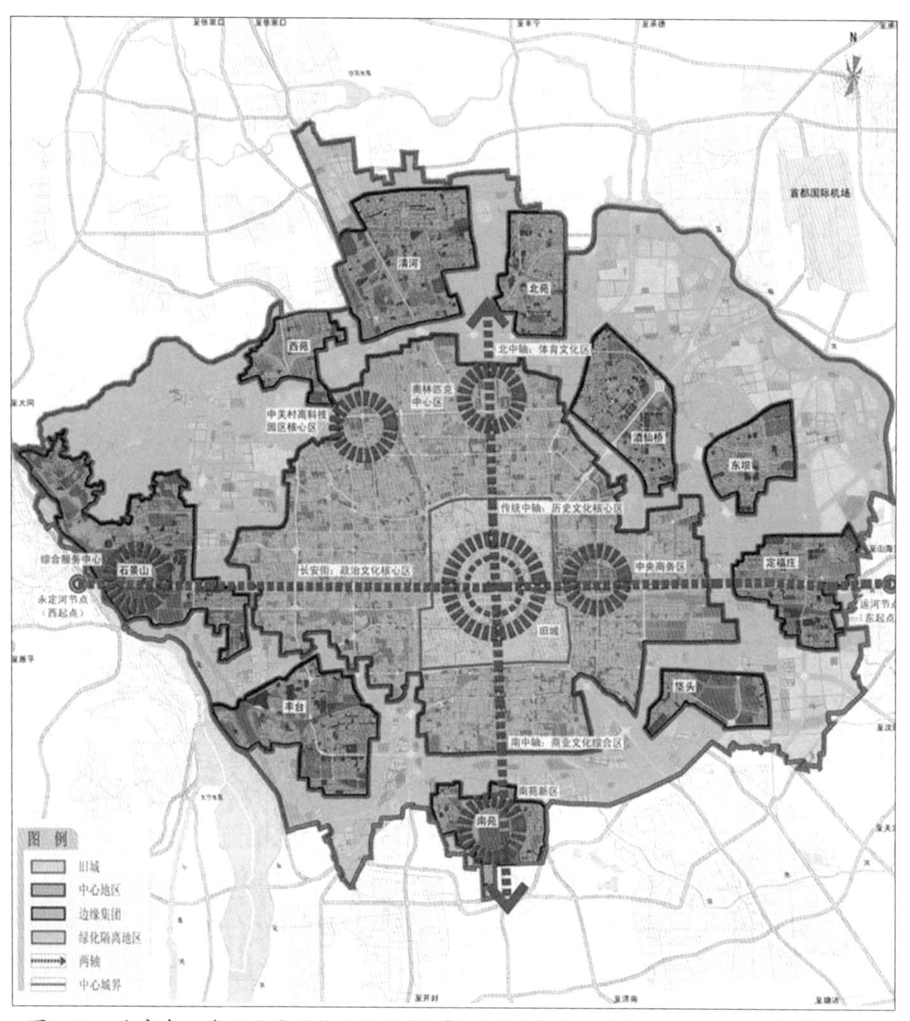

图2-19　北京中心城区功能结构规划图（据《北京城市总体规划（2004年—2020年）》）

心、顺义现代制造业基地、通州综合服务中心、亦庄高新技术产业发展中心和石景山综合服务中心等。

本次规划在内容构成上除了常规总体规划所具有的一般技术内容外，对城市发展的重要条件（党中央、国务院要求北京率先基本实现现代化与北京承办2008年夏季奥运会）以及城市发展的限制性因素做了重点论述，优先关注生态环境的建设与保护，优先关注资源的节约与有效利用，打破行政界限，推动城市规划创新与城市建设模式的转变。突出新城规划、交通与基础设施规划、生态环境保护规划和历史文化名城保护规划四个重点内容。同时对城市安全问题和京津冀区域协调发展问题进行重点研究。

九、2017 年城市总体规划的形成和发展

2014年2月26日，习近平总书记视察北京时，就推动北京发展和管理工作提出要求。以习近平总书记“2·26”重要讲话精神为指导，北京正式启动了新一轮总体规划编制工作。规划编制采取“政府组织、专家领衔、部门合作、公众参与、科学决策”的工作模式，开展了38项重点专题研究，有近200名专家学者参与了相关研究工作。2017年2月24日，习近平总书记主持召开《北京城市规划建设和北京冬奥会筹办工作座谈会》，明确指出北京城市规划要深入思考“建设一个什么样的首都，怎样建设首都”这个问题。

北京市是我国较早进行规划改革的城市，城市规划和国土资源规划由一个部门进行统一管理，在国土空间规划方面走在前列。2016年7月20日，根据中国共产党北京市第十一届委员会第十次全体会议相关部署，市政府决定：设立北京市规划和国土资源管理委员会，不再保留北京市规划委员会、北京市国土资源局。2018年11月8日，新组建的北京市规划和自然资源委员会正式挂牌成立。2019年5月，中共中央国务院发布《关于建立国土空间规划体系并监督实施的若干意见》，要求建立国土空间规划体系并监督实施，将主体功能区规划、土地利用规划、城乡规划等

空间规划融合为统一的国土空间规划，实现“多规合一”，强化国土空间规划对各专项规划的指导约束作用。

2017年9月，《北京城市总体规划（2016年—2035年）》正式获批（图2-20～图2-27）。该批复明确指出：该规划的理念、重点、方法都有新突破，对全国其他大城市有示范作用。主要体现在以下几个方面：

1. 回答了“建设一个什么样的首都，怎样建设首都”这一重大时代课题，就是要建设好伟大社会主义祖国的首都、迈向中华民族伟大复兴的大国首都、国际一流的和谐宜居之都，提出北京是全国政治中心、文化中心、国际交往中心、科技创新中心的城市战略定位。

2. 科学统筹不同地区的主导功能和发展重点，提出了“一核一主一副、两轴多点一区”的城市空间结构。跳出北京看北京，放眼京津冀广阔空间来规划北京的未来，建设以首都为核心的世界级城市群。

3. 高度重视历史文化遗产保护传承和历史文化名城保护，加强老城和“三山五园”整体保护，老城不能再拆，通过腾退、恢复性修建，做到应保尽保。提出“老城不能再拆”的保护要求，以更开阔的视角不断挖掘历史文化内涵，把北京历史文化名城保护拓展到市域和京津冀区域，拓展和丰富保护内容，建立“四个层次、两大重点区域、三条文化带、九个方面”的历史文化名城保护体系。

4. 以资源环境承载能力为硬约束，科学配置资源要素，统筹生产、生活、生态空间，切实减重、减负、减量发展，实施人口规模、建设规模双控，倒逼发展方式转变、产业结构转型升级、城市功能优化调整，确定了人口总量上限、生态控制线、城市开发边界“三条红线”。

5. 提出高水平规划建设北京城市副中心通州新城和雄安新区为双翼的“一核两翼”的空间结构，疏解北京非首都职能，深入推进京津冀协同发展。明确各区功能定位，促进山区和平原地区互补发展，更加重视均衡发展；加强城乡统筹，全面推动城乡规划、资源配置、基础设施、产业、公共服务、社会治理的城乡一体化。

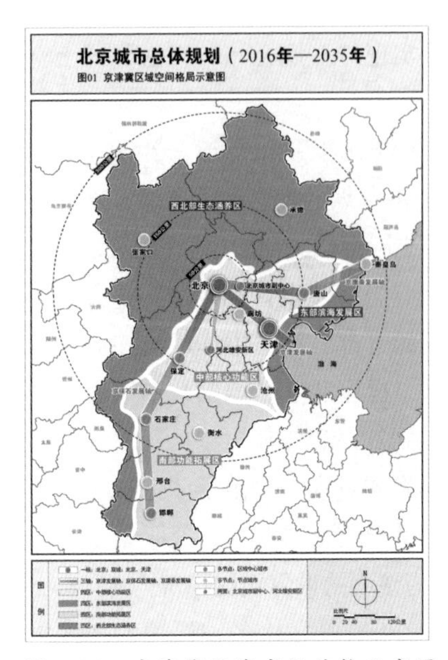

图2-20 京津冀区域空间结构示意图（据《北京城市总体规划（2016年—2035年）》）

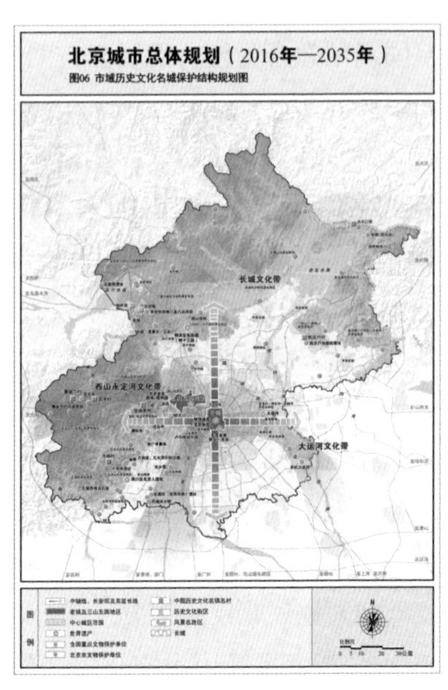

图2-21 市域历史文化名城保护结构规划图（据《北京城市总体规划（2016年—2035年）》）

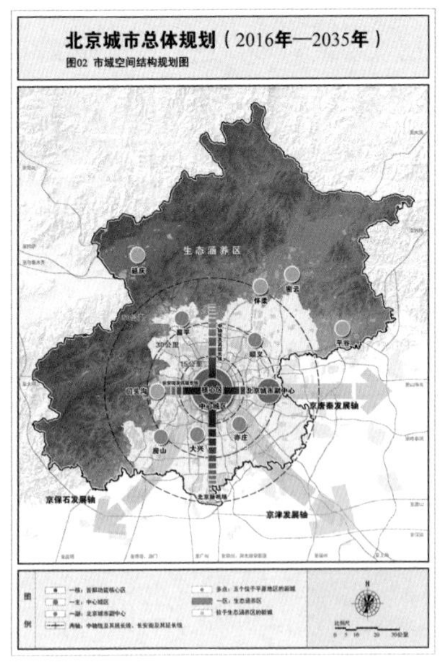

图2-22 市域空间结构规划图（据《北京城市总体规划（2016年—2035年）》）

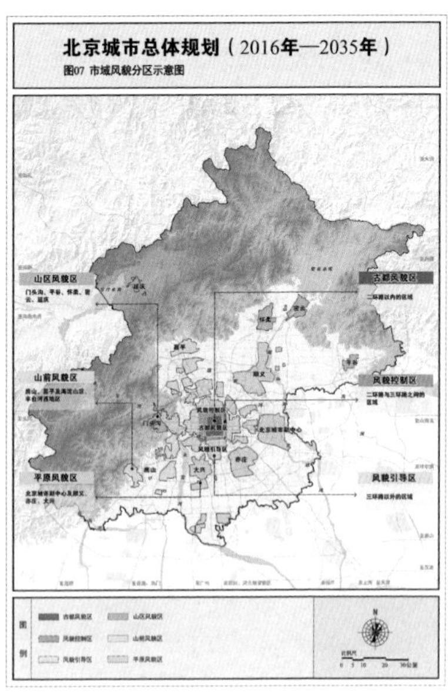

图2-23 市域风貌分区示意图（据《北京城市总体规划（2016年—2035年）》）

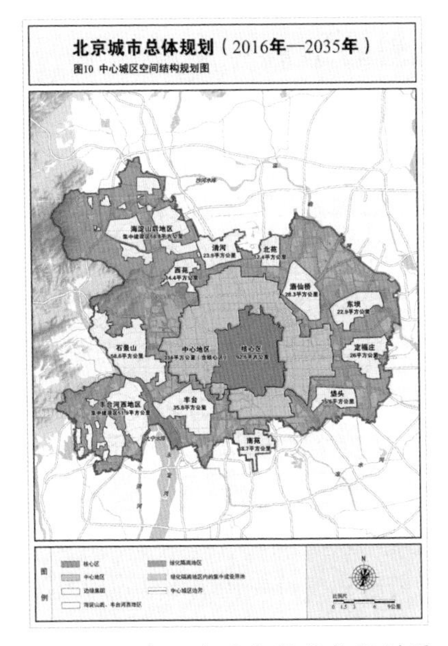

图2-24 中心城区空间结构规划图（据《北京城市总体规划（2016年—2035年）》）

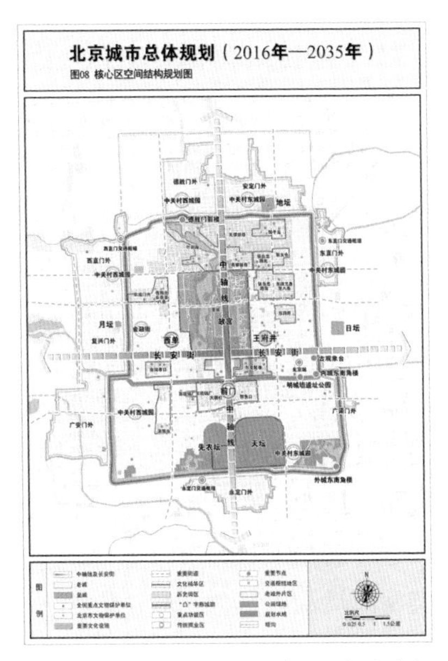

图2-25 核心区空间结构规划图（据《北京城市总体规划（2016年—2035年）》）

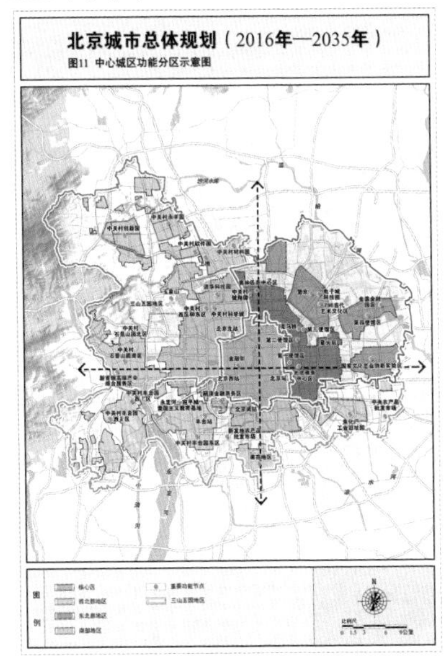

图2-26 中心城区功能分区示意图（据《北京城市总体规划（2016年—2035年）》）

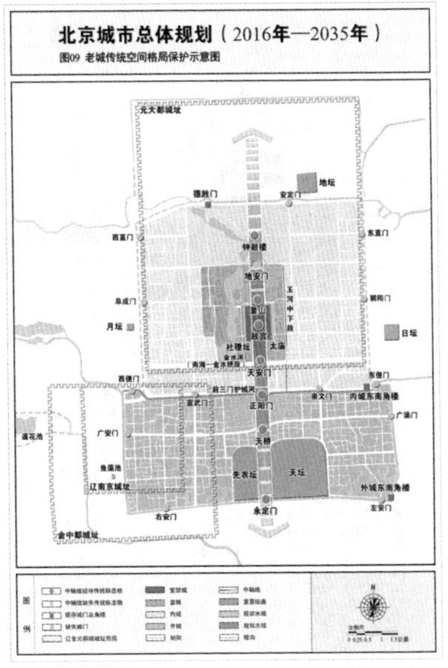

图2-27 老城传统空间格局保护示意图（据《北京城市总体规划（2016年—2035年）》）

第二节　巴黎总体规划的形成和发展

一、第二帝国时期奥斯曼的巴黎改建（1853—1870 年）

1852年拿破仑三世继位后，法国社会已由封建社会过渡到资本主义社会，君主不再代表旧贵族阶级的利益，而是站在新兴资产阶级一边；对巴黎的改造也是按资本主义经济发展的基本需求进行的（图2-28）。由于法国国内及国际铁路网的形成，巴黎已成为欧洲最大的交通枢纽。城市的迅速发展，使城市的原有功能结构发生了急剧的变化，城市现状与发展之间产生了尖锐的矛盾。此外，中世纪的狭窄街道有利于起义者进行街垒战斗，这也给拿破仑三世的统治带来了威胁（图2-29、图2-30）。在这样背景下，城市改造自然具有多重目的：一是要满足城市在工业、经济发展和人口急剧增长形势下的功能需求；二是要在城市建设中反映资本主义经济发展的巨大成就，塑造帝都形象；此外还有将贫穷富区彻底分开和消除市民利用街垒与当局对抗的政治目的。

图2-28　巴黎　1853年城市平面

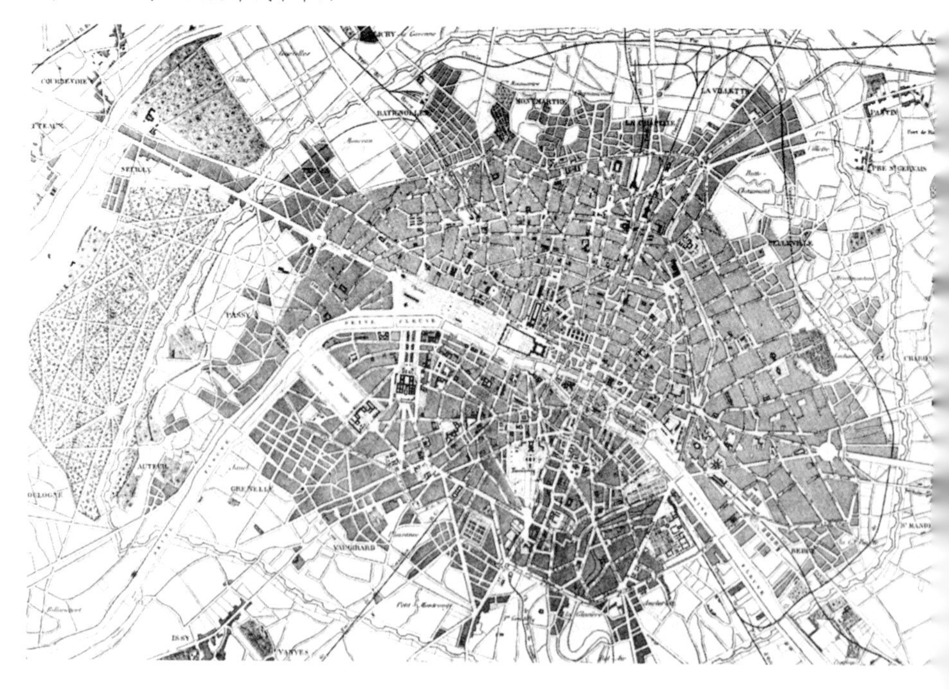

图2-29　巴黎表现1848年革命时期在圣安托万街（Saint-Antoine）战斗场面的绘画

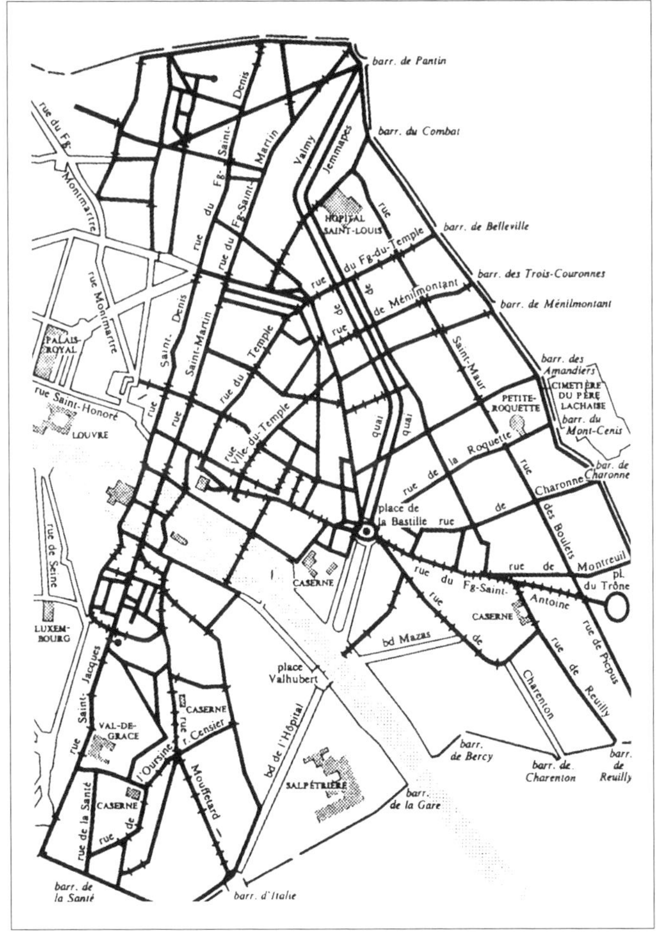

图2-30　巴黎1848年6月被起义者所控制的街道示意图

当时的巴黎集各种有利条件于一身，拿破仑三世政权的巩固，奥斯曼的才干，熟练的技术人员和两套行之有效的法律（即1840年的《财产没收法》及1850年的《健康法》），这些都使巴黎能在较短的时间内进行广泛深入的城市规划工作。新巴黎就这样成了“自由资本主义之后”城市改革计划的成功例证，并自19世纪中期以来成为世界上许多城市建设的典范。

1853—1870年，奥斯曼对巴黎市中心进行了史无前例的大规模改造和重建，改建从巴黎歌剧院周围地区开始（图2-31、图2-32），其主要成就体现在以下几个方面：

第一是道路体系的改造（图2-33）。奥斯曼对巴黎城市道路系统的改造可以归纳为“大十字”干道和两个环行路（即内环路和外环路）。“大十字”干道由东西向主轴和南北向干道组成。奥斯曼将里沃利大街向东延长至圣安托万区，使它与西端的香榭丽舍大道连成巴黎的东西主轴；南北干道则由塞瓦斯托波尔大街和圣米歇尔大道组成。两条轴线均

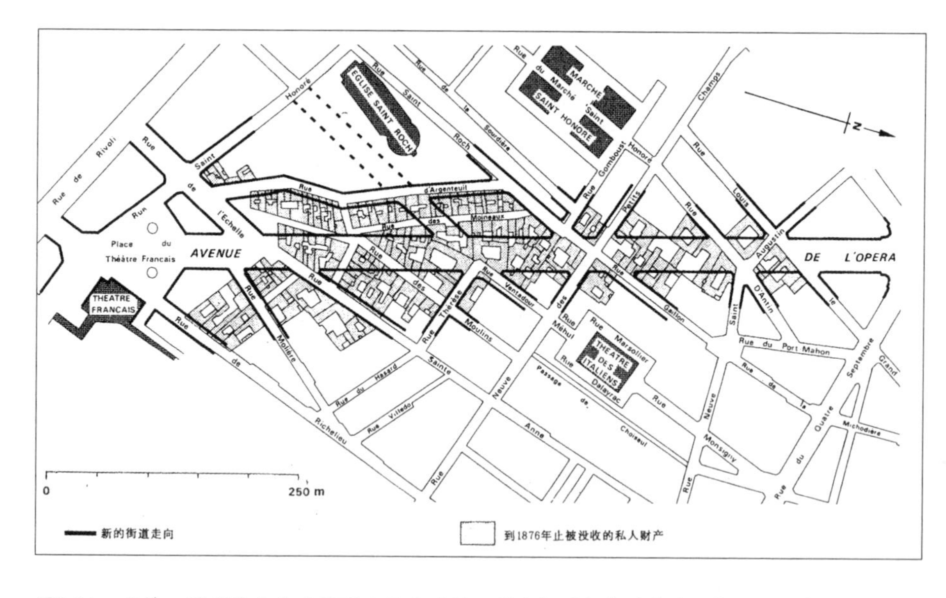

图2-31　巴黎　歌剧院大街及周围地区平面图，图上标明新街道走向和根据1850年法令没收的地产

图2-32　巴黎　修建歌剧院大街时的情景

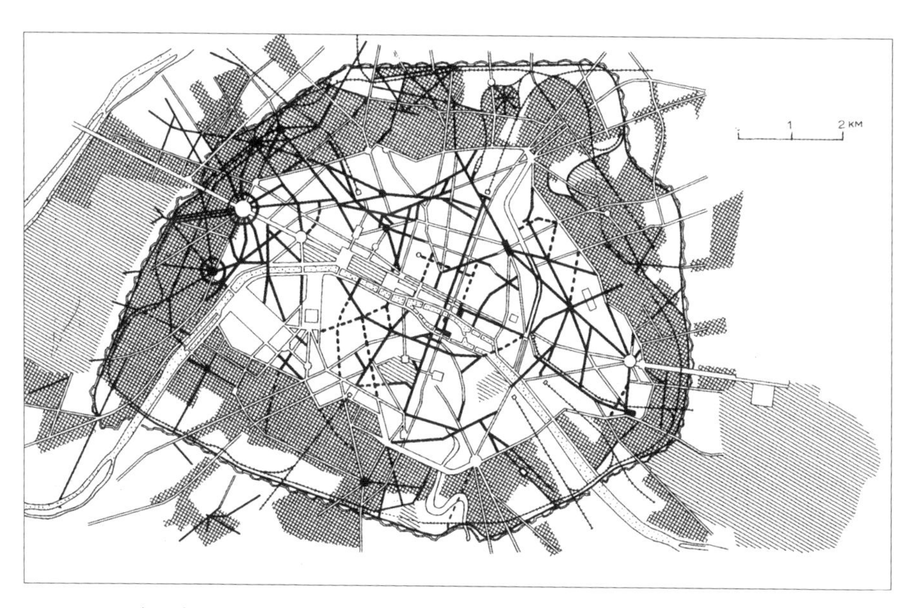

图2-33　巴黎　奥斯曼开辟的新路示意（细线表示原来已有道路；黑实线表示第二帝国时期开辟的新路；网线表示开辟的新市区；斜线为绿地）

穿市中心，形成椭圆形市区的长轴与短轴。内环线的形成是在塞纳河南岸作一弧线，与北岸的巴士底广场及协和广场连接，再与北岸原有的半弧形道路组成环线。内环之外，以民族广场与戴高乐广场为东西两极又形成一环，构成了巴黎的内外二环。

此外，为了进一步疏导交通，还扩展和新建了数条宽敞的道路，并且利用新道路把原来互相没有关系的道路网联系起来。旧巴黎的中心原有384公里道路，郊外原有355公里道路。拿破仑三世在市中心区开辟了95公里顺直宽阔的道路，并拆毁了49公里旧路，使中世纪的城市核心得以畅通；同时还拆除了许多旧区，特别是经常肇事的东部地区。奥斯曼保留了最重要的纪念物，把它们独立出来，作为各条大街的对景。中世纪形成的城市结构就这样逐渐解体，让位给巴洛克式的林荫道和其他街道组成的统一道路体系。这些林荫道成为延伸到郊区的现代化道路网的一部分；与此同时在郊区增设了70公里长的道路，拆除了5公里旧路。这些宽阔的道路不仅满足了现代城市发展的需要，也起到了制止暴动的目的：一旦出现骚乱，当局即可通过这些宽敞的道路把军队迅速调到出事地点。这时期形成的交通网络，构成了现在巴黎交通的基本格局。

第二是市中心的改造。在这个时期，对市中心的改造主要集中在以卢浮宫、卢浮宫广场、协和广场以及北至马德兰教堂西至雄师凯旋门一带。改造继承了19世纪初拿破仑一世的帝国风格，将道路、广场、绿地、水面、林荫带和大型纪念性建筑物组成一个完整的统一体。为了美化巴黎的城市面貌，对道路宽度与两旁建筑物的高度都规定了一定的比例，沿新街建造的建筑也比过去控制得更严：在1852年，已形成建房必须获得批准的制度；1859年，对1783—1784年旧的巴黎建筑法规作了修改，确定了建筑高度和街道宽度之间的比例，若街宽为20米及以上，建筑高度应与之相等；如果街道较窄，建筑高度可以大于街道宽度，相当于街宽的一倍半；屋顶坡度限制在45°。在戴高乐广场周围开拓了12条宽阔的放射路（其中5条为1854年新辟），广场的直径拓宽至137米。

第三是首次提出了分区规划。1859年，在包税区边界（octroi）

和梯也尔城墙之间，共有11个社区。奥斯曼改建后，取消了18世纪形成的包税区边界，并与城界外的一些区域合并，使巴黎伸展到防御设施之外，面积达到8750公顷。从这时开始，巴黎旧城分成20个区（图2-34），划分方式是从核心向外顺时针方向螺旋展开。通过分区，形成豪华的巴黎核心地带，达到了改善巴黎贵族与上层社会居住环境的目的。

第四是公共公园和绿地的建设。在奥斯曼上任以前，巴黎的公园（即塞纳河右岸的丢勒里花园、爱丽舍公园，左岸的三月广场公园和卢森堡公园）都是在“旧体制”（所谓“Ancien Regime”，指法国大革命前的王朝时期）下创建的。在这次绿化建设中，市区内续建了两种新的绿地：一是塞纳河沿岸的滨河绿地；二是宽阔的花园式林荫大道（包括把宽阔的香榭丽舍大街向东、西延伸）。全市各区也都修筑了大面积的公园，如城市北部和南部城墙内的比特·绍蒙公园和蒙苏里公园。此后奥斯曼又在近城处开辟了布洛涅森林公园，它的前身是塞纳河和西部要塞之间的皇家森林；由于它所处的位置靠近香榭丽舍大街，所以很快成了首都优雅生活的中心。在城市的另一边，与马恩河汇流的东部地区，对应建造了万塞讷森林公园。这两个面积甚大的森林公园和城市内部的

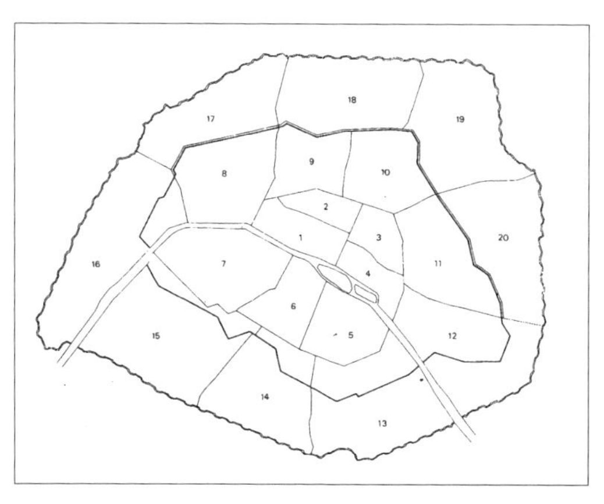

图2-34　巴黎　行政分区图（20个区，较粗的线表示18世纪形成的关税区的边界）

林荫道一起，起到了将大片绿化面积引进市中心的目的。

第五是基础设施建设。除改造巴黎的城市面貌外，奥斯曼还对城市的辅助系统进行了大规模的改造和扩建。其中最突出的是建立供水和排污、排水系统，利用新水源的喷泉、花园浇水系统，并且建造了一系列横跨塞纳河的新桥，把被河流分割的城市合为一体。

奥斯曼可以说是巴黎建造历史上最具争议的一位人物。他搞的这种大规模更新改造除了改善城市交通外，的确使城市显得更为宏伟气派。有人认为，巴黎的许多美正是来自“第二帝国时期创建的街道、公园和宏伟的林荫大道”。但应该看到，这种做法确实也带来一些其他的问题，特别是对城市传统面貌的破坏。这也是当时及以后人们对拿破仑三世和奥斯曼的批判多于赞扬的原因。他们的这种做法曾受到19世纪哥特复兴主义者们的坚决反对。曾担任过历史文物总监的梅里美也认为，奥斯曼应对“中世纪法国的毁灭”负责（图2-35）。总之，人们普遍认为，他虽然使巴黎成为一座现代化的都市，但却使这座古城在很大程度上丧失了自己的民族特色。维伊奥（Veuillot）于1867年写道：“这些庞大的街道、庞大的码头、庞大建筑物和庞大的下水道，它们那拙劣的模仿手法、拙劣构思的面孔……表现出令人厌烦的气氛……新的巴黎将永远不会有历史，她将消灭旧巴黎的历史线索。30岁以下的人已抹掉了任何历史痕迹。甚至留下来的古老纪念物也无可奉告，因为周围一切都已时过境迁了。”

不过，奥斯曼的改建奠定了巴黎现在的城市结构是毫无疑问的，著名城市规划大师柯布西耶对奥斯曼的做法大加赞赏，他写道：“奥斯曼男爵在巴黎挖掘了一个巨大的缺口，实施了一项最肆无忌惮的手术……奥斯曼的作为真是令人钦佩。而且摧毁了混乱之后，他也重振了帝王时期的财务状况！”（图2-36）。

1919年在法国，塞纳区行政长官组织了一次巴黎城市规划方案的竞赛（图2-37），但直到1932年，巴黎地区体制设立之后，实际工作才开始。

图2-35　多雷（Gustave Dore）为拉贝多利埃（Labedolliere，E.de）的《新巴黎》（Nouvelle Paris，1860年）一书扉页作的讽刺画：第二帝国时期“中世纪法国的毁灭”

图2-36　巴黎　1873年城市总平面图

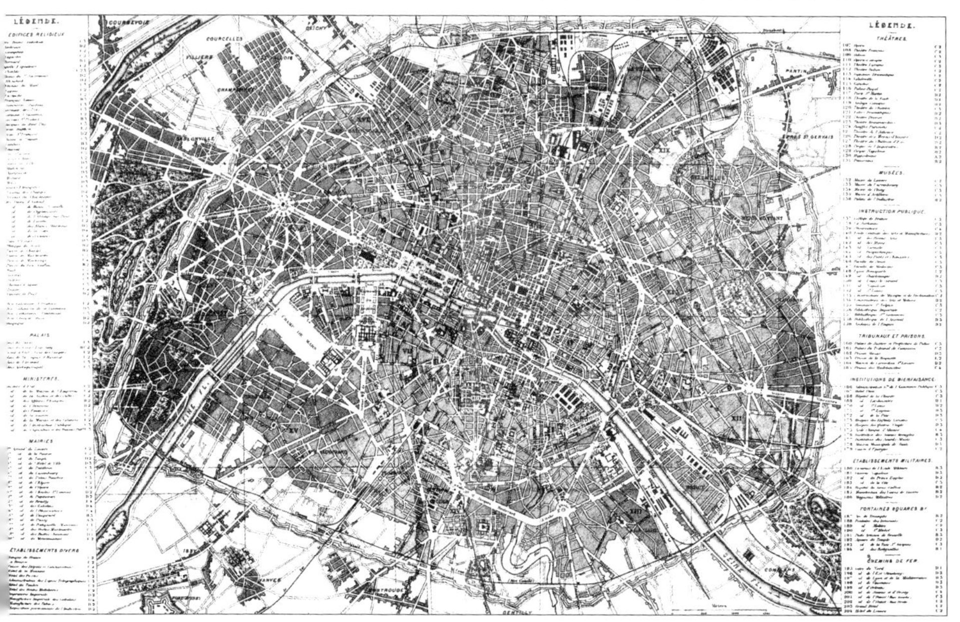

图2-37　巴黎扩展计划（作者Leon Jaussely、Roger-Henri Expert、Gaston Redon、Louis Solier，1919年）

二、1934年的“PROST规划”

20世纪初，工业革命到来，小汽车出现，巴黎的发展进入快速扩张的阶段，随之也带来了环境严重污染、交通拥挤、郊区扩散等一系列问题。为了解决巴黎面临的城市问题，巴黎市政府在第一次世界大战后进行了“改造、美化和壮大巴黎”的讨论。1932年5月，法国颁布法令设立巴黎地区，提出编制《巴黎地区国土开发计划》，第一次提出了限制巴黎恶性膨胀和美化巴黎的规划设想，标志着巴黎的发展进入到了一个新的发展阶段（图2-38）。

根据1932年的法令，法国政府邀请规划师亨利·普罗斯特（H. Prost）代为制定巴黎地区的空间规划。1934年，“PROST规划”出台。该规划以巴黎圣母院为中心，方圆35平方公里的区域为规划范围，第一次针对巴黎无序膨胀的现象从区域的高度对城市建成区进行调整和完善，从区域道路结

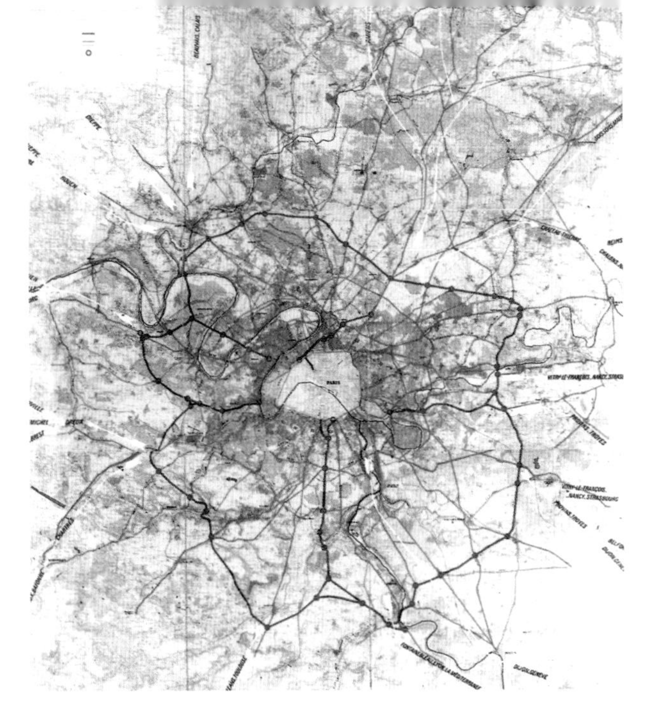

图2-38　普洛斯特（Henri Prost）的巴黎行政区整治计划（1934年）

构、绿色空间保护和城市建设范围三方面做出了详细规定：

其一，为迎合当时盛行的汽车交通需求，规划提出放射路和环路相结合的道路结构形态。

其二，鉴于无序的郊区蔓延毁掉了大片森林、绿地，规划提出要严格保护现有森林公园等绿地和重要景观地段，并在规划区内建设新的休闲游乐场所，以备将来建设公共设施的用地之需。

其三，为抑制郊区蔓延，规划限定了城市建设用地范围，将各市镇的土地利用划分为城市建设区和非建设区两种类型，从而界定了巴黎地区城市建设用地的范围。

三、1956年“PARP规划”——《巴黎地区国土开发计划》

与欧洲其他大多数城市不同，巴黎并没有受到第二次世界大战的破坏，但是，战后的和平为巴黎的城市发展提供了良好环境。战后这段时期，法国正面临着战后十年经济复苏时期，人口和经济向巴黎加速集聚，人口和经济在地区和全国范围内的不均衡分布成为国家主要面临的问题。巴黎的扩展产生的地区经济和城市结构的严重不平衡问题，在法国学术和社会各界引起了广泛的注意。1947年，法国经济和地理学家让·佛朗索瓦·格拉维埃（Jaen Franfois Gravier）写了一本名为《巴黎与法兰西的荒漠》的书，把巴黎以外的地区称为“法兰西的荒漠”，形象地把巴黎与其他各省的差异刻画出来。该书第一次系统地阐述了巴黎与法国其他地区比例失调、地区发展严重失衡的问题。格拉维埃认为，造成这一问题的根源是历史的偶然，而非经济发展的必然，并且能够通过合理规划和协调来解决。为了减轻城市发展带来的压力和负担，法国政府制订了新的法令：通过实施新的经济计划来限制巴黎地区的进一步扩展，以此来达到全国经济均衡发展的目标。法令规定，1950年以后在巴黎地区内新建和重建的工业项目都必须通过政府有关部门的严格审批。

1956年，法国政府在1934年“PROST规划”进行多次修改的基础上制定和颁布了新的《巴黎地区国土开发计划》（简称“PARP计划”）。该规划继承了以“限制”为重点的规划思想，在限制巴黎地区人口规模增长的前提下，通过划定城市建设区的范围来限制巴黎地区城市空间的扩张。同时，为了促进城郊更加均衡的发展，提出了要降低巴黎中心区的密度，提高郊区密度，并提出了以下具体措施：

1. 积极疏散中心区人口和不适宜在中心区发展的工业企业。

2. 在郊区建设拥有服务设施和就业岗位的相对独立的大型住宅区。

3. 在城市聚集区外缘建设具有完善公共服务配套的卫星城，与中心区之间用大片的农业用地相隔，又通过公路和铁路交通相互联系。

四、1960 年的“PADOG 规划”——《巴黎地区国土开发与空间组织总体规划》

这一版规划距离上一版规划的时间最短，主要原因是上一版规划未能起到相应的作用。例如，1958年法国颁布法令开辟“优先城市化地区”，其结果是极大地促进了大型住宅区在巴黎郊区的建设，丝毫没有减缓巴黎城市聚集区的蔓延。为此，戴高乐政府主持制定了新的《巴黎地区国土开发与空间组织总体计划》（简称“PADOG规划”）。

“PADOG规划”的主旨依然是通过限定城市建设区的范围来限制郊

区蔓延，以此来达到区域整体的平衡发展，但是具体的措施有所不同。规划认为，巴黎地区未来城市发展的重点不是空间上的扩展，而是对现有建成区的调整，建议利用企业扩大或是转产的机会来向郊区转移，以疏散中心区压力。通过改造和建立新的城市发展极核来重构城市郊区，通过鼓励巴黎地区周边城市的适度发展或在巴黎地区以外新建卫星城镇提高农村地区的活力。

五、1965 年的“SDAURP 规划”——《巴黎大区国土开发与城市规划指导纲要（1965—2000）》

第二次世界大战以后，巴黎的城市建设面临着一系列矛盾。

首先城市过分拥挤，城郊之间和东西部之间人员配置和工作岗位不配套。战后巴黎人口剧增，仅二十年时间，就从原来的460万人增长到800多万人。随着人口增长，城市用地也在不断扩展。过去的巴黎外缘离市中心距离仅为5～6公里，后来扩展到30～50公里，最后将周围的7个省都包括在内。城市用地扩展的过程也是人口向郊区迁移的过程。从20世纪60年代起，巴黎郊区的人口增长已开始超过市区，仅二十年时间，郊区的人口就增长了460多万人，而市区人口仅从170万人增长到260万人。市区内集中了就业岗位的一半以上以及首都绝大部分政治、金融、商业、文化教育、科研机构和旅游项目。每天往返于市区和郊区的就业人员造成了城郊之间交通日益紧张的局面。城市东西部之间问题也同样严重。

其次郊区设施严重不足，造成当地居民在生活上极为不便。郊区人口的增长伴随着住宅建设的增长，但与之配套的生活福利设施——大商店、电影院及咖啡馆等却极为缺乏。

再有就是城市的绿地逐渐减少，环境恶化。巴黎最早是沿着铁路、公路，之后又是沿着高速路发展的，这种发展带有很大的随意性，一栋栋住宅在车站和换乘站周围建设，不断挤占附近的空间和绿地。国家保护绿地的法律往往对城市建设起不到限制作用。

最后是城市用地严重不足。

针对以上的矛盾，巴黎市政当局进行了一系列调查研究工作，经过至少一二十年的酝酿，于1958年制定了《巴黎地区总体规划方案》（以下简称为《方案》），并于1961年成立了“地区规划整顿委员会”。《方案》强调控制市区的不断扩展，主张打破原来的单中心结构，建立一个多中心分散式的城市机制。在确认巴黎地区的人口增长不可避免的前提下，力求找到一个合理的人口分布原则和方法。在这种思想的指导下，于1965年制定了《大巴黎地区规划和整顿指导方案》（以下简称为《大区规划》）（图2-39）。预计到2000年，巴黎地区的人口将增长到

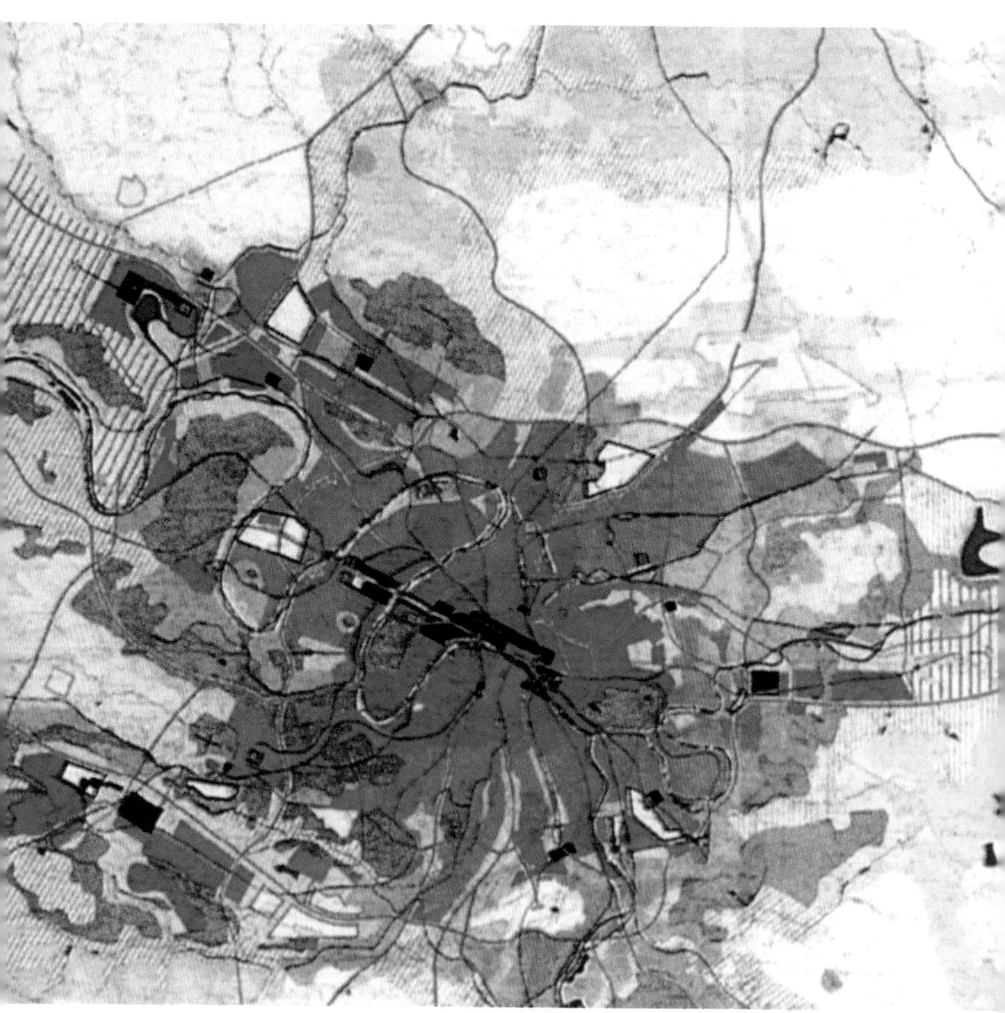

图2-39　大巴黎地区规划和整顿指导方案（1965年）

1400万人，用地将扩展到988平方公里。

《大区规划》提出了巴黎城市发展的四大方向：①改善居民的生活环境和条件；②保护和利用自然资源和古老建筑；③保护生产机构和决策机构的规模并取得协调；④维护巴黎在国际上的影响。

在此基础上，提出了三项战略措施：

1. 在更大区域范围内安排工业和城市人口的分布。为了减少工业和人口进一步集中到巴黎地区，沿塞纳河下游形成几个城市群，即巴黎、鲁昂、勒阿弗尔地区城市群（图2-40）。

2. 改变原来聚焦式向心发展的城市结构，沿塞纳河发展成带形城市。在城市南北两边20公里范围内，与城市轴线和塞纳河平行规划两条城市走廊。北边城市走廊长74.6公里，南边城市走廊长89.6公里。这种沿城市南北两线方向发展的方案打破了巴黎原有的一层层外延的发展模式。这样，一方面可以使巴黎东西部发展保持平衡，另一方面可以有效地保护自然风景、河谷、森林、绿地等。此外，这种布局方式在一定程度上还可把市中心周围的交通及外围交通分隔开，以缓解市中心的交通压力。

3. 改变原来单中心的城市布局，在南北两条城市走廊内建设可容纳165万人口的埃夫利、塞尔基-蓬杜瓦兹等五座新城（图2-41）。此外还规划布置了拉德芳斯、克雷泰、凡尔赛等9个副中心（图2-42）。每个副中心都均匀分布在中心区周围，它们布置有各种类型的公共建筑和住宅，各自服务几十万人，以减轻旧城中心的负担。

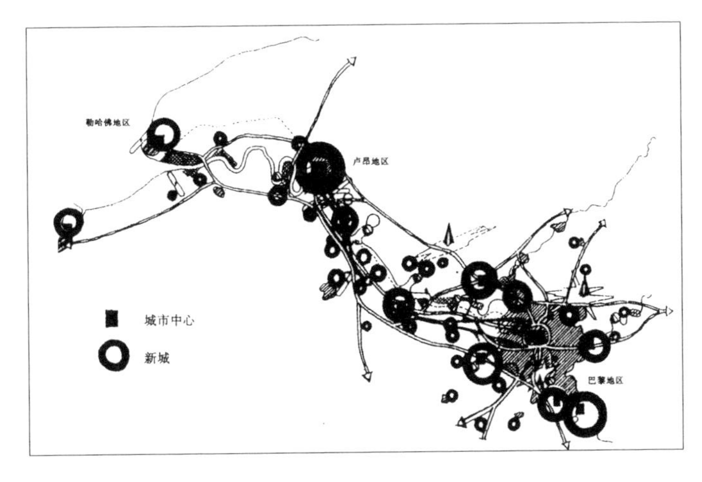

图2-40　巴黎-鲁昂-勒阿弗尔地区区域规划示意图

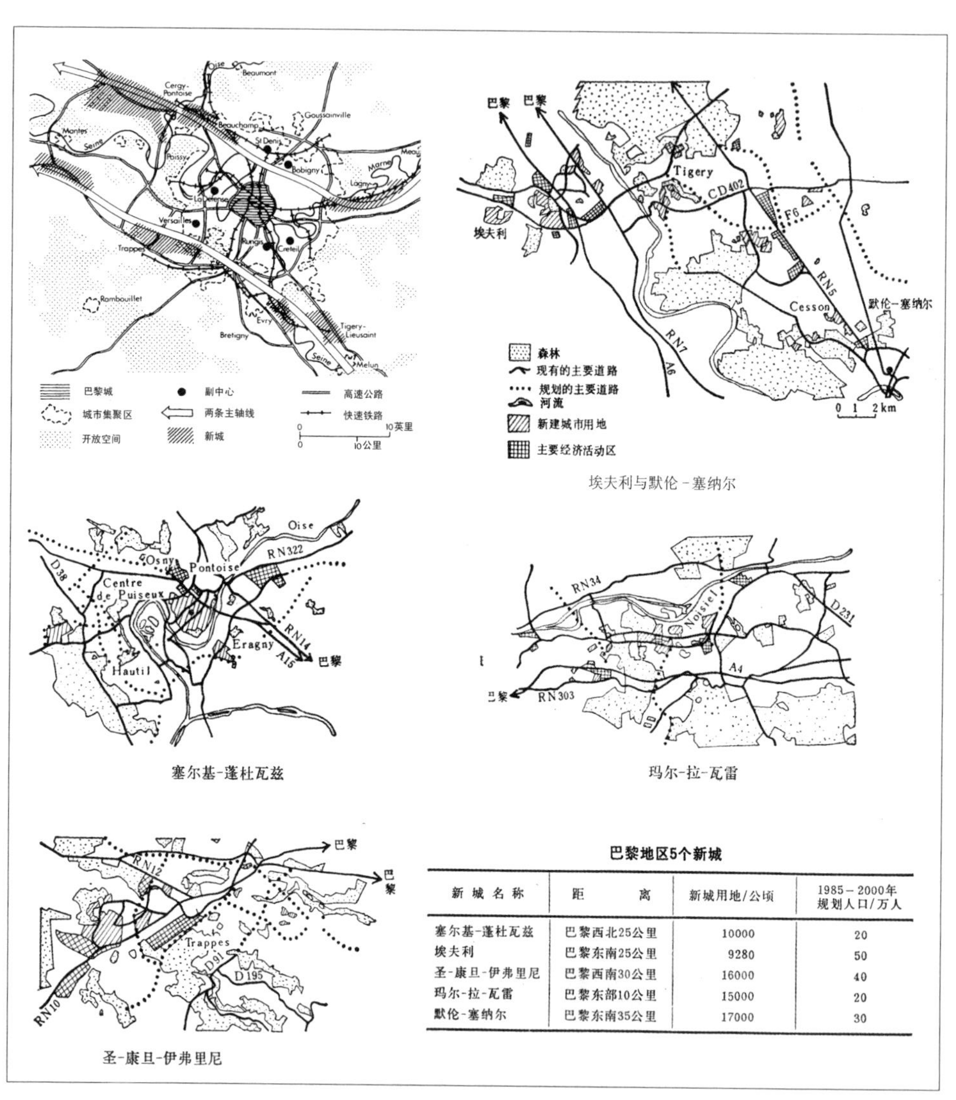

巴黎地区5个新城

新城名称	距离	新城用地/公顷	1985-2000年规划人口/万人
塞尔基-蓬杜瓦兹	巴黎西北25公里	10000	20
埃夫利	巴黎东南25公里	9280	50
圣-康旦-伊弗里尼	巴黎西南30公里	16000	40
玛尔-拉-瓦雷	巴黎东部10公里	15000	20
默伦-塞纳尔	巴黎东南35公里	17000	30

图2-41　巴黎1965年指导方案的新城布局示意图

4. 把发展重点放在巴黎以外的几个大城市和巴黎周围的中型城市上，从巴黎发散外迁一部分企事业单位，特别是政府机构和各种权力机构。

5. 保护和发展现有农业和森林用地。在城市化城镇周围建设五个自然生态平衡区域；组织和完善地区道路网和公共交通系统，使城镇与郊区及各城镇之间有快速而便捷的交通联系。

1965年是巴黎地区城市规划从“以限制为主”到“以发展为主”的战略转折点，提出的城市发展轴线和新城的观念为城市建

图2-42 巴黎郊区副中心示意图

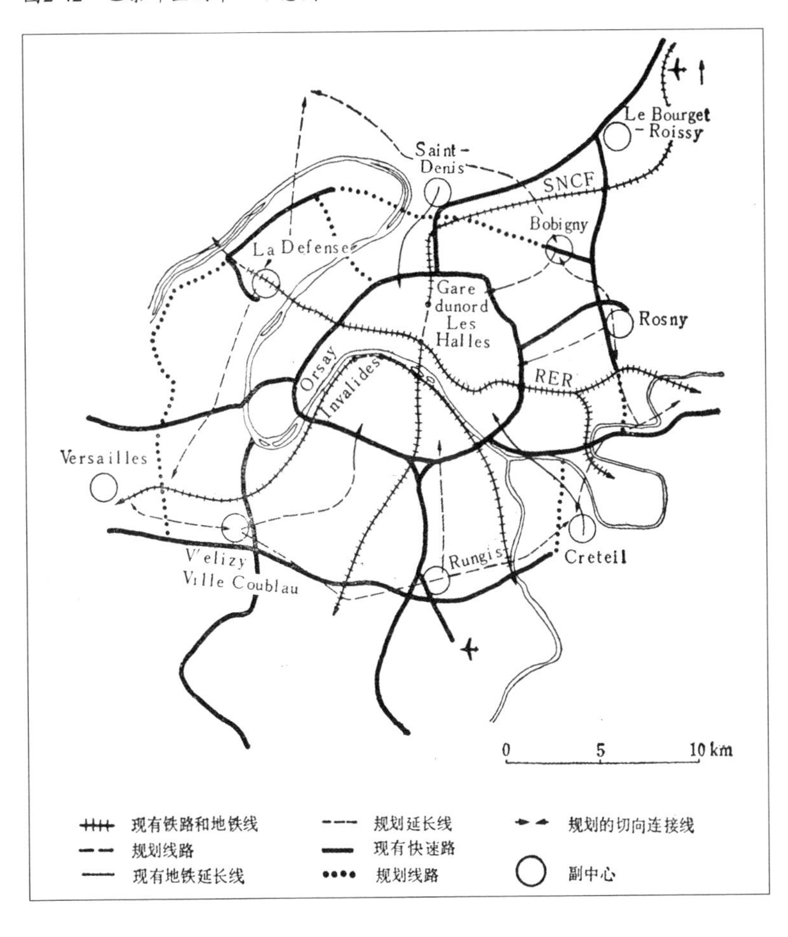

设提供了新的发展空间，规划者的视野从城市扩大到市郊，构建了区域空间格局的初步骨架，这个区域发展观促进了整个巴黎地区的协调有序发展。以后的三次规划方案都继承了这种以推动巴黎地区整体均衡发展为核心的城市发展思路，将人为限制城市建设区的扩展转变为有计划地为城市建设寻找新的发展空间，城市发展空间扩大，解决城市问题的途径增加。多中心的空间概念也从城市建成区延伸到整个巴黎地区，从而使区域的城市空间布局更具灵活性，适应了世界城市竞争的时代要求。

最终，1976年，大巴黎地区的成立代替了原来的巴黎地区行政区。之后又经过几次大的规划调整，最终发展成为现在由8个省组成、拥有2%国土面积和20%的人口的大巴黎地区。

六、1976 年的“SDSURIF 规划”——《法兰西岛地区国土开发与城市规划指导纲要（1975—2000）》

1969年，巴黎地区政府根据20世纪60年代后期人口和经济增长放缓的事实，将新城减少到五座，每个新城的人口从30万～100万人降低为20万～30万人。经过1975年的再次修订，于1976年对原有的《大巴黎地区的规划和整顿指导方案》重新进行了修订，并颁布了《法兰西之岛地区国土开发与城市规划指导纲要（1975—2000）》（图2-43）。规划重申了巴黎地区城市发展的基本原则：

1. 空间格局依然为两轴和多中心的布局。

2. 强调遵循综合性和多样化的原则，无论是现有的城市化地区，还是建设中的新城。

3. 限制城市化地区的自由蔓延，通过划定“乡村边界”来界定区域中开敞空间的位置和范围。

4. 为多中心的区域空间布局提供便利的交通联系，继续强化现有环路加放射路的区域交通体系。

新的规划方案针对巴黎的不同分区，提出了不同的发展策略：

1. 历史中心区，范围为18世纪形成的巴黎旧城。在这个区域内，以历史保护为主，保护原有的历史风貌并维持传统的职能活动。

2. 19世纪形成的旧区。这里作为巴黎的中心，强调维持多样化的居

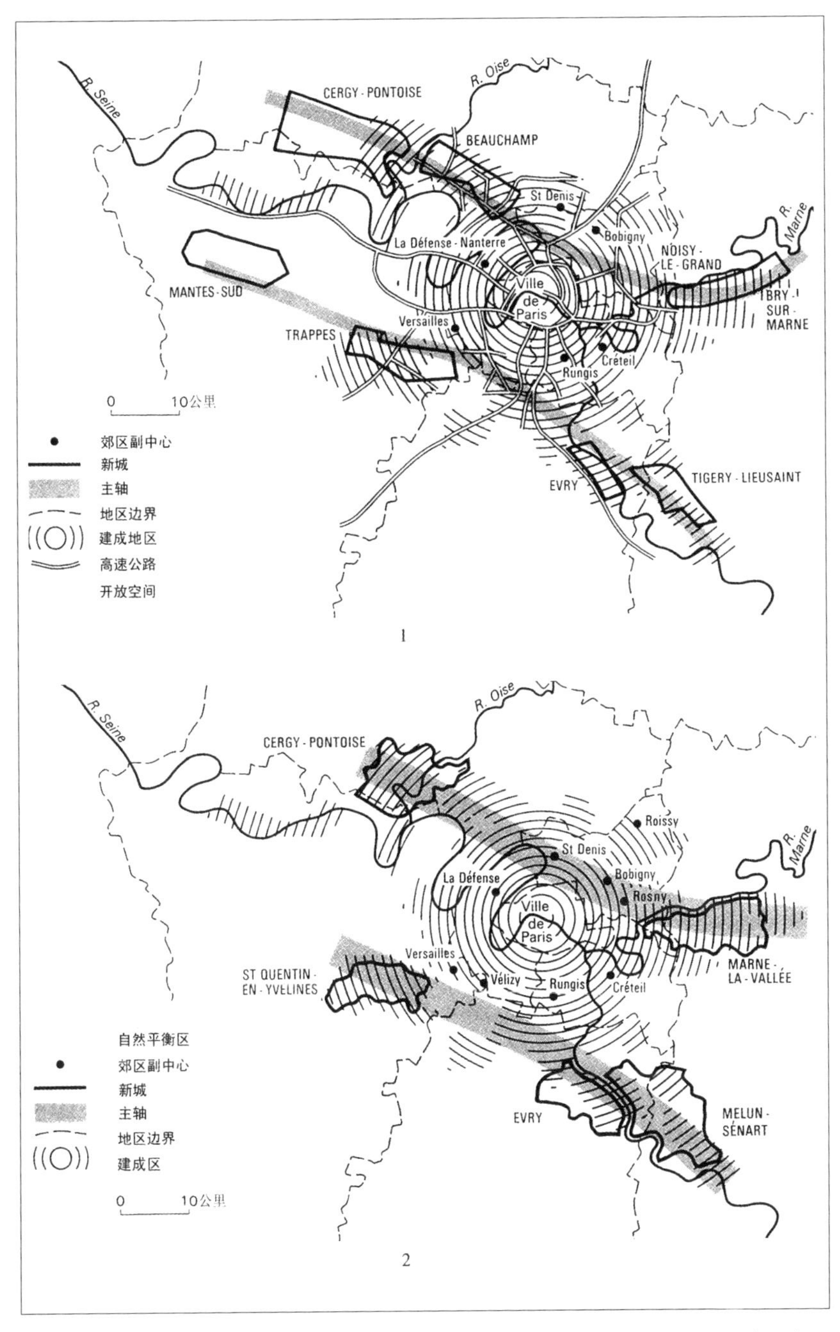

图2-43 巴黎 地区规划，1.为1965年的区域指导方案；2.为1975年修订的指导方案

住功能，稳定就业水平，减缓人口递减趋势。

3. 近郊区。作为中心区的延续，强调保持和完善现有的城市结构，整治和改善当地环境，如以拉德芳斯为代表的郊区发展极核。

4. 远郊区。作为巴黎未来城市发展的新空间，巴黎的远郊应大力发展和建设新城，并通过环形轨道交通系统加强与巴黎中心区和近郊区等发展区域的联系。

七、1994 年的“SDRIF 规划”——《法兰西岛地区发展指导纲要（1990—2015）》

1976年规划制定的目标在未来的二十年间得到了良好的实施并取得了一定的效果，如新城计划、公共交通的网络建设、戴高乐机场的建设等，都为巴黎的发展奠定了良好的基础。但二十年来情况也发生了很多变化，主要体现在两个方面：一是巴黎大区内部发展的不平衡问题越来越明显，导致了一系列问题，如工业减少与失业人数增加、密集居住区的社会问题、职住分离带来的交通问题、乡村地区公共服务设施缺乏等；二是国家经济形势缓慢好转，一些大型建设项目将陆续推进，引发了人们对未来城市空间变化的关注。此外，从国际环境来看，全球经济结构发生了重大调整，经济一体化进程不断加快，世界城市的竞争日益激烈，巴黎在这种情况下如何应对，都是非常现实的问题。

在这种背景下，1990年法国政府开始对1976年的“SDSURIF规划”进行修订，并于1994年编制完成了《法兰西岛地区发展指导纲要（1990—2015）》（简称“SDRIF规划”）。

“SDRIF规划”目标制订基础参数为：2015年，巴黎大区人口预期为1180万人，控制在1300万人以内；新增城市建设用地最多不超过44000公顷；住宅建设量53000套/年；就业人数580万人；学生人数不超过全国的20%。

规划确定了土地利用的三条原则：①保护自然环境和文化遗产，取得大区内自然环境与人文环境的平衡；②优先发展住房、能够提供就业以及有利于地区协调发展的服务设施项目；③预留交通设施用地，预留能够促进居民参与社会活动、享受商业服务与娱乐休憩活动等项目的建设用地。

"SDRIF规划"由于处于世纪之交的过渡时期而被赋予特殊的历史意义，规划的主要特色体现在：

第一，把自然环境和历史文化的保护放在了首要位置。

"SDRIF规划"将保护环境列为首要目标，要求尊重自然环境与自然景观、保留城镇周围的森林、保留大区内的绿色山谷、保留农村景色、保护具有生态作用的自然环境等都被列为必要的措施。对于已经建成的城市区域，将自然风光引入到城市空间也是规划整治的重要目标，在城市中种植树林、建立公园、开放私人花园、设置广场、广泛进行植栽都是达到这一目标的重要手段。为此，巴黎大区还专门制定了《绿色计划》，对大区内的绿色走廊和市区公园以及各社区的绿化目标提出具体要求。经过十年的努力，人均绿地面积已由4平方米增加到8平方米。为了改善生态环境，提高生活质量，大区绿化局对绿化工作给予的财政支持也将逐步提高。

巴黎是一座拥有两千多年历史的世界名城，约有2000座以上的建筑物被列为历史古迹。为了保护这些珍贵的历史遗产，巴黎于1997年成立了"老巴黎保护委员会"，专门负责监督巴黎古建筑的保护工作。为了保持历史城市的魅力，巴黎市政府制定了一个庞大的整修和改建计划，重点在香榭丽舍大街、蒙马特高地、先贤祠、拉丁区、旺道姆广场、塞纳河岸及教堂等主要地段，其中一些工程将一直延续到21世纪。

规划注重社会、文化、环境等人文要素在城市空间整合，自然空间保护，交通设施建设等三方面的综合影响及其平衡发展。规划将巴黎地区划分为建成空间（即城市空间）、农业空间和自然空间，并强调大区的发展建设应该三者兼顾、相互协调、共同发展。同时也提出，要维持城市社会的多元化特点，将城市的文化功能建设视为提高地区竞争力的重要途径。

第二，区域视野的引入，分级增强城市竞争力。

世界城市的竞争日益激烈，城市综合规模成为制胜的关键。巴黎具有成为欧洲中心城市和世界城市的优势，但仅靠巴黎或者是巴黎地区是不够的，必须整合巴黎盆地乃至整个法国的力量参与竞争，打破行政边界的隔阂，加强城市之间的联系。规划建立了三级城市轴心，作为城市发展的重点所在。这三级轴心分别为：欧洲级轴心（指巴黎市区、拉德芳斯、华西、马恩河谷新镇）、城市与工业再开发轴心（如圣但平原、布劳涅的原雷诺卡町等原工业区）以及外围农村地区的新镇、中等城市和小城镇体系。一方面，要重视国内不同地区之间的均衡发展，通过人员和产业在全国范围的合理分配，使巴黎地区可以更好地发挥各种非物质资源的优势；另一方面，在巴黎盆地和巴黎地区之间建立伙伴关系，通过发挥相互之间的互补性，实现更为合理的可持续发展，提高整个区域的整体吸引力和竞争力。

第三，便捷交通体系的构建是支撑区域发展和改善城市内部生活的首要条件。

快捷高效的交通体系的构建是城市健康发展的基础。规划提出了改善巴黎大区交通的目标，具体内容如下：

1. 加强巴黎大区与外界的交流。航空与高速铁路是发展的重点，巴黎戴高乐机场有充足的容量储备是巴黎发展的潜在优势，发达的高速铁路网也能使法国和欧洲其他大城市之间的联系更加便捷。

2. 提升巴黎大区的内部交通联系：大区内部交通改善的首要目标是让城市区域的社会功能可以更好地运转，交通的作用是为人们的工作、娱乐、休憩等各种活动提供最方便的服务。

3. 增加更多样化的选择空间。城市提供给人们多样化的选择空间，如就业、商业、设施、服务等，但如果没有方便的交通联系，这些选择就无法实现。总体规划在1994年公布了一项研究成果：几十年来，人们可以接受的上下班时间为1.5小时，如果使用小汽车的话，这个时间可以缩短到0.5小时。人们利用交通设施的方便程度也决定了人们的出行选择，促进交通、改善交流的主旨是减少人们前往目的地的时间，同时为人们的各种活动提供多样化的交通选择。

4. 改善交通流量的分配。堵车、公交车晚点等因素在人们选择工作和服务时都被认为是不利的因素，巴黎大区的交通网络需要在以下几个方面加以改善：①加强道路之间的联系；除了现有的外环道路，巴黎大区没有第二条道路能联系大区内所有的辐射道路，此外，郊区与郊区之间的联系同样非常重要；②改善公路网：现有道路网的堵车现象每年上升15%，在改善道路系统本身的同时，科学的交通管理也是必需的，将部分交通引流到二级交通网是非常有效的措施；③充分发挥公共交通的优势：现有的快速轻轨线A、B、C、D将巴黎市中心与郊区有效地联系起来。利用现有的设施，充分开发其中潜力，增加运量，改善服务质量。

“SDRIF规划”在规划思想上依然延续了巴黎大区在第二次世界大战以后的区域规划观，但相比1965年和1976年规划强调的工业分散和新城建设，“SDRIF规划”更加强调区域协调和均衡发展。这种平衡不仅体现在产业和经济布局方面，也体现在社会人文方面，居住条件、服务设施、社会安全、教育水平、文化娱乐等涉及人们生活质量的方面都包括在内，城市越来越注重人性化。

八、2007 年开始启动的《大巴黎计划》

大巴黎地区或巴黎大区，与我国的直辖市在概念上基本相当，包括了巴黎省、巴黎近郊三省和远郊四省，面积约占法国的2.8%，人口1180万人，约占法国总人口的19%（图2-44）。

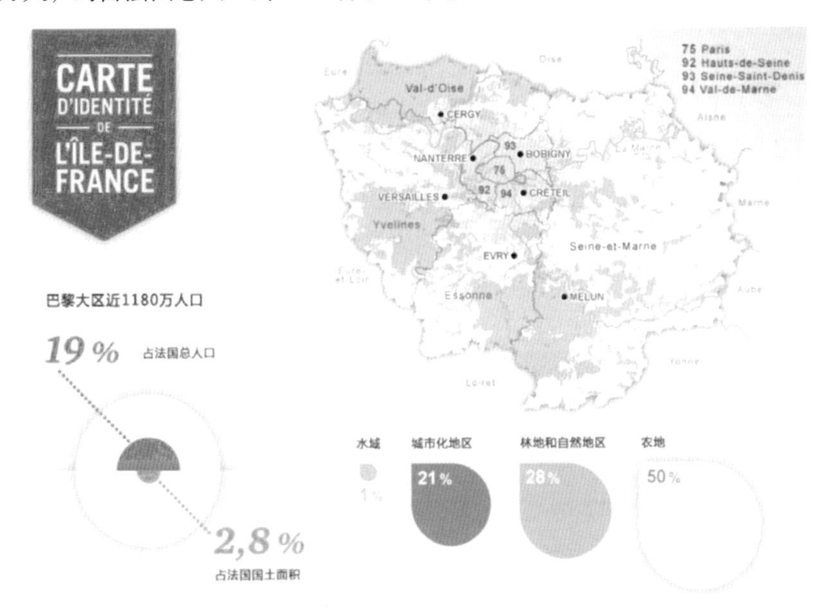

图2-44　巴黎大区范围及概况示意图（转引自：陈洋，巴黎大区2030战略规划解读，上海经济，2015年第8期，38-45）

《大巴黎计划》（Greater Paris）是法国总统尼古拉·萨科齐（Nicolas Sarkozy）在任（2007—2012年）期间推动实施的巴黎拓展振兴计划，旨在打破因行政划分过细造成的城市空间发展的分散与失衡，通过统筹城市空间发展，促进城市与区域的融合，使巴黎在2030年成为可持续发展的、具有国际竞争力的大都市。

2007年秋，萨科齐总统上台伊始，为了重树巴黎作为国际大都市的形象，解决巴黎在全球城市竞争中所遇到的挑战以及所面临的社会、经济问题，推动首都巴黎的空间拓展与经济振兴，专门设立了一个“首都地区拓展事务国务秘书”的职务，具体负责巴黎未来20～30年的拓展振兴计划。2008年上半年，法国政府邀请全世界十家著名的建筑和城市规划事务所，共同构思了2030年的巴黎城市发展蓝图，在“自由梦想，大胆设计”的氛围下，从各个不同方面畅想巴黎的未来 。

2009年4月，萨科齐正式推出《大巴黎计划》，被称为是有史以来最复杂的城市发展计划之一，在法国各界引起一场激烈讨论。萨科齐要求建筑师们重新设计整座城市及其周围地区的形象，并提出具体的方案，规划更加注重城市遗产的保护和再生，更加注重环境保护和可持续发展。

在应对全球气候变化方面，规划更加注重消除隔阂和市民生活，并且融入了城市改造的“低碳”理念，以适应全球气候变化应对的需要，积极倡导绿色低碳生活方式。

在城市空间发展模式方面，规划方案跳出原有的“单中心、多中心”的框架，坚持“紧凑性”原则为首要规划原则，运用“紧凑性”和“均衡性”理念，希望解决城市空间无限扩张的问题。

在城市交通发展方面，对必要的基础设施进行重大调整，促进市内交通向一个可持续性的交通方式的转变，建议以“在鼓励公共交通的同时，发展微型汽车，并以智能化的交通管理技术来提高道路利用率，同时扩大公共空间供给行人及自行车”。

《大巴黎计划》的一个重要目标是结束巴黎市中心200万居民与郊区600万居民的隔离孤立状态。同时，更好地利用现状土地库存和变通城市规划法规，在未来每年增加7万套住房（要达到现状每年实际增加数量的两倍）；20年内增加100万个就业岗位；优先发展数十个经济中心等。这个新的计划不仅仅是对巴黎的修修补补，而是一个在环保、低碳宗旨引导下的全面的巴黎未来城市设计。

九、2014 年开始实施的《巴黎大区 2030 战略规划》

《巴黎大区2030战略规划》（图2-45）采用了问题导向式方法，法国文化与交流部提出“大巴黎，大挑战”的国际咨询框架，提出了旨在应对社会不平等、气候变化和能源、经济和吸引力三大挑战的整体编制思路。规划首先针对巴黎大区存在的交通、社会和环境的不平等问题，提出保证社会团结的规划核心要求。其次，针对全球气候变化和城镇化带来的威胁提出应对措施。再次，要在保证社会和谐和环境友好的同时，要应对好保持其国际经济地位和吸引力的挑战。

《巴黎大区2030战略规划》给出了最终的规划目标体系，以指导和衡量规划的实施。规划的两大总体目标被设定为“提升居民的日常生活质量，加强巴黎大都市区功能”，分别对应地方层面和区域层面。两大总体目标再下分目标，并设定对应的指标要求，如每年新增的住宅数量、工作岗位数量、公交站点数量等。基于具体的细分目标，规划又在具体的项目层面进行了细化，比如具体交通分系统的规划、各类城市化地区的划定、跨国企业中心、创新和工业中心的确定等。

《巴黎大区2030战略规划》的成果包括六个文件和五张规划图纸。六个文件分别是“区域愿景（序言）”“挑战、空间规划和目标”“规范性导则（图纸说明）”“环境影响评价”“实施计划和工具（附件）”“合集（附件）”。图纸及其说明则针对政府管理者以及相关项目实施部门，对于指导下位规划具有法定指导性。

绿色发展成为巴黎未来发展的一个重要方向。2017年，巴黎成为“2024年奥运会主办城市”。届时，巴黎将成为世界上继伦敦之后的第二个三次举办夏季奥运会的城市。为迎接2024年巴黎夏季奥运会，巴黎启动香榭丽舍大街改造工程、普赖耶尔等一系列重大项目。为了积极应对气候变化，2024年巴黎奥运会将有95%的场馆为现有场馆和临建场馆，尽可能地减少碳排放和能源消耗。

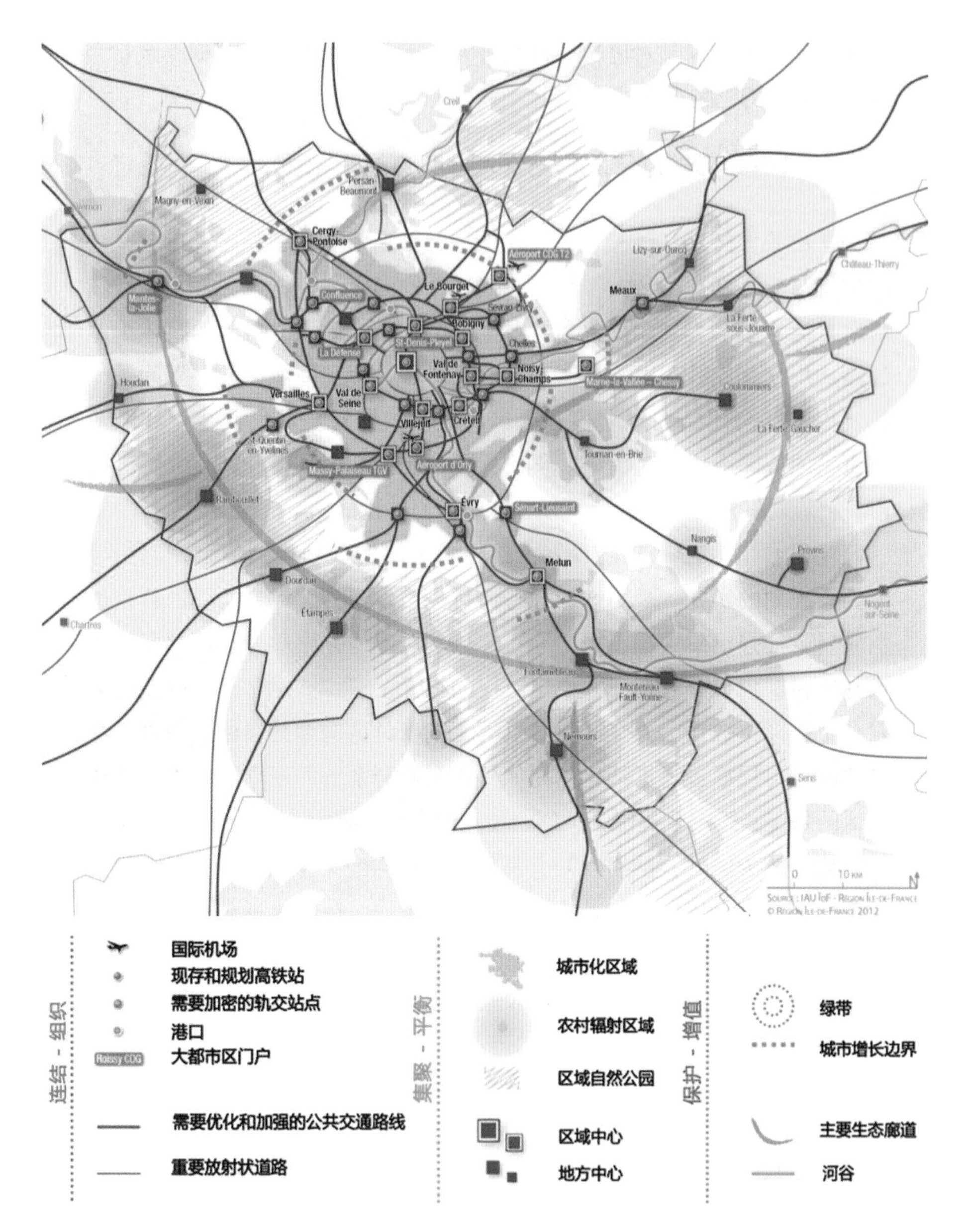

图2-45　2030年巴黎大区空间规划图（转引自：陈洋，巴黎大区2030战略规划解读，上海经济，2015年第8期，38-45）

第三节　浅析与比较

一、城市规模及旧城布局

巴黎的行政区划面积为105平方公里，人口为215万人，这个范围是19世纪中叶确定的。若去掉旧城东西边上的两个大型森林公园（宛塞纳森林公园和布涝涅森林公园），面积为78平方公里，略大于明代形成的北京内外城（62.5平方公里）。但以建成区而论，则应加上三个近郊省，即西边的上塞纳（Hauts-de-Seine）、东北边的塞纳-圣但尼省（Seine-Saint-Denis）和东南边的瓦勒德马恩省（Val-de-Marne），总面积为762平方公里，人口为620万人，大致相当于北京旧城再加上海淀、丰台和朝阳三区。整个巴黎大区的正式名称为法兰西岛，是法国22个大区之一；其范围还包括四个远郊省，即西部的伊夫林省（Yvelines）、北部的瓦勒德瓦兹省（Val—d’Oise）、南部的埃松省（Essonne）和东部的塞纳·马恩省（Seine-et-Marne），总面积12008平方公里，人口约1098万人；相当北京市（包括所有区县）总面积的四分之三（北京行政辖区总面积为16410平方公里），人口则与北京城六区（1098万人） 不相上下，均属特大城市。

作为东西方两个历史悠久的古城，北京和巴黎在旧城布局上也有很多相似之处。其范围均由历史上形成的最外圈城墙确定（原先的城墙已改成了环路），市中心布置王宫和重要的宗教建筑（北京为故宫；巴黎为西岱岛上的巴黎圣母院和塞纳河右岸的卢浮宫）并采用了轴线构图（尽管轴线的表现方式及形成历史各有千秋），旧城区周围布置有大片的绿化环境（北京的颐和园、圆明园；巴黎的布涝涅森林公园和宛塞纳森林公园）。

在这个旧城区范围内，巴黎分成了20个区，以西岱岛为中心，顺时针方向旋转排列；巴黎旧城被塞纳河一分为二，北边为“右岸”，南边为“左岸”。西岱岛巴黎圣母院周围的市中心一带是城市最古老的核心地区；城岛北边（右岸）是贸易金融区，左岸是艺术家和大学生聚集的“拉丁区”；大使馆、博物馆、高级商店、各大公司总部大多在西部，这也是巴黎最为繁华的地区；市区北部和东部主要是劳动人民的住区，小型工业、手工艺和商业都比较发达；市区的南部则多为新建的住宅区，在城南的蒙帕纳斯区以及13区的意大利广场周围，已开始出现了许多高大的新式建筑。

北京则是基本以中轴线和宣武门大街为界，分为东城（含原崇文）、西城（含原宣武）两区。在北京旧城区外围，西部以机关和企事业单位为主；西北部多为高等学校、科研单位；北部则以体育、科研和事业单位为主；东部地区包括使馆等外事机构，机械、纺织等工业为主的通惠河北工业区和化工、机械为主的通惠河南工业区；南部地区有以化学、皮革为主的南部工业区和仓库区。

二、城镇体系

为了解决大城市人口过度集中、工业畸形发展、城市用地和生活空间紧缺、环境恶化等迫切问题，20世纪60年代以来，很多国家都进行了区域层面的研究，希望在一个较大的地域内进行全面的经济和社会规划，均匀地分布生产力和就业人口，以对抗大城市所产生的向心力。对巴黎和北京这样的特大城市来说，采取类似的对策在更大范围内进行城镇体系的规划已是大势所趋。

北京设想的城镇体系模式是以市区为主体，分成大中小相结合的“市区—卫星城—中心镇—一般建制镇”四级（图2-46）。其中，市区内为分散集团式布局（图2-47）。

卫星城（包括：通州、亦庄、黄村、良乡、房山、长辛店、门城镇、沙河、昌平、延庆、怀柔、密云、平谷和顺义）主要为远郊地区的核心城市，共14个。中心镇是指对周围地区具有一定的经济或行政管理辐射功能并进行重点规划建设的建制镇。1993年总体规划确定20年全市发展近30个中心镇，平均每区县2～3个，包括杨镇、马驹桥、采育、琉璃河、斋堂、回龙观、峪口、溪翁庄、汤河口、康庄、温泉等。一般建制镇是市域城镇体系中最基层的一级，点多、规模小，对附近农村地区具有经济和文化辐射作用。北京现状有77个建制镇（包括部分卫星城和

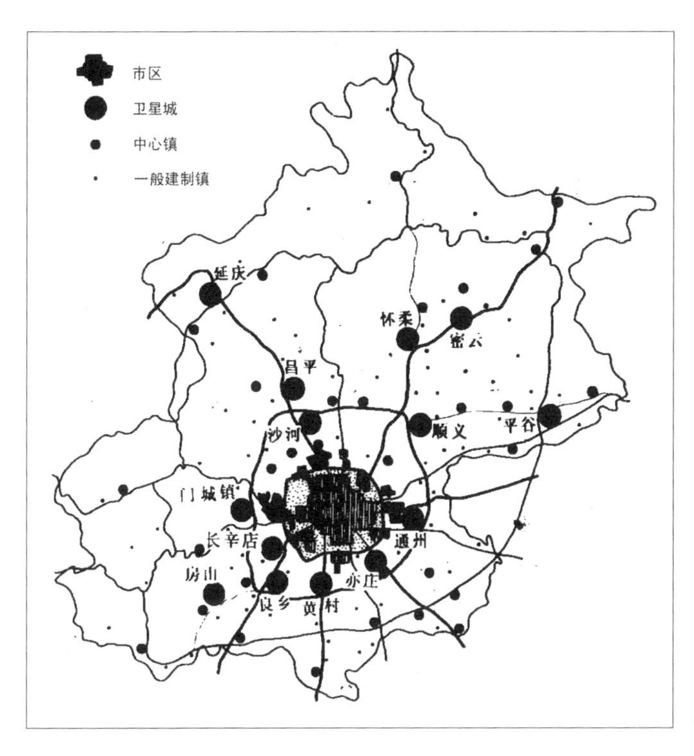

图2-46　北京市域城镇体系规划图

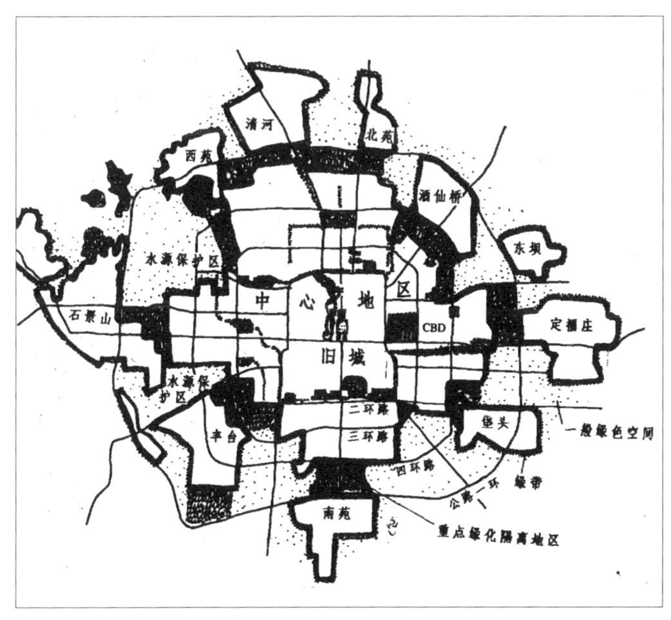

图2-47　北京市区“分散集团式”布局示意图

中心镇在内），规划2010年发展至140个。北京城市总体布局的四级体系是根据城镇的重要性设置的，从和市区的关系来看，可说是星罗棋布，混杂在一起。

巴黎的城市总体布局模式为“老区—副中心—卫星城—平衡城市”。同北京根据城镇重要性来划分的方式不同，巴黎的这四个级别是根据距离旧城区的远近来划分的。9个副中心（包括拉德芳斯、克雷泰伊、凡尔赛、维利齐–维拉库布雷、兰吉、罗尼苏布瓦、博比尼、勒布尔歇、圣但尼）均匀分布在中心区周围，距老区最近，布置有各种类型的公共建筑和住宅，各自服务几十万人。5座卫星城（包括埃夫里、塞尔杰-蓬图瓦兹、玛尔纳-拉瓦雷、默伦-塞纳尔、圣康坦-昂-伊夫林）距城市15～35公里不等，规划人口规模为20万～50万人。

至于所谓“平衡城市”则是扩大到全国范围来考虑的区域规划。早在20世纪60年代，为了有效地控制巴黎地区的膨胀，克服西部地区人口急剧下降、农业地区衰落和煤炭工业地区的不景气现象，法国政府着手制定了21个规划大区的区域规划。当时，法国共拥有20万以上人口的城市10座，而巴黎一市独大的现象非常严重，其都市区人口（932万人）超过了其他9个城市人口的总和。为了打破这种过度集中在巴黎的现象，计划在全国范围内均衡地发展8个平衡性大城市（图2-48）。

在全面考虑全国生产力配置的基础上，限制巴黎地区人口和工业的发展，疏散巴黎的经济活动，使其他各省的经济能有较大的发展。如计划马赛成为法国东南部的工业交通综合区，也是巴黎的主要平衡区；里尔等城市组成的北方平衡区系为了促进旧煤炭、纺织工业地区的复兴；洛林的南锡—梅斯平衡区和阿尔萨斯的斯特拉斯堡平衡区目的在于繁荣东部工业；里昂—圣艾蒂安平衡区系为了复兴不景气的煤田和开辟荒僻的山地农业；西南部的图卢兹平衡区为一重要的工业发展中心等。这也是巴黎城市总体布局的最后一个层次。为此还制定了20个移民方案。

从上述情况可以看出，在具体规划设想上北京和巴黎并不完全一样，孰优孰劣，很难置评，但基本思路应该说是差不多的，但是实际效果却大相径庭。就市域范围和总人口而论，北京不仅不比巴黎条件差，应该说还要好得多（巴黎平均每平方公里914.4人；北京平均每平方公里

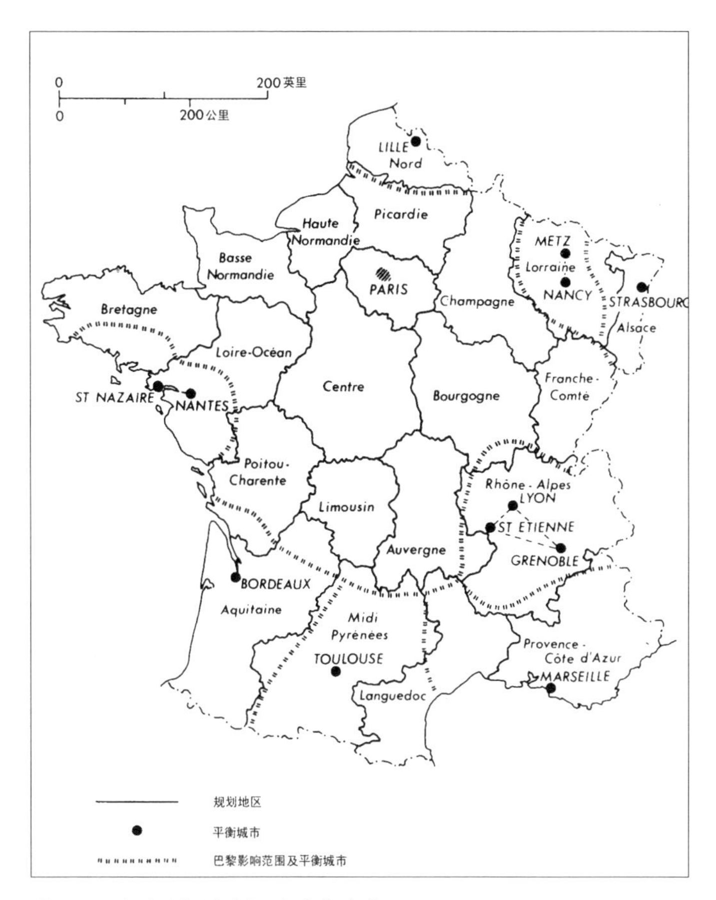

图2-48 法国的规划区和8个平衡城市

1334人）。但巴黎市区人口215万，仅占市域范围总人口的19.6%；而北京城六区常住人口有1098万人，占城市总人口的50.2%，即有超过一半的人口集中在仅占全市土地8.22%的范围内，现北京市城六区的人口密度已达7950人/平方公里。其中，东城区达到16937人/平方公里，西城区更高达21888人/平方公里，远远超过了巴黎、伦敦、华盛顿和莫斯科等世界著名大城市。也就是说，尽管从规划上看，北京也采纳了类似的城镇体系，但实际上并没有起到分散人流、减轻旧城压力的作用。看来这才是问题的关键，个中原因值得进一步研讨。2017年新一版的北京城市总体规划实施以来，北京实行了人口疏解政策，取得了较为显著的效果，城六区总人口已经由2016年时的1247.5万人下降到2020年时的1098.5万人，城六区常住人口均有不同程度的减少，其中海淀区和朝阳区的人口疏解均在40万人以上，分别达到46.1万人和40.5万人（表2-1）。

表2-1 北京市城六区近年来人口变动（2016—2020年）

（单位：万人）

区县	2016年	2017年	2018年	2019年	2020年	2016—2020年
东城区	87.8	85.1	82.2	79.4	70.9	−16.9
西城区	125.9	122.0	117.9	113.7	110.6	−15.3
朝阳区	385.6	373.9	360.5	347.3	345.1	−40.5
丰台区	225.5	218.6	210.5	202.5	201.9	−23.6
石景山区	63.4	61.2	59.0	57.0	56.8	−6.6
海淀区	359.3	348.0	335.8	323.7	313.2	−46.1
合计	1247.5	1208.8	1165.9	1123.6	1098.5	−149.0

资料来源：据北京市统计局、国家统计局北京调查总队联合编印的《北京统计年鉴2021》相关数据绘制。

三、旧城和新城的关系

北京和巴黎都是历史悠久的历史名城，对这类城市来说，如何处理好旧城和新城的关系是总体规划上一个至关重要的问题。

从目前各国的实践来看，新城和旧城的关系主要可分两种：一是新城围绕着旧城发展，成同心圆状向外扩大，姑且称第一种模式。二是新区偏向旧城一侧或两侧发展，即第二种模式。从各国的历史经验来看，后者是一种比较有利的布局方式；这样旧城无须作太大的变动，有利于保护工作的开展；新城则可根据需要发展，比较灵活主动。巴黎和北京事实上都是采取了第一种模式。对这类城市来说，通过大范围的城镇体系规划，缓解旧城的压力，是总体规划上必须采取的举措。但如上所述，北京因为在这方面措施不力，很长时期内处于被动局面。

就北京而论，在20世纪50年代初有关行政中心位置的争论中，已经涉及采取何种模式的问题。以梁思成先生为代表的“梁陈方案”实际上就是主张采用第二种模式。这一方案之所以遭到否定，除了某些客观因素（如新中国成立之初，国家财力不足，另辟新址建行政中心确有一定困难）之外，主观原因同样起到了重大、甚至是决定性的作用。这一争论虽然已过去了半个多世纪，但问题看来并没有解决，梁思成当年所预料的许多弊端，几乎都不幸言中。如何妥善处理好新与旧、都与城的关系依然是摆在规划建设者面前的难题。针对日渐严峻的城市历史文化遗产保护形势，在最新一版的《北京城市总体规划》中，加强了全市历史文化保护力度，提出了“老城不能再拆”的新要求。同时，为调整北京空间格局、治理大城市病、拓展发展新空间的需要，提出在通州建设北京城市副中心的规划方案。

事实上，在采用第一种模式的城市中，许多已开始向第二种模式靠拢。如罗马，作为世界驰名的文化古都，由于城市主要是作为行政和旅游中心，没有大规模的工业，罗马全城只有五分之一的工业人口，城市劳力大部从事商业和政府公务事业，因而城市历史上一直按第一种模式发展。但经过一段实践后，人们认识到，城市新的发展必须避开古城。因而初步确定了在旧城快速干道以东发展的原则，也就是说，开始按第二种模式进行新的规划设想并取得了良好的效果。由于旧城区交通压力降低，已考虑将市中心压在古迹区上的帝国广场大道拆除，恢复古迹区环境。

即使在旧城保护得比较好的巴黎，人们也开始提出了类似的想法，对传统模式提出了挑战。最早的这类设想是20世纪60年代初在讨论1956年完成的巴黎地区规划设计方案时由《现代建筑》杂志编辑部提出的。提出此说的人主张在离开历史上形成的巴黎30~40公里处建立第二个巴黎，即所谓“孪生城市”。以安德莱·勃洛克总编为首的《现代建筑》杂志编委会成员认为，集中建设一个地方要比在巴黎近郊分散建设更为合理。他们指出，新巴黎应该像老巴黎的投影，在任何意义上都不应只是作为“卧城”（1912—1920年，巴黎制定了郊区的居住建筑规划，打算在离巴黎16公里的范围内建立28座居住城市，这些城市除了居住建筑外，还设有起码的生活福利机构，但居民的生产工作及文化生活上的需求仍需去巴黎解决，这种城镇称为“卧城”）。与此相反，“平行巴黎”将配置大城市的全部组成部分。同时他们还认为，新老巴黎将像相通的脉管那样，必须用公路、铁路和单轨道路系统把两个城市连接起来。

在寻找适合建设“平行巴黎”的用地时，建筑师们提出了几个方案，其中之一是在南边40公里、紧靠枫丹白露公园处布置新城。但是设计者们普遍赞同将新巴黎布置在城市经济的发展方向——首都的西部。这里，100平方公里用地上可以居住200万居民。当然，由于“平行巴黎”的主张没有涉及未来城市规划与修建的具体问题，只是“纸上谈兵”，因而尚难进一步评价这种主张的优缺点。但至少这种建立两个巴黎的主张动摇了同心辐射发展的传统观念，为城市的发展提供了一个新的思路。对形势更为严峻的北京来说，或许不无启迪作用。

第三章　城市空间形态及主要构图轴线的形成

第一节　北京城市空间形态和构图轴线的形成及演变

一、元大都时期中轴线的初步形成

北京现存中轴线的雏形可上溯到元大都时期。元大都的建设是根据《周礼·考工记》所规定的“匠人营国，方九里，旁三门，国中九经九纬，经涂九轨。左祖右社，面朝后市”的原则规划的（图3-1）。刘秉忠、郭守敬师徒在确定了大内位置（即所谓“龙穴”）后，接下来就是确定“王脉”，即全城的中轴线 。据《析津志》载:“世祖建都之时，问于刘太保秉忠定大内方向，秉忠以今丽正门外第三桥南一树为向以对，上制可，遂封为独树将军，赐以金牌。每元会、圣节及元宵三夕，于树身挂诸色花灯于上，高低照耀，远望若火龙下降”。

为了解决城市的用水问题，新城选在太液池和海子（又名积水潭）湖区一带。海子东岸设中心阁，阁稍西有石，上刻“中心之台”，为全城几何中心。城市的中轴线南起丽正门，往北为长七百步、直通皇城的千步廊，即天安门广场的前身。皇城元代称萧墙，周回约二十里。从灵星门进入萧墙内数十步有河东流，河上建白玉石桥三座，称为周桥。渡桥约两百步，即由崇天门进入宫城（图3-2）。宫城内的建筑主要有两组，前为大明殿，后为延春阁（图3-3、图3-4），前者是皇帝登基、朝会的正衙；后者有柱廊通寝殿，并有连抱长庑通前门。寝殿之后为宝云殿，再向北过延春门入延春阁。阁后为清宁宫，由长廊远连延春宫，皆为妃嫔住所。从厚载门出宫城便可直达中心阁。中心阁西齐政楼为更鼓谯楼，楼北为钟楼。从丽正门到中心阁这一段就是元大都时的中轴线，这条中轴线全长不到4公里，但它奠定了北京中轴线的基础，可视为北京中轴线的雏形。

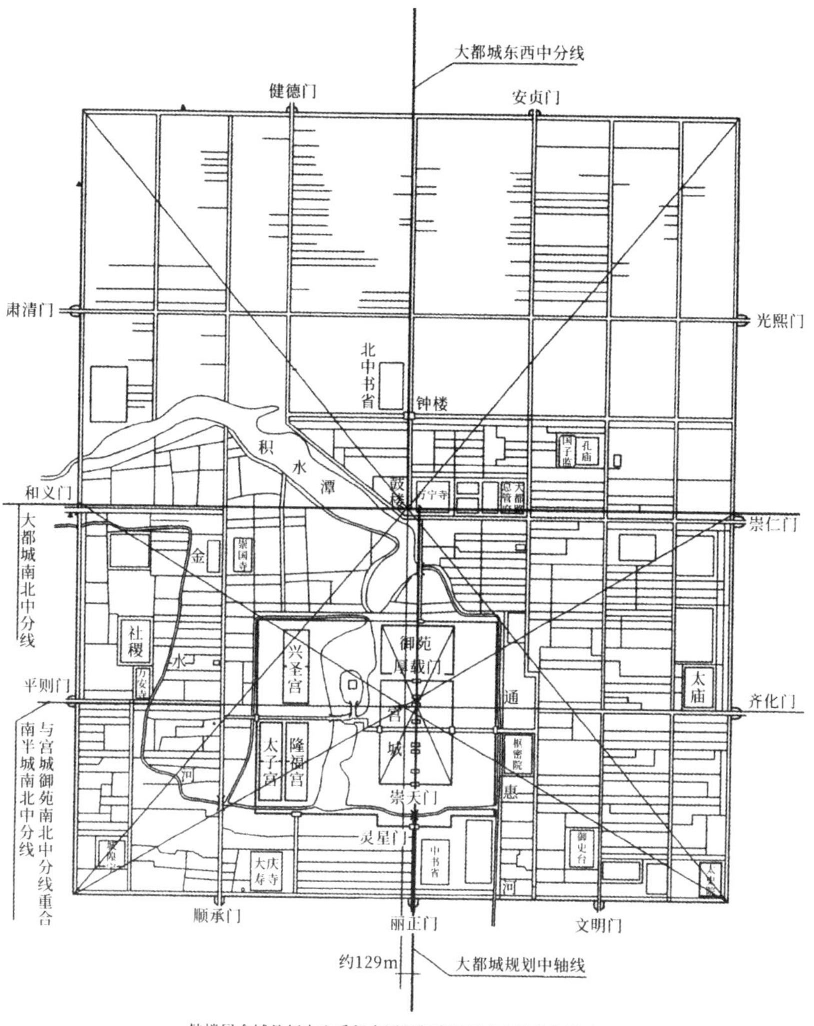

图3-1　元大都平面分析图（资料来源：傅熹年《中国古代城市规划、建筑群布局及建筑设计方法研究》）

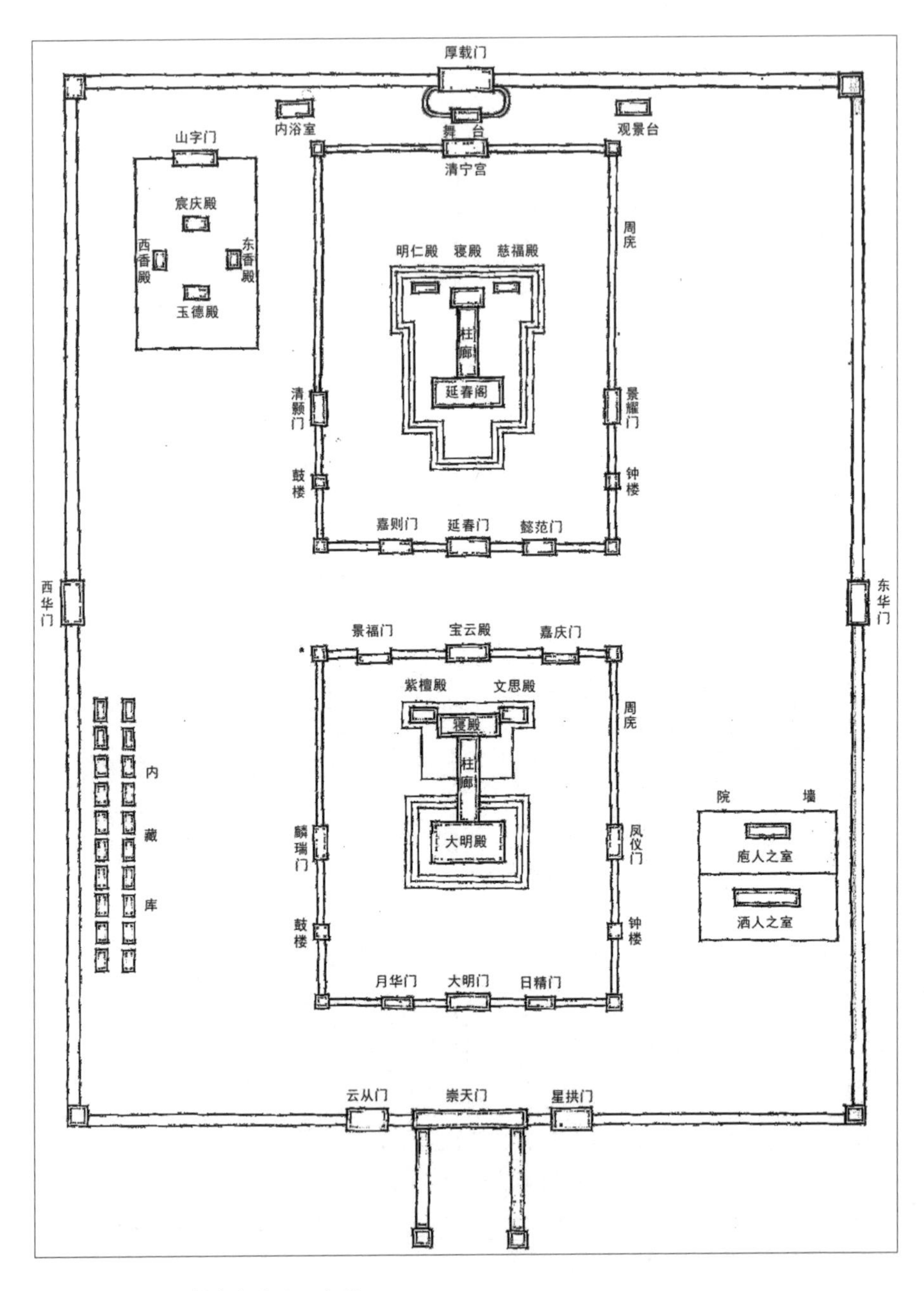

图3-2　元大都宫城平面示意图

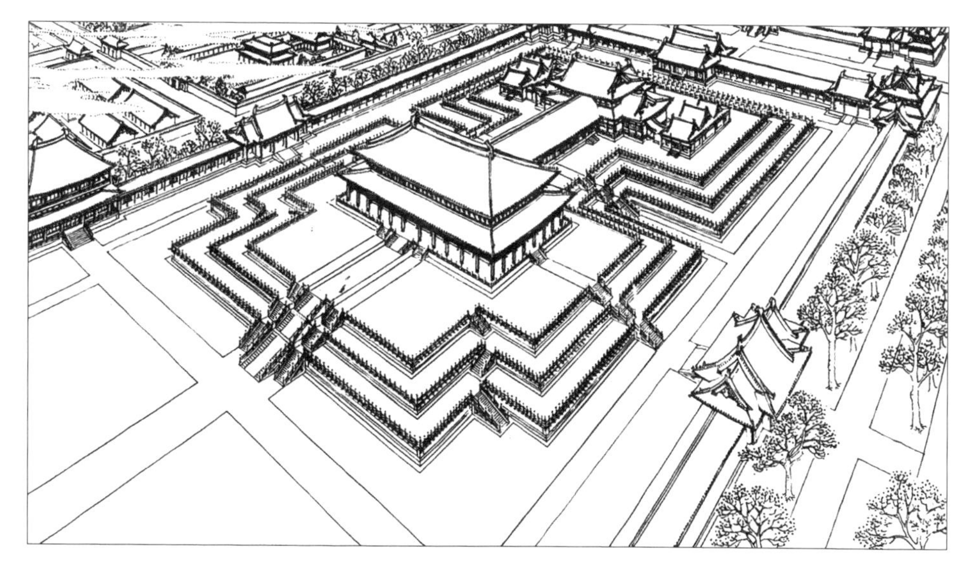

图3-3　元大都大明殿建筑群复原鸟瞰图

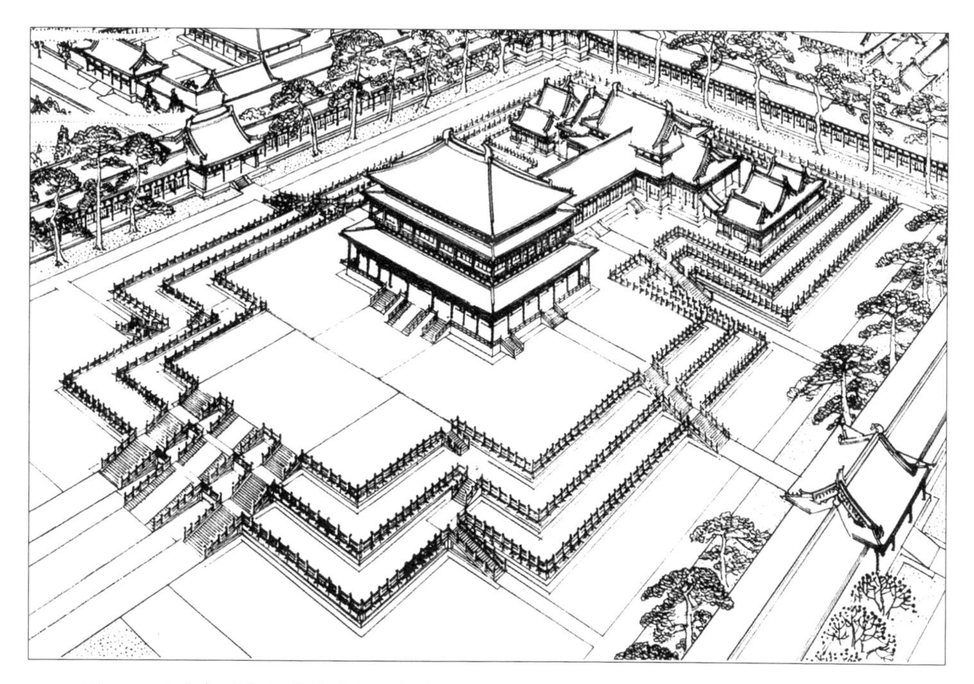

图3-4　元大都延春阁建筑群复原鸟瞰图

二、明清北京城市空间形态及中轴线的形成

1. 城墙和城门

对中国古代城市而言，“城墙”是显示“城市”的一个具体形象，城市的建造往往是从城墙的筑造开始的。正如瑞典人奥斯伍尔德·喜仁龙在《北京的城墙与城门》中所说：“墙垣比其他任何建筑更能反映中国居民点的基本共性。在中国北方，没有任何一座真正的城市没有城墙。”

明初废元大都北部城墙，在其南5里处另筑新墙。永乐十七年（1419年）进一步拓展南城墙，从今东西长安街向南扩到今前三门一线（南移约2里）。嘉靖三十二年（1553年），因北部告警，开始增筑北京外城。因为工程量过大，只完成了南面外罗城部分，形成了北京城独特的“凸”字形平面。经实测，北京内城城墙东西长6650米，南北长5350米，外城东西长7950米，南北长3100米（图3-5）。外城城门7个（图3-6）。城门一般由三部分组成：城楼、箭楼及连接城楼和箭楼的瓮城（图3-7）。内城城门一般为双重城楼。

清代定都北京后，对于明代遗留下来的城墙基本没有改动。光绪二十六年（1900年），八国联军入侵北京，正阳门箭楼、朝阳门箭楼和

图3-5　北京　朝阳门城墙

图3-6　北京 西便门外街景（左上）；宣武门箭楼（左中）；崇文门瓮城，前方可见自城中穿过的铁路（左下）；西直门城楼建筑群（右上）；朝阳门城楼和箭楼（右中）；东直门城楼建筑群（右下）

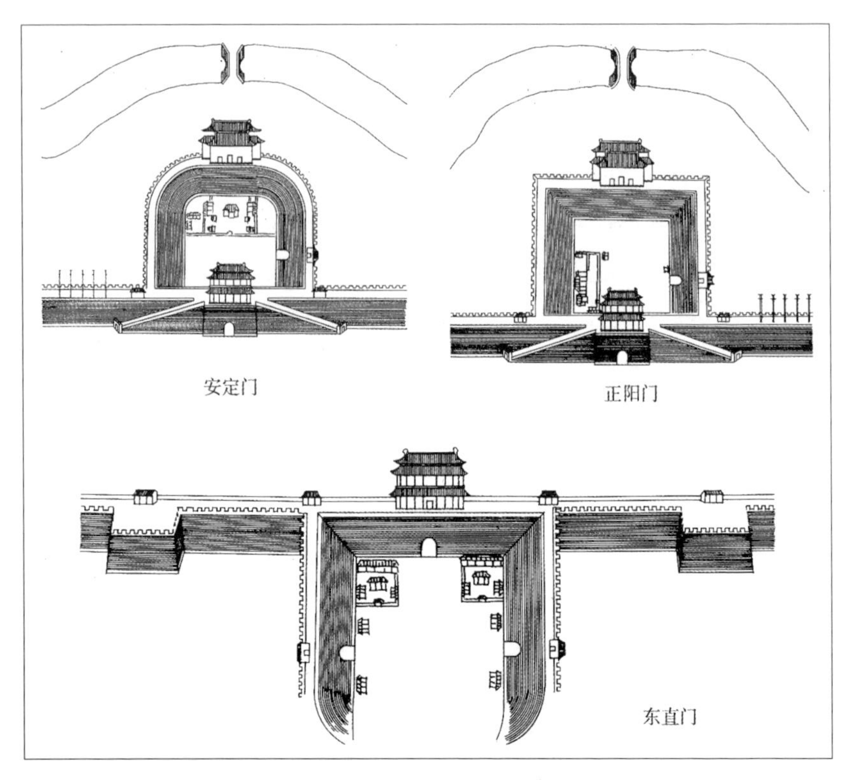

图3-7　北京　城门建筑群示意图

崇文门箭楼均被毁坏。光绪二十七年（1901年），拆除了崇文门瓮城，1905年把正阳门东水关改为水门。

2. 中轴线的形成

明初定都南京，改元大都为北平府。外城正南门（永定门）即明代中轴线的最南端，由此向北到钟鼓楼为明代北京中轴线，其基本形制一直延续到清代（图3-8）。

永定门以北至正阳门（明代称丽正门）两侧布置了两组建筑物，即天坛和先农坛（图3-9）。这两组供帝王祭天祈谷和祭祀先农神的建筑分别建于永乐和嘉靖年间，平面皆用天圆地方的形式。两组建筑北面中轴线上的正阳门建筑群是皇城的主要通道和帝王禁苑与平民城市之间的中间环节，也是内外城的枢纽地带和防守内城的要冲之地。门前百余米处以五牌楼及一座石桥为前卫。正阳门这组建筑本身包括三个组成部分：

图3-8　北京　清代城市中轴线（皇城部分，乾隆十五年，即1750年）及《弘历生春诗意北京图》中轴线及紫禁城部分（绘于乾隆三十六年）

图3-9　北京　天坛建筑群

城楼、箭楼及瓮城。瓮城内有空场，四向各辟一门。北门开在雄伟的城楼之下，面向大明门（清代称大清门、民国称中华门，即宫城外门），并通过一道长方形围墙与之相连。北门对面的南门位于箭楼城台中部，门前是护城河桥和外城主要街道——前门大街。此门供皇帝专用，其他人只能从东西两侧的瓮城门出入。瓮城内宽108米，深85米，围墙基厚20米，是皇城最外面的庭院，以墙垣、城门与皇城连接（图3-10～图3-16）。

正阳门以北至承天门（即今天安门）之间为一“T”形广场，名曰天街；其北承天门外建宫墙，两端分别建长安左门和长安右门，向南凸出的部分接大明门。墙内千步廊是兵部和吏部选拔官吏，礼部审阅会试考卷，刑部举行“秋审”和“朝审”的地方，墙外是中央官署所在地。大明门前横亘一条棋盘街，为东西两城交通往来的孔道（图3-17～图3-25）。

再向北即宫城所在地（图3-26）。洪武初年在压缩元代北城的同时，为灭其“王气”，拆除了元代故宫。这固然

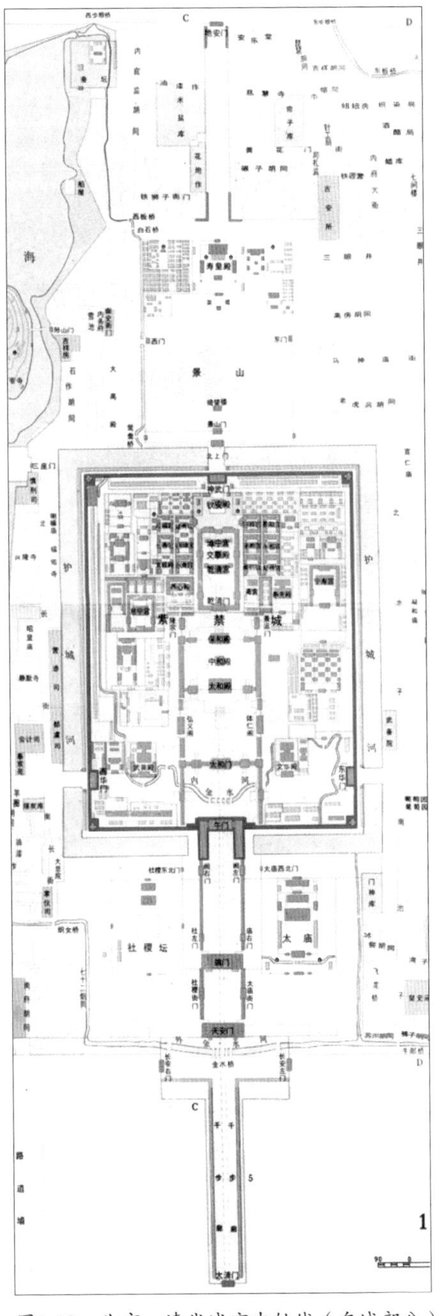

图3-10　北京　清代城市中轴线（皇城部分）

图3-11　北京　从正阳门箭楼向南望永定门

图3-12　北京　上图为正阳门箭楼，下图为遭八国联军炮轰时的场景

图3-13　北京　正阳门瓮城西门上的闸楼

图3-14　北京　上图为正阳门外前门大街的五牌楼和汉白玉石桥，下图为五牌楼

图3-15　北京　前门大街，背景为正阳门箭楼

图3-16　北京　正阳门城楼

图3-17　北京　正阳门与棋盘街，自北向南望去的景色

图3-18　北京　自南向北望大清门及天安门

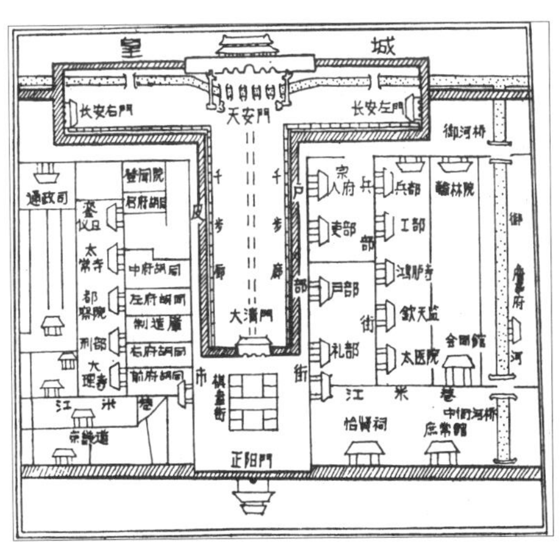

图3-19　北京　清代天安门图

图3-20　北京　千步廊

是一种破坏行为，不过在某种程度上却为有计划地营建北京城提供了前提。宫殿部分于永乐十五年（1417年）开始建造，永乐十八年（1420年）竣工。中轴线上的主要建筑物——皇城、紫禁城的宫殿、钟鼓楼，都是在这个时期完成的。

坐落在中轴线上的紫禁城主要建筑由南向北有午门、皇极门（原称奉天门）、外朝三殿（皇极殿、中极殿和建极殿）、乾清门、内廷三宫（乾清宫、交泰殿、坤宁宫）、御花园以及玄武门（图3-27～图3-29）。这组建筑两侧对称布置着一些次要建筑。紫禁城以北中轴线上为万岁山。元代忽必烈于此辟“后苑”，称为“青山”。明代永乐年间曾先后将沉渣土和挖筒子河的泥土卸在“青山”上，因此又称“煤山”。其上有五峰，山顶高达43米，是北京城的最高点，也是俯瞰全城的最佳处所（图3-30）。煤山以北就是与天安门相对应的地安门（图3-31），其后便是轴线的北面终点——钟鼓楼。鼓楼即元代齐政楼（图3-32），明代永乐年间重建，钟楼建于其北约100米的元

图3-21　北京　八国联军通过大清门前棋盘街图

图3-22　北京　大清门东侧户部街，画面上现代楼房建筑为中华民国四年（1915年）利用礼部旧址改建的邮政总局

图3-23　北京　中华门（大清门）近景

图3-24　北京　天安门前千步廊，背景为天安门

图3-25　北京　天安门

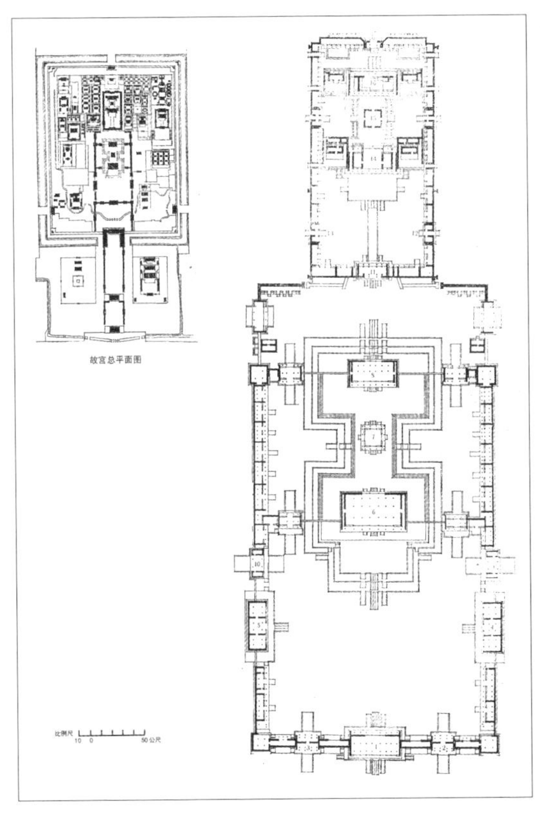

图3-26　北京　故宫总平面图

代万宁寺中点中心阁旧址上（图3-33）。从永定门到钟鼓楼，明代北京中轴线长近8公里，可以说是中轴线发展的高潮时期。

清代建都北京后，沿用明代旧城，总体布局没有大的改变，中轴线上的建筑大部分经过修缮、改建和扩建，但总体布局基本未动。李自成逃离北京之时，放火烧了紫禁城宫殿，使紫禁城遭到严重破坏。自顺治开始，清代陆续在紫禁城原址重建宫殿。清代统治者基本沿用了明代的皇城，在明代北京皇城的基础上修建了清代皇城。虽然与明代相比，清代皇城的建筑格局差异不大，但仍然存在一些与前朝不同的设置及名称的更改，在景观风貌上与前朝有着较大差异。

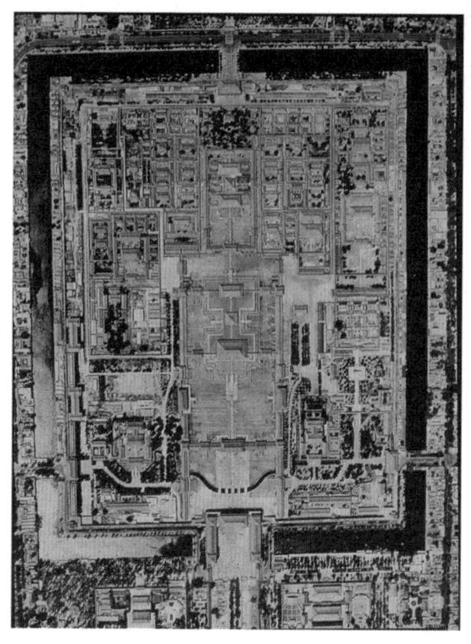

图3-27　北京　紫禁城航拍全景

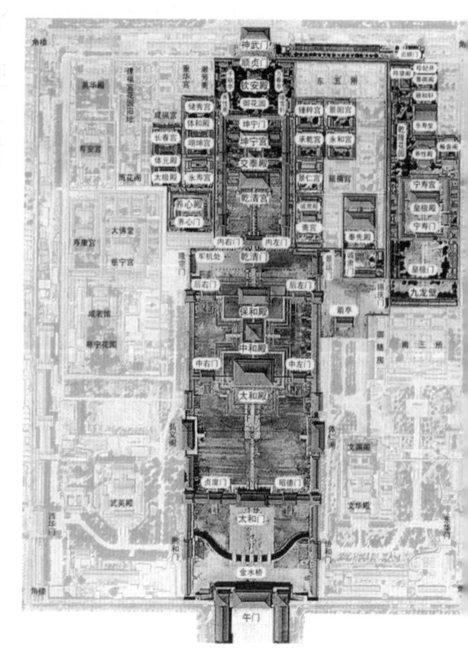

图3-28　北京　故宫目前开放地区

图3-29　北京　自天安门至紫禁城鸟瞰图

图3-30　北京　煤山（现景山）全景

图3-31　北京　地安门夜景

图3-32　北京　鼓楼

图3-33　北京　钟楼

整个城市的空间布局基本都是围着中轴线做文章。在中轴线两侧，另有东四牌楼—东单牌楼—崇文门—磁器口和西四牌楼—西单牌楼—宣武门—菜市口组成的两条辅助轴线作为烘托（北京的牌楼自元代开始建造，明代永乐年间在各主要街道胡同又增建了许多，到清末北京共有牌楼57座）（图3-34）。东四、西四和东单、西单同时又是四个热闹商市的中心。由此向外扩展，另有立在城墙四周、宫城四角、内外城四角和各城门上的十几个环卫的突出点（图3-35）。从而使中轴上的建筑不是孤立的一条线，而是形成全方位的完整构图（图3-36）。

图3-34　北京　上图为东四牌楼，下图为西四牌楼

图3-35　北京
1.内城东南角楼，建于1417年，是北京迄今仅存的一处较为完整的角楼；2.外城东南角楼；3.外城西南角楼

前费城规划委员会主席培根曾深情地谈到北京明清时期中轴线空间序列给他的印象：

“……我从平原进入北京城，我看到的是完好的城墙和城楼，它们像是地平线上一条模糊的、有着完美起伏、完美序列的廓线。我通过一个狭窄的外城门走进一个不大的前院，然后又穿过一座城门，走进黑屋顶、木门的外城。接着是富有韵律的另一座门，另一个院，进入灰屋顶、红门并带有金色饰物的内城。然后，经过又一座门，一个院……看到午门、高耸的红墙、有柱廊的城楼和将天空映成深蓝色的金顶。再跨过汉白玉的石桥，走上宽阔的台基来到太和殿。穿过寝宫，登上景山。然后走下来，穿过钟楼和鼓楼，穿过城门，走出去，又回到平原。我徒

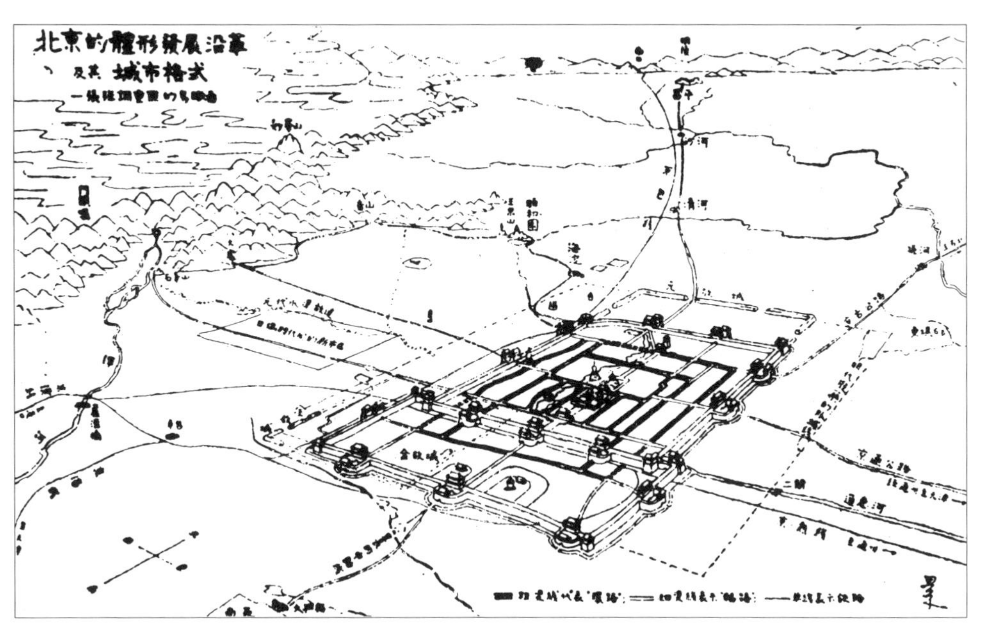

图3-36　北京　城市空间形态图

步走完了这段路程，我亲身领悟了那些伟大的刺激感官的序列。那确实是人类可以得到的最伟大体验之一。二十年后，曾经体验过它的人都会死去，这种直接的记忆会从地球上永远消失，这一巨大的财富将从人们活的记忆中拭去。”㊀

在20世纪20年代，瑞典人奥斯伍尔德·喜仁龙（Osvald Siren）对北京的城墙情有独钟，他写道：“北京的城墙是最动人心魄的古迹——幅员辽阔，沉稳雄劲，有一种高屋建瓴、睥睨四邻的气派。”“远眺城墙，它们宛如一条连绵不绝的长城，其中点缀着座座耸立的城楼。”“城墙的面貌随着季节、时间、天气和视角的变化而改变。从远处看，它们呈一条连续不断的实线，其间点缀着高耸的城楼，在温暖的季节里，顶部茂盛的树丛和灌木为城墙添了几分生机。”但是，昔日辉煌的北京城墙除个别地段外现在已经荡然无存了。

1912年2月12日，清代宣统皇帝发布诏书，正式逊位，以中轴线为基准的传统空间结构随着帝制的消亡而丧失了合法性理论体系的支撑，中

㊀ 引自《北京和费城——两座历史名城的研究》(《城市规划》, 1989年, 05期, 58 ~ 59页)

轴线的命运发生了历史性的转折。中华民国时期，在北京中轴线上产生了许多变化，中轴线所附着的“神圣性”逐渐消退，开始从“神圣性”到“世俗性”的转变，以皇权为中心的“一极化”政治空间逐渐向“多元化”社会空间转化。先是打通了长安街，拆除了千步廊，形成了与南北轴线相垂直的东西向轴线。原来的两排千步廊在清末民初已开始坍毁，到1915年，时任内务部总长的朱启钤将西千步廊拆除（图3-37）。

图3-37　北京　拆除千步廊后的天安门广场

三、中华民国时期北京城中轴线的演变

中华民国以前，长安街被皇城的长安左右门分隔为两段，分别叫东长安街、西长安街，全长3.7公里。1912年拆除东西外三座门后，整条长安街便全面贯通。明清以来北京城第一次实现了东西之间交通的直线连接。

其后陆续拆除了明清两代的皇城城墙。1917年拆了东安门南段皇城城墙、西皇城根灵清宫一带的皇城城墙。1923年后，又接着拆除了东安门以北向西至地安门的皇城城墙、地安门以西至厂桥一段城墙及西安门的南北城墙。至此，明清以来的皇城城墙，除从中南海南岸经天安门至太庙以东一段仍然保留外，其他东、西、北三面全部拆除。1925年10月，北京故宫博物院成立，景山由其收归管理。1928年稍加修葺整理，以公园形式对外开放。天坛与先农坛原本是明清时期北京中轴线南段东西两侧最重要的礼制建筑，中华民国建立之后，两坛地位骤然跌落。1915年先农坛被辟为市民公园，售票开放，至20世纪30年代开始修建公共体育场。1918年1月18日，北洋政府将天坛辟为公园，正式对外开放。此后30多年间的时间内，因其地势开阔，在战乱频发的年份多次成为军队驻扎之地。

继左安门于1912年颓毁后，在这个时期相继被拆除的还有正阳门、朝阳门、东直门、安定门、德胜门的瓮城，以及宣武门、朝阳门的城楼和宣武门南面的瓮城等，德胜门城楼因年久失修糟朽严重，于1921年拆毁，但保留了箭楼。

在这一时期的拆建工程中最有名的就是正阳门瓮城的改建。北京内城九门的瓮城均有庙，除正阳门外其余八门只有一座关帝庙，惟正阳门有两座庙（西侧关帝庙，东侧观音庙，两庙内有明代万历时碑记）（图3-38），规格也大于其他各门，采用黄琉璃瓦屋顶。

清末于瓮城两侧建火车站，城门交通量因之剧增（图3-39）。中华民国时期委托德国建筑师罗思凯格尔（Rothkegel）制定改建方案（图3-40）。改建计划自1915年制定后逐步实施，至1916年完成（图3-41、图3-42）。瓮城墙垣完全拆除，原来封闭的空间变成开放场地，雄伟的箭楼屹立在场地南端。此外，瓮城内外和靠近主墙的小屋和店铺（清代乾隆年间，正阳门瓮城外已商肆林立，环瓮城如扇面排列，初为简易棚，也称荷包

图3-38　北京　正阳门瓮城内关帝庙

棚，后逐步盖起店铺，由荷包棚发展为荷包巷。）也一律拆除，仅余东南角和西南角的观音庙和关帝庙两座小庙。城楼两旁修建了两条直贯南北的平行街道。北面位于城楼与中华门之间的广场（原来在广场北端的哨所现移进城墙，用铁链围起，在哨所北面前方不远处新辟一眼装饰性喷泉。广场较远的另一半，一直到中华门一带，以欧洲方式栽种成排树木，周围用铁链栏杆围起）也铺了石板。

图3-39　北京　前门西火车站

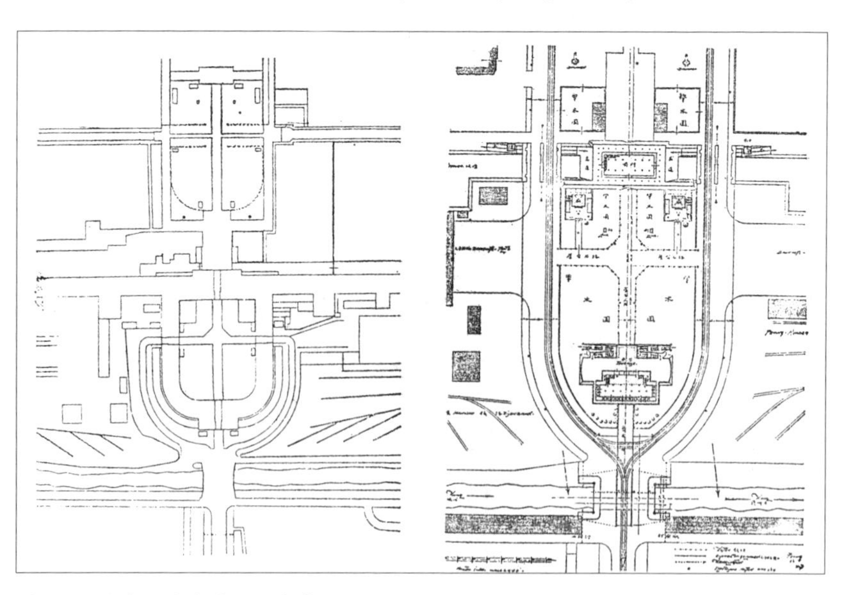

图3-40　北京　左为前门改建前平面图，右为罗思凯格尔规划的平面图

图3-41　北京　1915年6月16日正阳门改建开工朱启钤手持袁世凯颁发的银镐刨下第一镐

图3-42　北京　正阳门瓮城改建前、后的景象

四、新中国成立后北京中轴线及原有空间形态的演变

1. 天安门广场的改建和长安街的改造

天安门广场的改建和扩建是迎接建国十周年纪念的重要项目。实际上，天安门广场改建工程早在新中国成立初期已开始进行（图3-43）。1952年拆除了东西长安左门、长安右门，1955年又拆了东、西两道红墙，天安门广场面积有所扩大。以后为了进一步改建又做了很多规划方案，仅1950—1954年就提交了15个规划方案；由于这一批方案广场面积普遍偏小，没有摆脱“T”形广场的束缚，因此，在1955年成立都市规划委员会后，在苏联专家指导下又编制了十个方案（图3-44）。最后于1958年选定七个方案供中央审查，即陈植、赵深、刘敦桢、戴念慈、毛梓尧、张镈的方案以及作者不明的第10号方案（图3-45）。经过多次讨论后，确定了广场的性质（政治性广场），两侧建人民大会堂和中国革命历史博物馆。新建筑的形式与尺度要按建筑物本身的需要和照顾

图3-43　北京　1950年的天安门广场

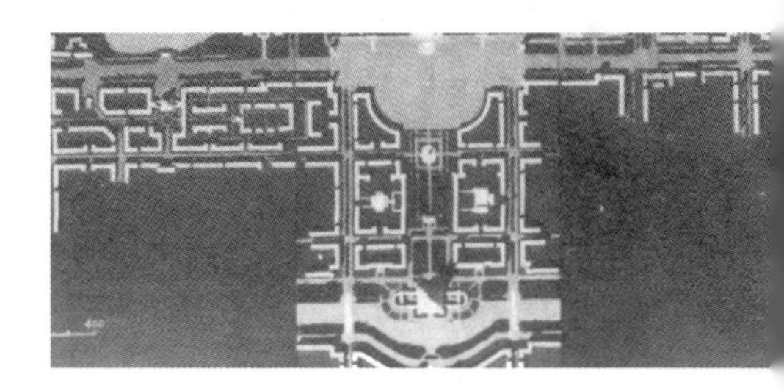

图3-44　北京　1954年入选的十个天安门广场规划方案之一

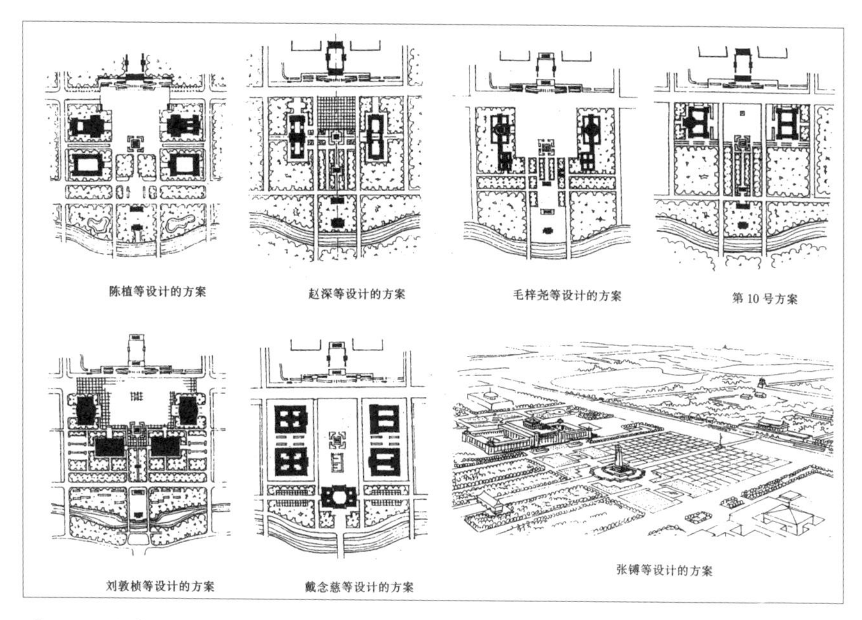

图3-45　北京　1958年最后选定的七个天安门广场的规划设计

到广场的整体性进行设计，要和旧建筑协调，反映新中国的面貌。天安门广场不宜过小，第一期工程面积由11公顷扩大到40公顷，东西宽500米，南北长860米，可容纳40万人集会，同时还决定拆除中华门，保留前门城楼和箭楼（图3-46）。

与天安门广场改建相呼应的是与城市中轴线垂直构成北京主要坐标系的东西向轴线——长安街的改造（图3-47）。1958年打通展宽长安街时，出于"战略"（包括必要时作为直升机的起降跑道）的考虑，否定了快慢车分行，中间设绿化间隔的三块板形式，采用一块板的断面，以免绿化阻挡空间，位于街中心创建于金章宗时的大庆寿寺双塔因此也只好拆除。以后，在长安街北侧又建造了电报大楼、水产部大楼、民族文化宫和民族饭店等公共建筑。至此，打通、展宽和延伸了的东西长安街已是一条长达40公里的主干道，它与改建后的南北中轴线交于天安门广场，确定了北京的坐标系（图3-48、图3-49）。

2. 城墙、城楼和牌楼的拆除

1949年3月，北平和平解放后，市建设局曾对内外城的城墙进行了查

图3-46　北京　天安门广场改建的四个阶段：1. 1954年改建前的天安门广场；2. 1958年的天安门广场，人民英雄纪念碑已建成；3. 1960年的天安门广场，人民大会堂和历史博物馆建成；4.毛主席纪念堂建成后的天安门广场

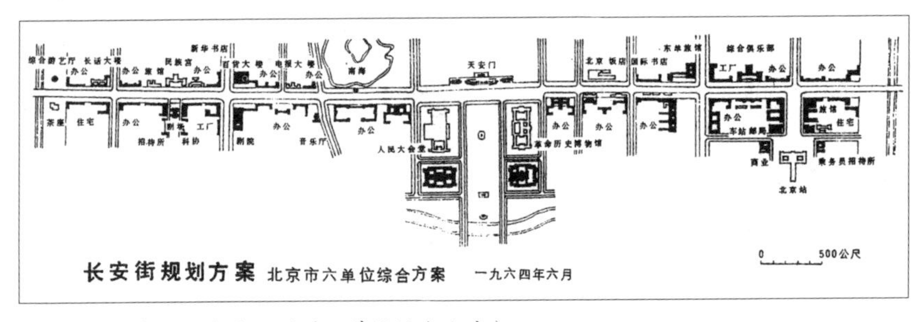

图3-47　北京　长安街规划（六单位综合方案）

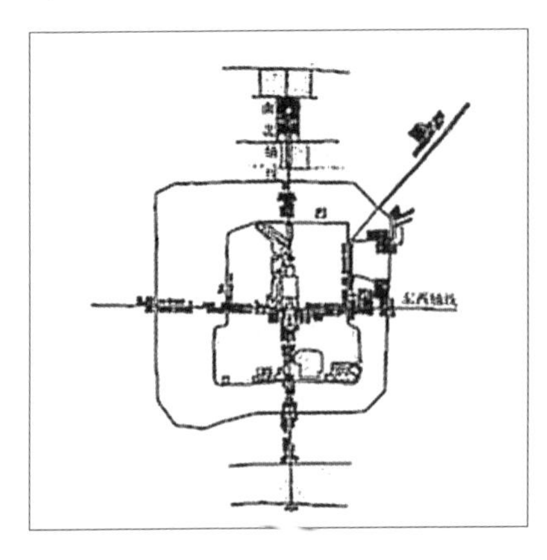

图3-48　北京　南北轴线确定的北京城市坐标系方案

图3-49　北京 天安门广场鸟瞰（何自若绘）

勘，对毁坏严重的安定门城楼、阜成门城楼、东便门城楼进行了全面维修，特别是内城，比坍塌损坏较严重的外城维护得还要更好一些。

1950年，在城墙的存废问题上曾引发过一场旷日持久的争论。一种看法认为，北京的城墙是封建时代防卫的产物，今天效能已失，成为妨碍北京建设、束缚生产力发展的障碍，主张拆除。持此观点的人（以华南圭为代表）认为，城墙“留之无用，且有弊害，拆之不但不可惜，且有薄利可图”。而以梁思成为代表的另一种看法则认为北京古城墙是北京发展的历史见证和文化遗产，是人类极为重要而珍贵的文物，不但应该保存而且可以保存。梁思成还指出，北京古城墙与交通的矛盾是可以设法解决的，城墙可以作为现代城市分区的隔离物，他还建议将城墙改造成长39.75公里的立体公园（图3-50）。

这场争论虽经多次讨论，但终难取得一致意见。1953年5月，中央批复同意把朝阳门和阜成门的城楼及瓮城拆除，交通取直线通过。不过在这期间，文物专家还有一定的发言权。如1957年6月，国务院针对一些建设单位从城墙上拆取建筑材料之事转发文化部报告给北京，报告称：“北京是驰名世界的古城，其城墙已有几百年的历史，对于它的存废问题，必须慎重考虑。最近获悉，你市决定将北京城墙陆续拆除（外城城墙现已基本拆毁）。针对此举，在文化部召开的整风座谈会上，很多文物专家对此都提出意见。国务院同意文化部的意见，希你市对北京城墙暂缓拆除，在广泛征求各方面意见，并加以综合研究后，再作处理。”这份文件的出台暂时阻止了拆除城墙的举动。但在1958年9月，北京市做出了《关于拆除城墙的决定》，提出除正阳门城楼、箭楼和鼓楼之外，其余城墙、城楼统统拆掉的决定，城墙被成批拆除。1959年3月，北京市委员会决定：“外城和内城的城墙全部拆除，需争取在两三年内拆完。”至此，开始了第一次有组织、有计划的大规模拆除城墙行动，整个外城和部分内城城墙均被拆掉（图3-51）。

第二次有组织、有计划的行动是在“文革”期间。结合备战及修建地铁一期工程拆除了内城南墙、宣武门、崇文门，包括徐悲鸿纪念馆在内。二期工程由北京站经建国门、东直门、安定门、西直门、复兴门，沿整个环线拆除城墙、城门以及房屋，全长16.1公里。1969年3月珍宝岛

图3-50　北京　梁思成设想的城墙立体公园

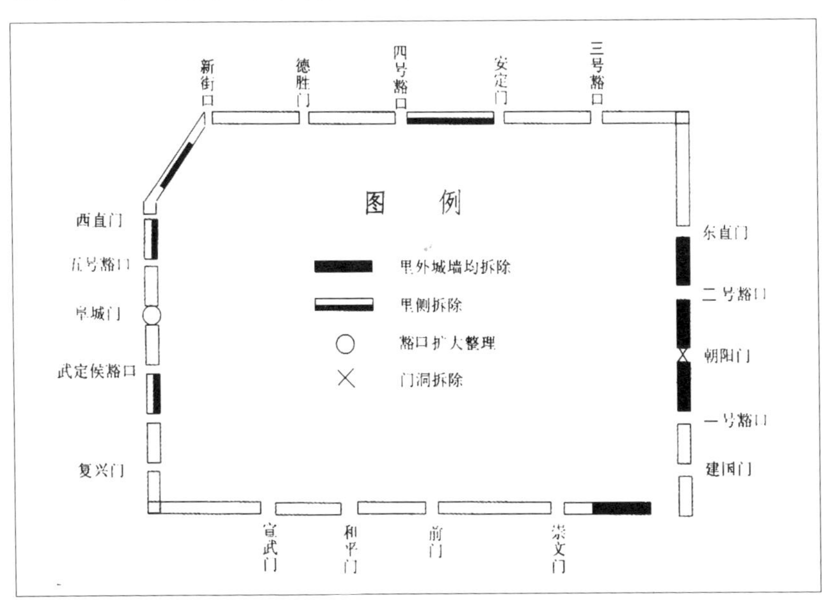

图3-51　北京　1959年拆除的城墙示意图

自卫反击战后，从1969年10月中旬到1969年11月中旬，全市每天有30万人参加义务战备建设。拆城墙、取城砖、修建防空工事，这项战备活动在“文革”期间持续了若干年。

在这种情况下，除了内城东南角楼及其附近的一段残垣、西便门的一段残垣，以及正阳门、德胜门箭楼外，西直门、阜成门、朝阳门、东直门、安定门、宣武门、崇文门以及城墙，全部被拆除或清理。

北京的牌楼更早在1954年就被大量拆除。位于前门中轴线上规模最大的正阳门五间六柱五楼冲天柱式牌楼，连同前面横跨内城护城河上的正阳桥一起在这次风潮中被拆。东、西长安街牌楼经周恩来总理指示曾易地保存，迁建于陶然亭公园。1966年“文革”中以“破四旧”为名下令彻底拆毁（图3-52）。至此，北京原有的57座牌楼除了国子监成贤街上的四座、朝阳门外神路街口的一座三间七楼琉璃牌楼以及西苑大街一座三间四柱牌楼尚保存完好外，余皆无存。

图3-52　北京　被拆除的牌楼：1.东长安街牌楼；2.西长安街牌楼；3.迁至陶然亭公园的长安街牌楼

五、现代北京中轴线的发展

随着城墙的拆除和市区的扩大，二环路、三环路乃至四环路陆续出现，旧城南北中轴线自然也随之向外延伸，这些在早期的规划图上已经有所表现（图3-53）。旧城中轴的南延长线，本有从永定门至南苑大红门的路基作为依据（图3-54），北延长线则无所依从，因为从钟鼓楼到北二环完全被民居阻塞，这与元大都初建时打破传统不设正北门有直接关系。越过这一带民居再向正北方延伸，也有重要建筑物阻隔。

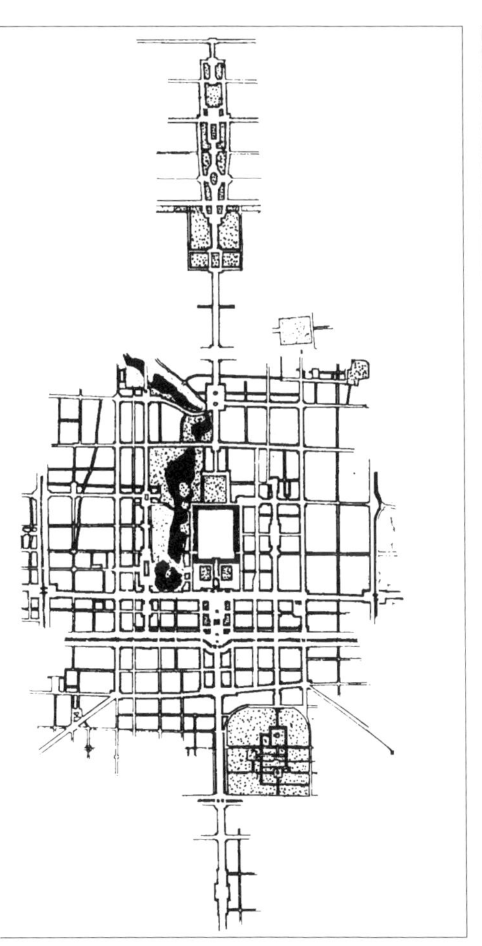

图3-53　北京　1953年总体规划中的轴线

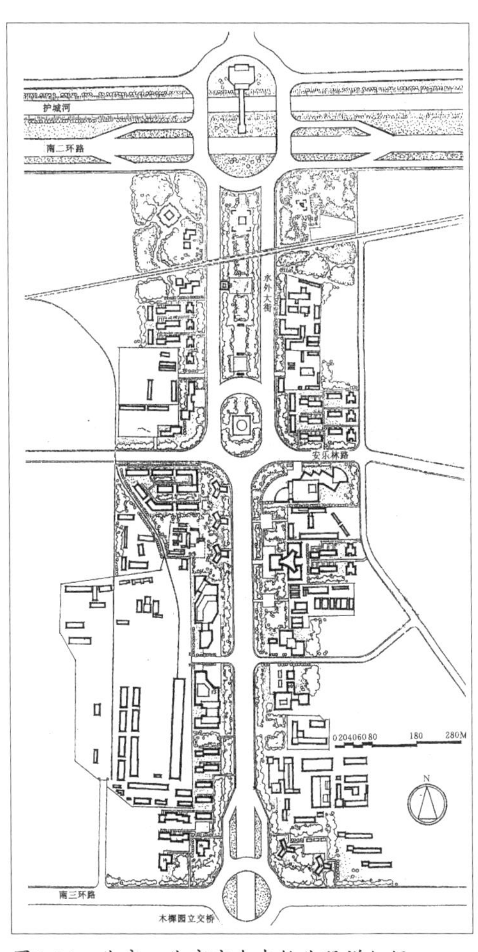

图3-54　北京　北京市南中轴北段详细规划图

梁思成早年曾有延伸原有中轴线的设想，但无图纸。据当年参与畅观楼规划小组设计的李准回忆，最早以草图形式提出将中轴线延伸到北郊的是当时受邀在国家城市建设总局帮助我国工作的苏联专家巴拉金。这一构想既有利于保护好古城原有格局又对原规划思想有所发展，延长的中轴线成为城市新的脊梁，形成北京城市总体布局的一个重要特色。

此后北京市的几次规划方案中，有关中轴线的这一规划思想可以说是历经四十多年没有改变，只是一直未能付诸实施。20世纪60年代和20世纪70年代曾考虑过在中轴线的对景位置建设中国科学院，并已在附近建了中国科学院附属的研究所。但设想的压轴建筑——中国科学院总部的建设却遥遥无期。直到1990年，当十一届亚运会工程北郊奥林匹克体育中心等项目临近完工时，由于交通问题的迫切需要，才按规划打通了中轴线北段，在实现这项工程上迈出了关键的一步。

北中轴线新区位于轴线向北延伸至四环路以外的地段，南面是奥林匹克体育中心和中华民族园。北中轴线新区南北长约2100米，东西宽约1100米，占地230公顷。由于外围区域受城市历史影响较小，又与过境交通联系紧密，显然有利于将市中心密集的交通转化为发散形和外围环行交通，使城市的交通量分布更为合理，有利于北京旧城整体环境的维护和保护。该地区目前已建设完成，各单位对北中轴新区的设计也进行了不同的探讨（图3-55、图3-56）。

六、北京中轴线申报世界文化遗产进展

北京中轴线包括北京鼓楼、钟楼、地安门外大街、万宁桥、地安门内大街、景山、故宫、太庙、社稷坛、天安门、天安门广场建筑群、正阳门、前门大街、天桥南大街、天坛、先农坛、永定门御道遗存、永定门等历史文化遗产。

北京的城市中轴线可以说是中国传统城市规划思想的物质结晶，反映了中国传统的秩序、环境、审美等方面的价值取向，北京中轴线的保护具有重要意义。据申遗团队研究，北京中轴线具有世界遗产的潜在价值，具备符合世界遗产评定标准的可能性：

①可以用北京中轴线严谨的规划和极富节奏感的城市轮廓线来说明

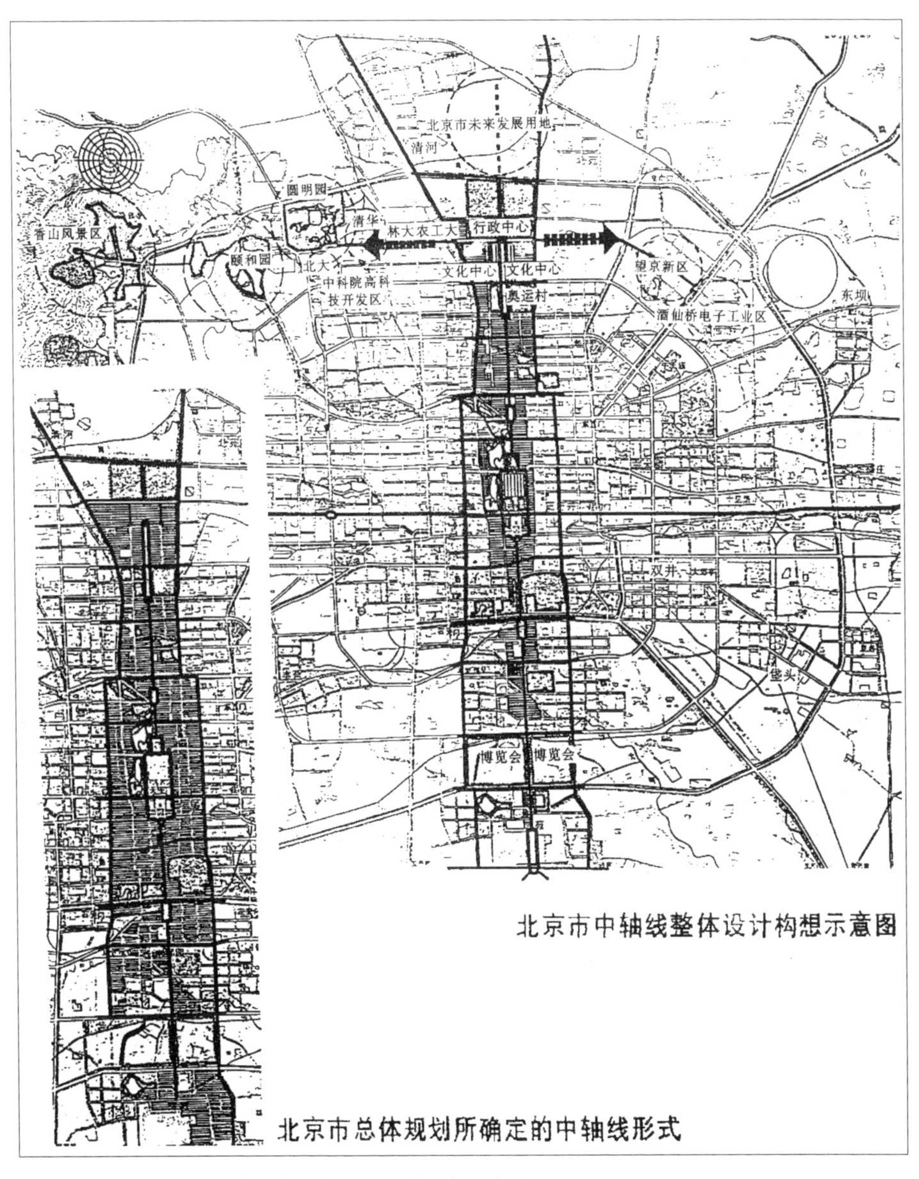

图3-55　北京　北京市中轴线整体设计构想示意图

北京中轴线是人类创造精神的杰作；②北京中轴线所表达的在城市规划中对秩序、宏伟的追求体现了中国传统社会文化精神的重要方面，是中华文明和文化传统的重要见证；③北京中轴线是中国都城规划的杰出案例；④北京中轴线上发生了众多历史事件，这些事件不仅改变了中国，也对世界产生了深刻的影响。

2011年6月，北京市启动了北京中轴线世界文化遗产申报工作。2012年，国家文物局将北京中轴线列入《中国世界文化遗产预备名单》。2020年8月，北京市文物局制定了《北京中轴线申遗保护三年行动计划（2020年7月—2023年6月）》。2022年5月25日，北京市第十五届人民代表大会常务委员会第三十九次会议审议通过并公布了《北京中轴线文化遗产保护条例》，自2022年10月1日起施行。

2022年8月，国家文物局确认北京中轴线为我国2024年世界文化遗产推荐项目。《北京中轴线保护管理规划（2022年—2035年）》已于2023年1月公布实施，北京中轴线申遗系列工作正在稳步推进。

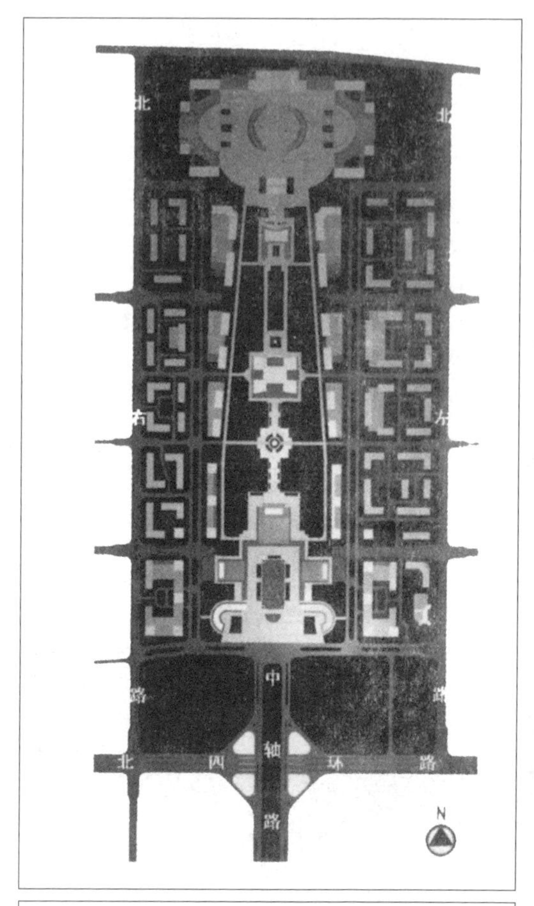

图3-56　北京　北中轴新区方案之一（杜松设计）

第二节　巴黎的轴线发展及构成

一、城市主轴线的形成

巴黎市内的最主要的一条东西向轴线（卢浮宫—丢勒里花园—协和广场—香榭丽舍大道—凯旋门—拉德芳斯新区）的建设开始于路易十四时期。在亨利四世时，这里曾是一片田野和沼泽。1616年，从丢勒里宫开始，沿塞纳河建了一条林荫道，一直延伸到阿尔玛广场所在的地方。1667年，勒诺特尔将丢勒里大道延长，四周栽满了成排的树木，作为贵族们跑马的处所。从1709年起，这片绿地始得名“香榭丽舍”（Champs-Elysees，即爱丽舍田园之意）。1724年，大道延伸到夏约山（Butte de Chaillot），位置相当于戴高乐广场所在地。到1772年，又继续延伸到塞纳河上的纳伊利桥，形成了今天至拉德芳斯新区的入口。1806年，拿破仑在奥斯特里茨战役中打败了奥俄联军，为了炫耀自己的军功，下令建造凯旋门，同年8月15日奠下第一块基石。但工程时建时停，前后经过整整30年，直到1836年7月29日才最后竣工。1854年，在大凯旋门落成近20年后，奥斯曼对周围广场进行了大规模改建，增加了七条干道，并由希多夫（Hittorff, Jakob，1792年—1867年）负责规划广场周围的建筑使之具有统一的外貌。整治之后，凯旋门成为12条干道的对景，大大加强了它在城市构图中的作用（图3-57～图3-67）。

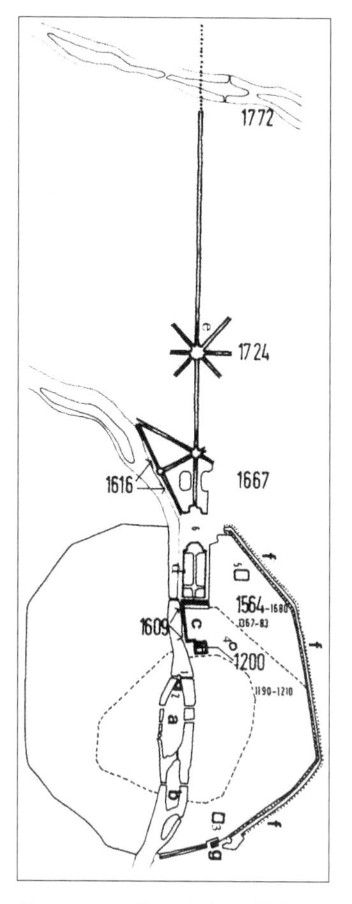

图3-57　巴黎　主轴西扩各阶段年代示意图。a.西岱岛；b.圣路易岛；c.卢浮宫；d.丢勒里花园；e.凯旋门；f.大林荫道；g.巴士底城堡。1.新桥；2.王子广场；3.沃士日广场；4.胜利广场；5.旺道姆广场；6.协和广场。城市东侧（图上右侧边缘）到左边塞纳河全长12.5公里

图3-58　巴黎　卢浮宫东廊—城市主要构图轴线的起点

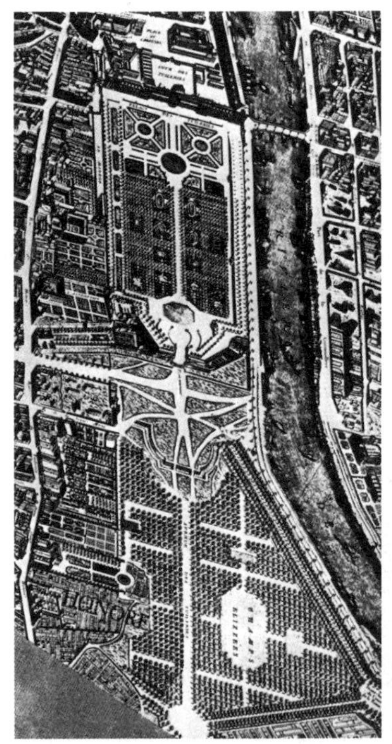

图3-59　巴黎　Turgot平面（1734—1739年）局部。在国王桥处与河岸正交的为毁于1871年的丢勒里宫，其下为丢勒里花园，再往下的荒地即以后协和广场所在地

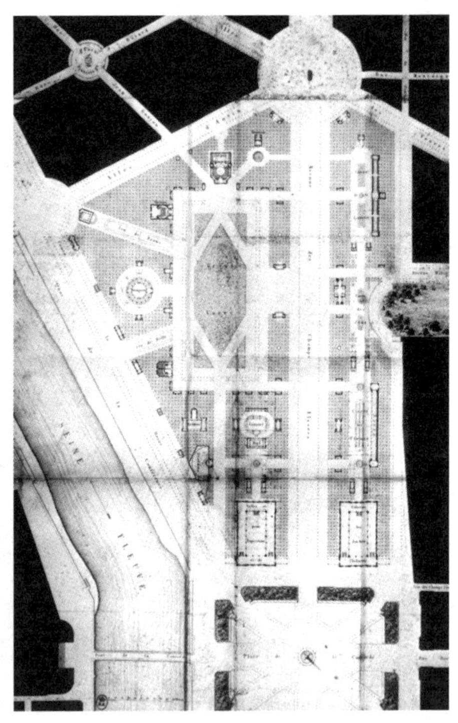

图3-60　巴黎　丢勒里花园历史景观（Perelle的版画），远处为未来凯旋门所在高地

图3-61　巴黎　爱丽舍田园(即香榭丽舍)整治规划(作者: H.Horeau)

图3-62　巴黎　第二帝国时期的爱丽舍田园景色

图3-63　巴黎　1740年平面（局部），可看到城区的扩大和向西延伸的香榭丽舍轴线，左下为布洛涅森林公园（其工整的规划以后为奥斯曼改建时期的自然构图取代）

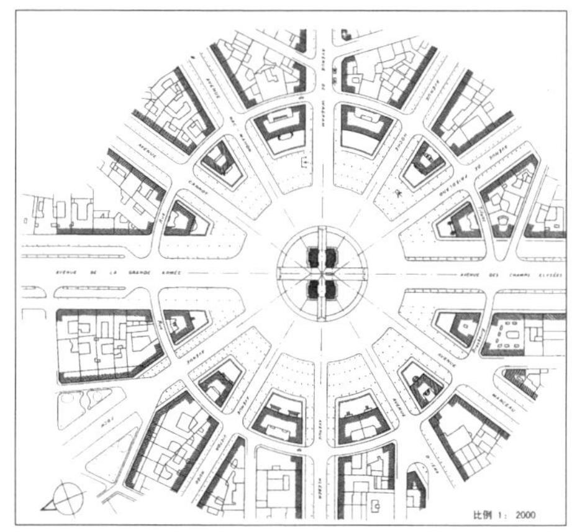

图3-64　巴黎　整治完成后的戴高乐广场平面

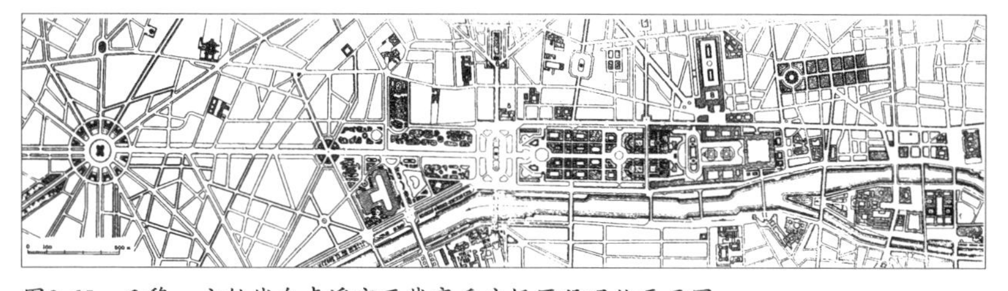

图3-65　巴黎　主轴线自卢浮宫至戴高乐广场区段现状平面图

图3-66　巴黎　自戴高乐广场东望卢浮宫俯视全景

图3-67　巴黎　城市主轴线终点——拉德芳斯巨门

与此同时，随着作为军队光荣纪念碑的马德兰教堂的建成，形成了一条和上述主轴相垂直的副轴线。这条副轴线通过协和广场、1791年建成的协和桥，直达塞纳河左岸的波旁宫。为了和北面马德兰教堂的立面形式呼应，1807年，按拿破仑的旨意，普瓦耶（Poyet）给波旁宫加建了一个古典主义的立面（图3-68～图3-72）。

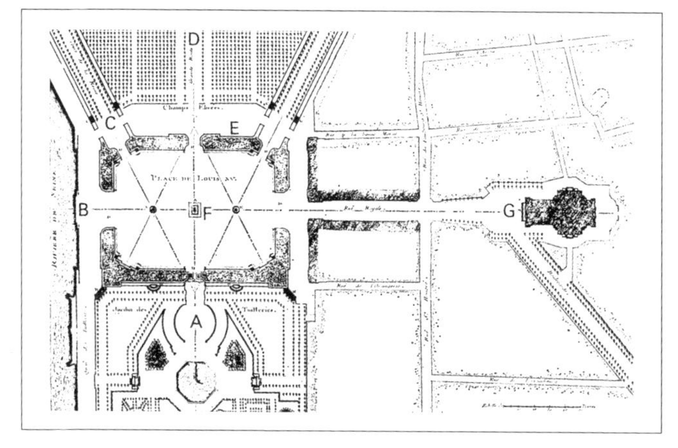

图3-68　巴黎　路易十五广场（今协和广场）及马德兰教堂地区的最初规划。A-丢勒里花园；B-未来的协和桥；C-王后大道；D-香榭丽舍轴线；E-壕沟；F-路易十五雕像（后被方尖碑取代）；G-马德兰教堂（最后完成的建筑为古典样式，平面矩形）（Jacques-Ange Gabriol设计）

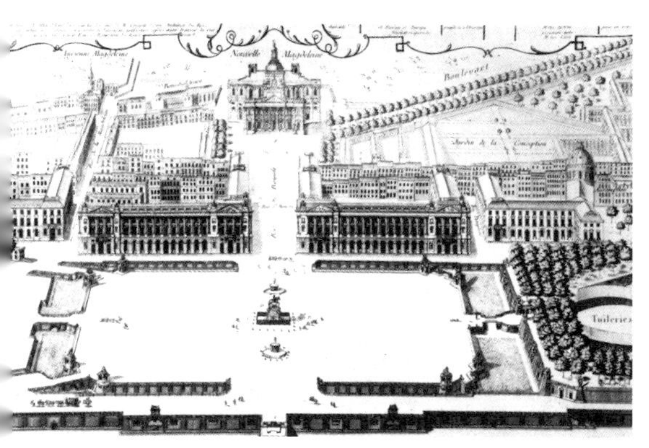

图3-69　巴黎　路易十五广场（今协和广场），设计人Jacques-Ange Gabriol（建于1755年—1775年，版画作者G.L.Le Rouge）

图3-70　巴黎　马德兰教堂（Vignon设计）

图3-71　巴黎　路易十五广场（今协和广场），约1778年的版画

图3-72　巴黎　波旁宫（前方柱廊系Poyet后加），前景为路易十四桥（今协和桥）

位于这两条轴线交会处的协和广场兴建于1757—1779年，由加贝里爱尔（Jacques-Ange Gabriol）设计，广场中心最初立国王路易十五骑像。1789年法国大革命时期，雕像被推倒，代之以断头台，广场的名称也改为“革命广场”。1795年，又改回原名。1836—1840年，建筑师希托夫对广场进行了改建，遂成今貌。广场上的主要建筑方尖碑已有3400多年历史，是埃及总督梅埃曼·阿里（Mehemet-Ali）1831年送给法国国王路易·菲利普的礼物。广场四周立着八个雕像，象征围绕着巴黎的法国八大城市（图3-73～图3-75）。

图3-73　巴黎　Jung版画上描绘的安装协和广场方尖碑的盛况（碑座上刻有运输和安装过程的记录）

图3-74　巴黎协和广场现状鸟瞰

图3-75　巴黎协和广场及其方尖碑现状

二、其他轴线的形成

和香榭丽舍大道的建设差不多同时，1672年建成的老天文台和1624年建成的卢森堡宫，通过一条林荫大道构成了城市一条正南北向的轴线（图3-76）。这条轴线标志着巴黎子午线（东经2° 20′ 14.025″）。在本初子午线移到伦敦附近的格林威治（Greenwich）以前，巴黎子午线曾是本初子午线的通过地。

实际上，通过从路易十四到拿破仑时代的努力，巴黎市内已经形成了不少纪念性建筑物和广场。到19世纪第二帝国时期，摆在奥斯曼面前的任务只是用街道将主要的纪念性建筑物连接起来，形成交通网络。这个时期主要完成的街道和轴线除戴高乐广场周围的若干放射大道外，还有直达东站的城市南北向主轴塞瓦斯托波尔大道和圣米歇尔大道、连接民族广场和共和国广场的大道等，特别是他规划的歌剧院大街，和查尔斯·加尼叶（Garnier Charle）根据其总体规划意图建成的巴黎歌剧院一起，成为法国第二帝国时期最具代表性的“城市纪念碑”（图3-77、图3-78）。

19世纪末至20世纪初，在巴黎召开的几次世界博览会给城市增添了不少新的内容，并由此形成了许多新的构图轴线，如从大宫和小宫经亚历山大三世桥到荣军院的轴线（图3-79 ~ 图3-82）、从夏约宫通过埃

图3-76　巴黎　天文台林荫大道上的雕像及喷泉

图3-77　巴黎　歌剧院大街鸟瞰全景

菲尔铁塔到军事学院的轴线。后者是在1889年世界博览会的基础上逐渐形成的：世界博览会机械馆拆除后的场地规划为战神广场，1908—1928年广场上混建了英、法风格的花园；1937年又在塞纳河对岸仿照1878年世界博览会的一个摩尔风格的建筑形式建成了具有弧形平面的夏约宫（图3-83～图3-87）。

近代巴黎的轴线网络就在这样一个长期的建设过程中形成。其中主要的构图轴线有十几条，短的如马德兰教堂至波旁宫轴线不足1公里，长的如卢浮宫至拉德芳斯轴线达7～8公里（图3-88）。

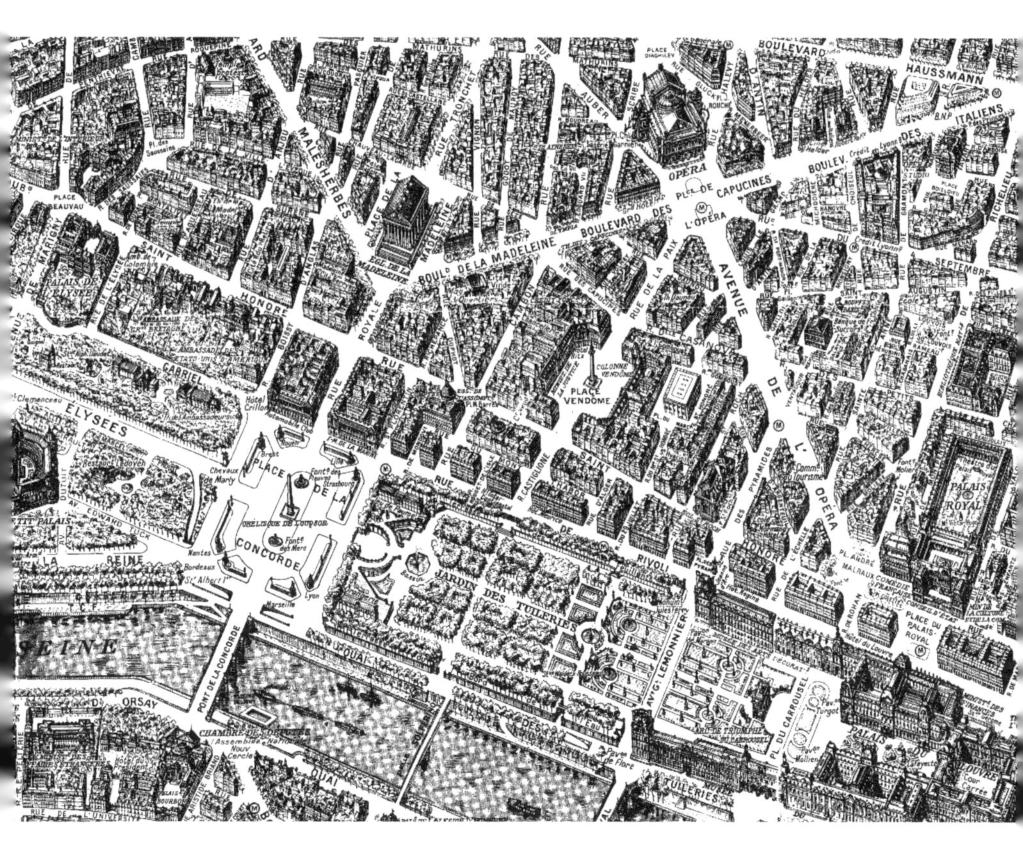

图3-78　巴黎　城市东西向主轴线（卢浮宫—丢勒里花园—协和广场—香榭丽舍大街部分）与马德兰教堂—协和广场—协和桥—波旁宫轴线及歌剧院大街轴线轴测鸟瞰全图，左边靠下处可见小宫及亚历山大三世桥

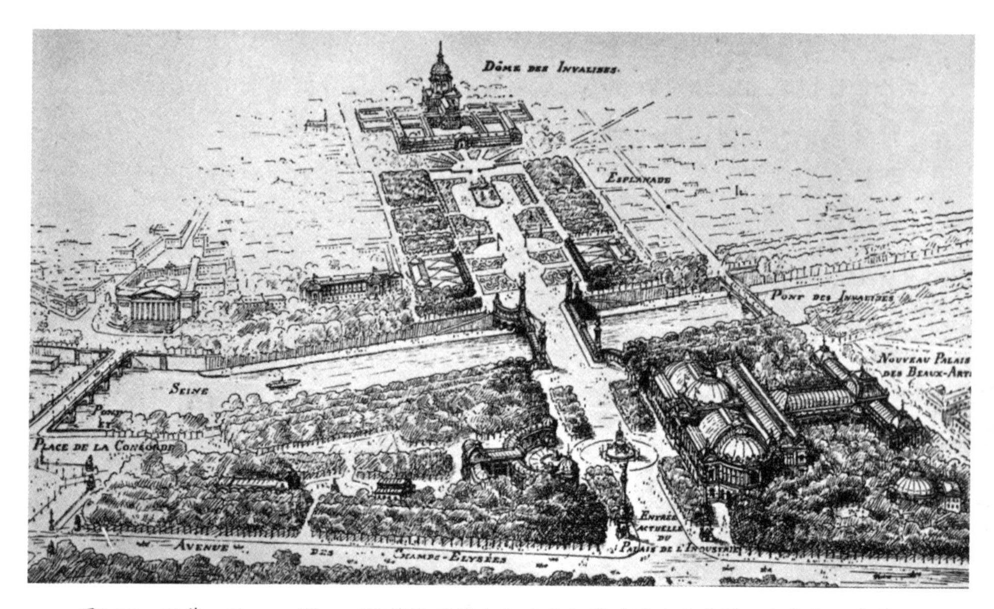

图3-79　巴黎　Eugene Henard设计的亚历山大三世大道（近处为香榭丽舍大街，中景为亚历山大三世桥，远景为荣军院）

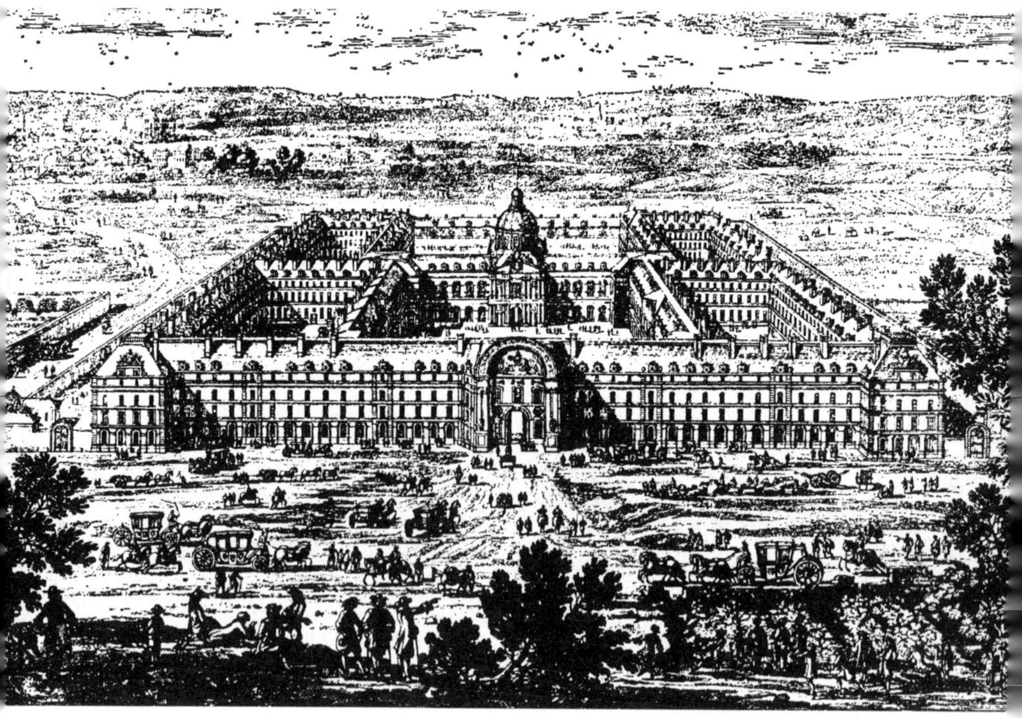

图3-80　巴黎　17世纪轴线开通前荣军院景色（L.Bruant，1670—1677年）

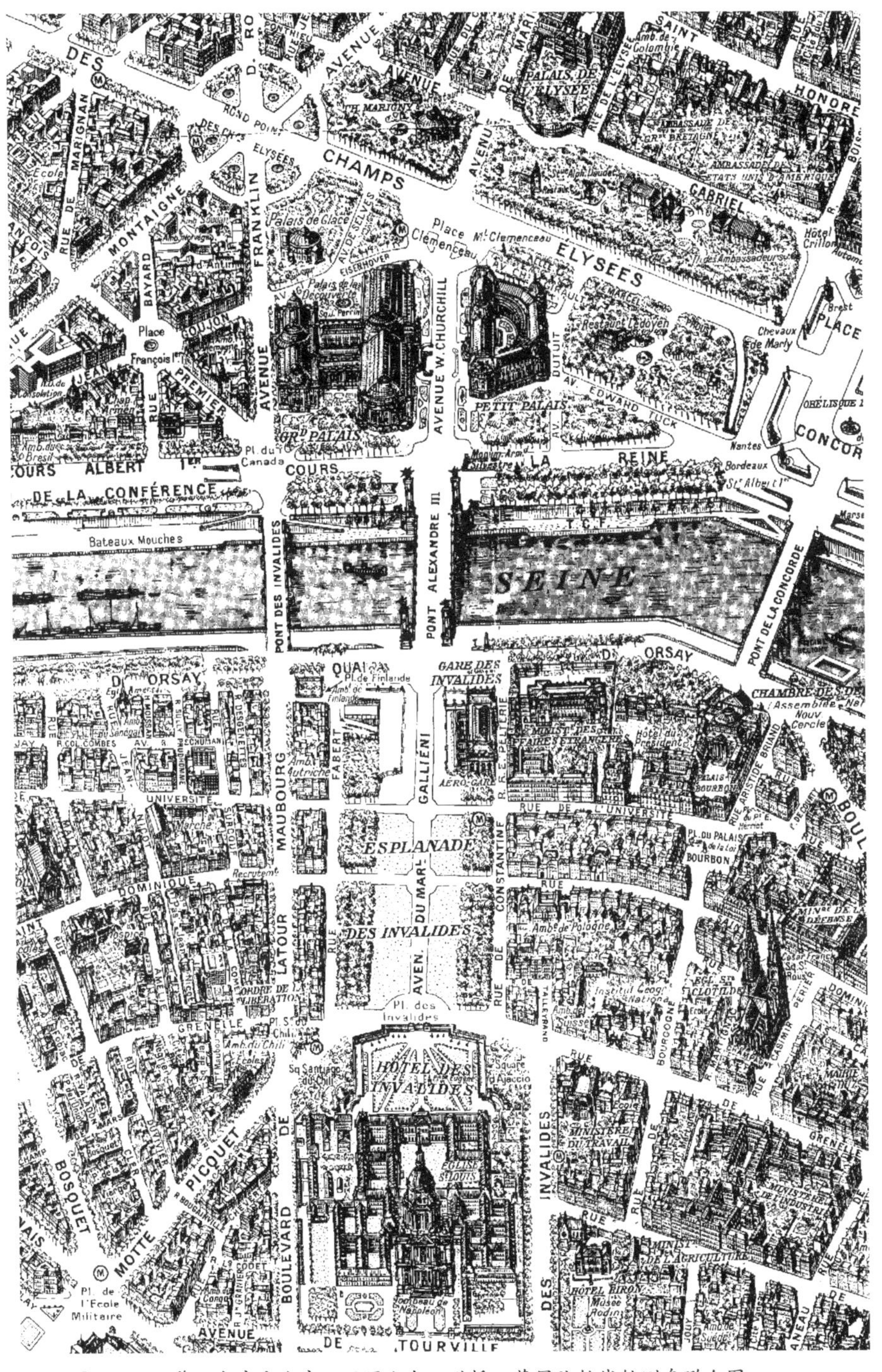

图3-81 巴黎 大宫和小宫—亚历山大三世桥—荣军院轴线轴测鸟瞰全图

图3-82　巴黎　从大宫顶上看大宫和小宫至荣军院轴线，近景为亚历山大三世桥

图3-83　巴黎　1889年世界博览会全景（除铁塔外，其他建筑均已拆除）

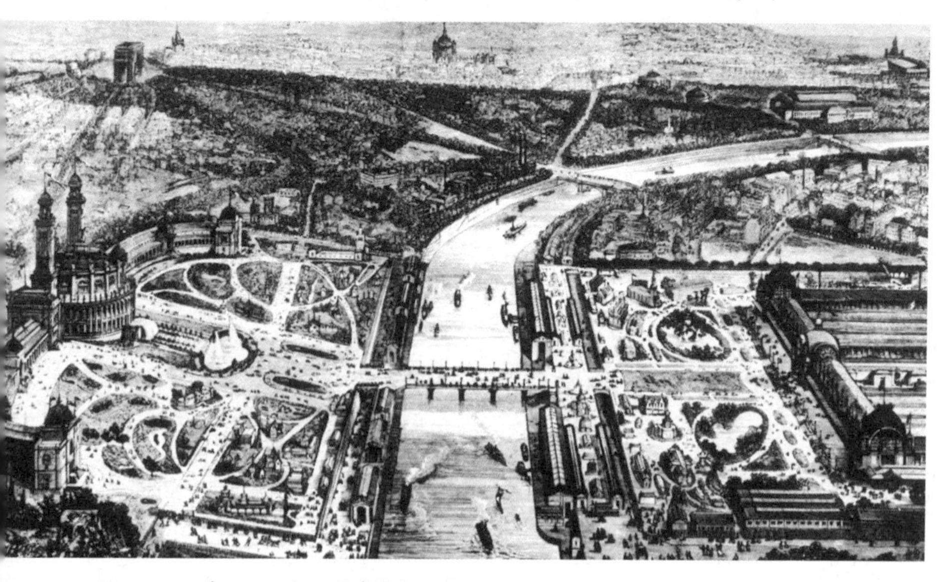

图3-84　巴黎　1878年世界博览会全景

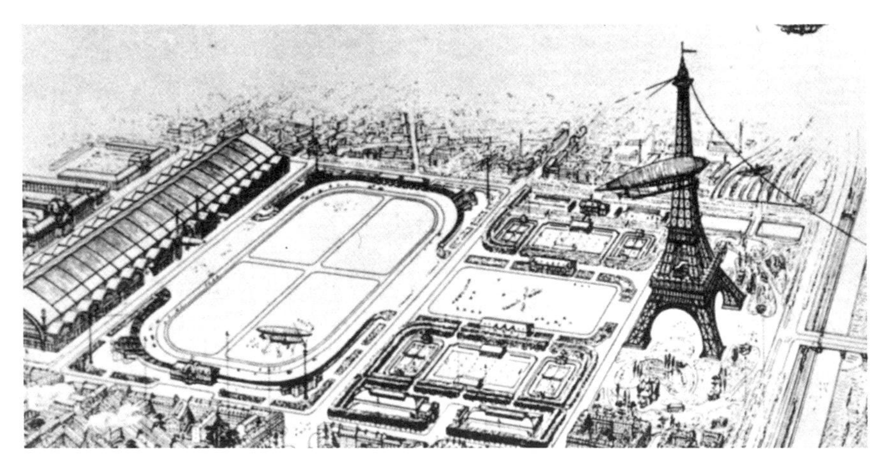

图3-85　巴黎　Eugene Henard的战神广场整治方案

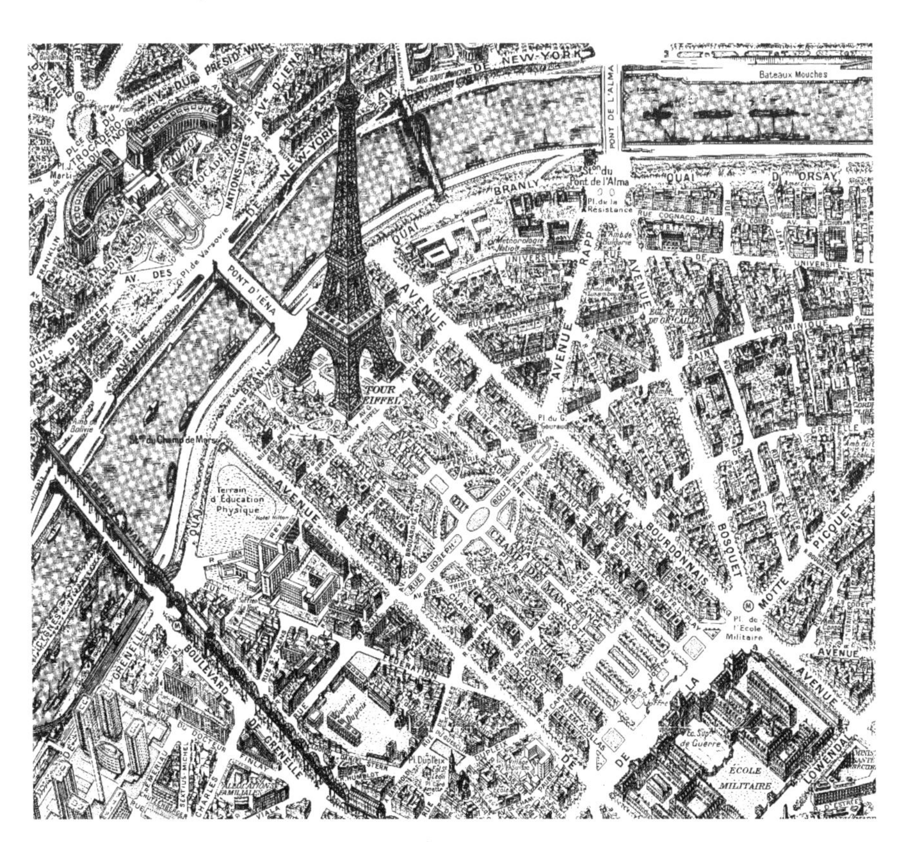

图3-86　巴黎　夏约宫—埃菲尔铁塔—军事学院轴线轴测鸟瞰全景

图3-87　巴黎　从夏约宫台地望埃菲尔铁塔及远处的军事学院

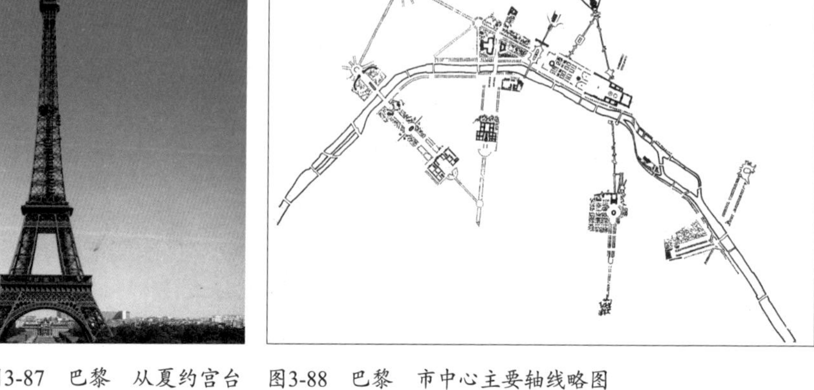

图3-88　巴黎　市中心主要轴线略图

第三节　浅析及比较

北京和巴黎均以其轴线规划在世界享有盛名，两城的轴线在组织上也确有一些相似之处。例如城市主要轴线皆有与之垂直相交的副轴线，并以此确定城市中心广场的位置。北京目前的南北向主轴线（大红门—永定门—前门—天安门广场—故宫—景山—钟鼓楼—北中轴新区）与东西向长安街相交于天安门广场；而巴黎的东西向主轴线（卢浮宫—丢勒里花园—协和广场—香榭丽舍大街—戴高乐广场—雄师大街—拉德芳斯新区）则与波旁宫—协和桥—协和广场—马德兰教堂轴线相交于协和广场。两个广场都是政治性广场和国庆时的阅兵场所，均为城市中最大的广场：天安门广场占地达40公顷，不仅是北京最大的广场，同时也是世界最大的广场；协和广场占地8.4公顷，尽管不及天安门广场的四分之一，但亦为巴黎最大的广场。广场的中心都布置了纪念碑，协和广场上的埃及方尖碑高23米，天安门广场人民英雄纪念碑高37.94米。

同时，两座城市的主轴线上都布置了最重要的建筑群。北京中轴线上的故宫和巴黎主轴线上的卢浮宫均为原来的皇宫或王宫所在地。这两组建筑都有着悠久的历史：北京故宫的建设可追溯到永乐十五年（1417

年）；最早的卢浮宫创建于1190年（现已无存），现存最早部分可上溯至1546年弗朗西斯一世时期，此后又经过历代帝王，特别是路易十四、拿破仑一世和拿破仑三世的重建与扩充。两组均为城市最大建筑组群（故宫占地面积72公顷；卢浮宫占地面积45公顷）。古时它们为皇权或王权的代表，是至高无上的禁地，现代又因其极高的艺术价值受到了最严格的保护被作为博物馆使用（故宫现为故宫博物院，卢浮宫也是世界级的博物馆。早在19世纪中叶，清代最早游历欧洲的人士之一王韬在《漫游随录》一书中即写道："法京博物院非止一所，所尤著名者曰'鲁哇'，栋宇巍峨，崇饰精丽，他院均未能及……凡所胪陈，均非凡近耳目所逮，洵可谓天下之大观矣。"文中的"鲁哇"即卢浮宫。）。

另外，两座城市的主轴线都在近现代得到了更新发展。作为名城历史上形成的城市主要轴线，轴线上自然以历史文物建筑为主体，但通过轴线的延伸，收尾部分都在新区，体现了城市旺盛的生命力。作为巴黎主轴线末端的拉德芳斯新区兴起于20世纪60年代，经过几十年的建设，已形成总面积130公顷的高层建筑区，还开辟了大片公园绿地，成为巴黎市郊引人注目的新区（图3-89）。明清时期北京城的中轴线北至钟鼓楼，南至永定门，直线距离长约7.8公里。北京申奥成功后，中轴线再次向北延长，成为奥林匹克公园的轴线，丰富了北京中轴线的内涵。1990年第11届亚运会的召开使通向北中轴新区的道路打通，为新区建设与发展提供了基本条件。2008年北京成功举办夏季奥运会，2022年北京成为世界上首个"双奥之城"，也在北京中轴线留下了深深的奥林匹克运动印记。北部中轴线上布局了鸟巢和水立方两个大型标志性建筑，一圆一方，象征着中国古代"天圆地方"的传统理念。巴黎的拉德芳斯新区距离凯旋门5公里，北中轴新区距离钟楼也是5公里，都离旧城不远，对缓解市区的拥挤将能起到很大作用。

不过，尽管北京和巴黎在城市轴线等方面有相似的地方，但由于城市的形成历史殊异，加上东、西方文化的区别，其差异的表现要比共同之处突出得多。

从历史的形成上看，北京无论是中轴线还是与之呼应的整个城市空间体系，都是经过统一规划建成的，具有很强的象征意义；巴黎则相

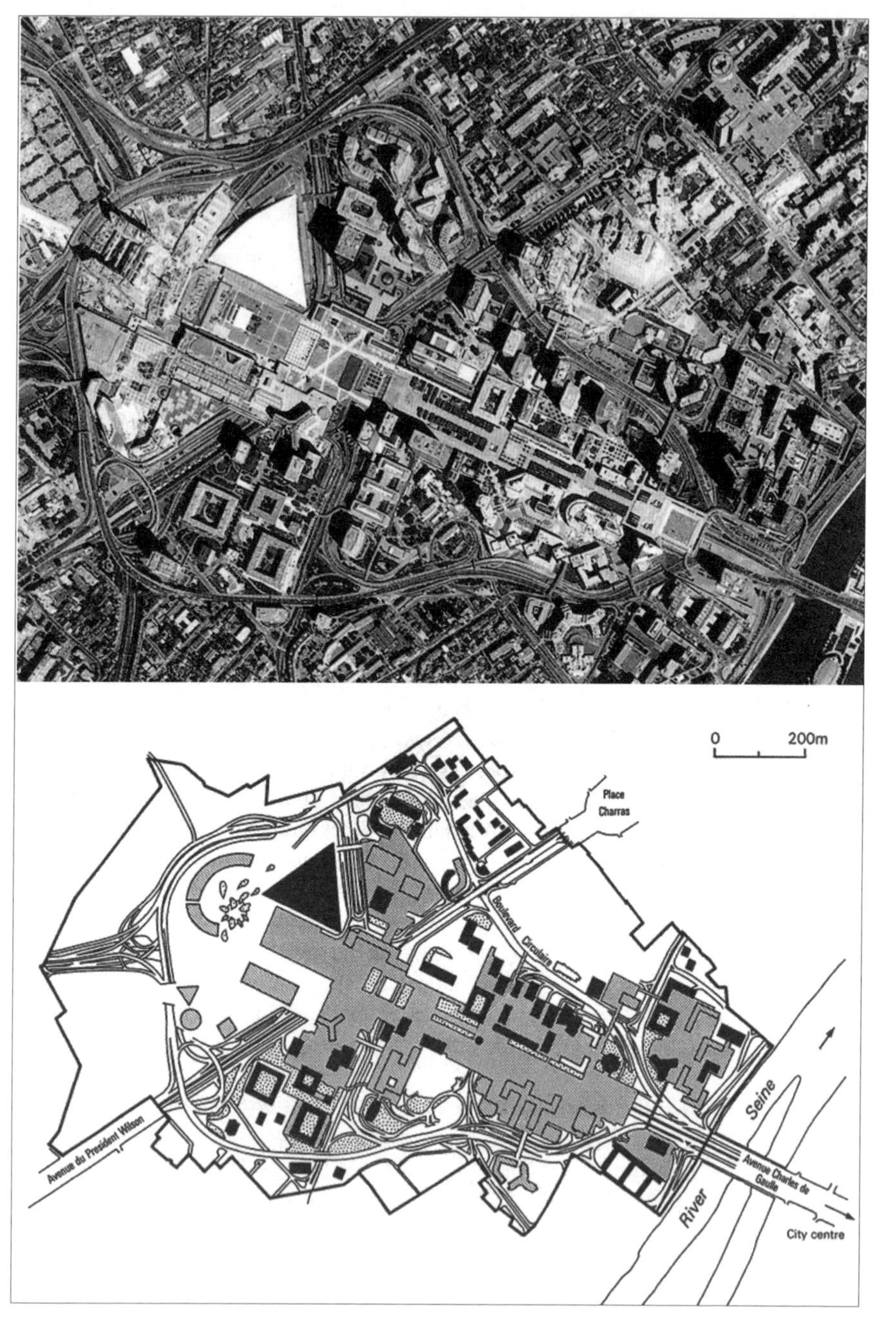

图3-89　巴黎　拉德芳斯新区平面图及全景图

反，作为一个历史上自发生长的城市，从古代直到漫漫中世纪，本无所谓城市轴线，只是从17世纪开始，经过不断的整治，才逐渐在纷乱的旧城中，理出一点头绪。也就是说，作为基础条件，巴黎显然不如北京。

但从演变的角度来看，北京自从明清两代定型之后，除了天安门广场的改建和向北延伸的北轴线外，在中轴线上并没有更多的拓展。相反，原有的城市空间特色和轴线体系却在迅速消失。作为中轴线烘托的外围城墙及东西对称布置的城门及角楼先后拆除，自东四至磁器口和自西四至菜市口两条辅助轴线上的标志物（牌楼、城门）也荡然无存，甚至位于中轴上的前门桥、牌楼及正阳门瓮城也不复存在。城市固有的特色和原来的优势逐渐丧失。难能可贵的是，北京意识到这一问题的严重性，提出了中轴线申报世界遗产，加强中轴线保护行动方案。而巴黎的城市轴线却从无到有，处在不断丰富与积累的过程中，不但越积越多，且保留了各个不同时期的作品，体现了历史发展的延续性。如卢浮宫为16世纪的建筑，卢森堡宫建于17世纪，协和桥属18世纪，凯旋门广场和协和广场成于19世纪，夏约宫已进入20世纪，等等。

由于这样一些历史和现实的背景，两座城市在城市轴线及空间形态上的差异也很明显。

从总的规划体制上看，由于北京是一次规划建成，加上城市所在地形比较平坦，因而轴线及街道格网均为正向布置，布局严整、气势恢宏；巴黎则不同，由于城市位于被主要河流一分为二的一片地势起伏的丘陵地带上，各轴线是在自发形成的不规则城市基础上逐渐改造而成，因而除了一段不长的正对天文台的卢森堡宫轴线因是最初本初子午线的通过地为正南北向外，其他包括卢浮宫至拉德芳斯新区的主要轴线在内都不是正向，有的轴线大体与河平行，如主轴线，有的则在不同地点与河正交，如夏约宫—华沙城堡广场—伊埃娜桥—埃菲尔铁塔—战神广场公园—军事学院轴线及大宫和小宫—亚历山大三世桥—荣军院广场—荣军院（圣路易教堂）轴线。除了最短（不足1公里）的波旁宫—马德兰教堂轴线与城市主轴是成直角正交外，轴线之间也很少有正交的关系。从平面图上看，这些轴线可说是方向各异、长短不一，既无规律可言，彼此间也看不出有多少对应关系，很多干脆就是孤立的一小段，和北京左右对称、前后呼应的布局完全无法相提并论。

不过，尽管从平面看巴黎的这些轴线没有多少规律，但从实际景观来看，则是另一番气象。巴黎轴线主要由道路组成，本身具有开放的特点，通透性很强。站在卢浮宫院内的小凯旋门下极目远眺，可通过丢勒里花园和协和广场，一直看到戴高乐广场上的大凯旋门，从大凯旋门处又可以看到拉德芳斯新区的天际线（图3-90、图3-91）。而北京中轴线上的主要建筑群（如故宫、景山）大都采用院落式布局，中轴本身并不能自由穿行，相对来说比较封闭。这种情况直接影响到人们对轴线上建筑的认知程度。清华大学学生在1988年底对中轴线上的建筑物做了一次调查，在回收的问卷中仅有五分之一（发出140份问卷，仅回收40份）大略勾勒出中轴线的形象（包括用文字）。其中知名度最高的建筑是故宫和天安门广场（达95%）；从故宫向北，知名度逐渐下降，知道钟鼓楼的

图3-90　巴黎　自戴高乐广场凯旋门顶上西望，前景为构成城市东西向主轴西段的雄师大街和戴高乐大街，远处可看到作为这条轴线终点的拉德芳斯新区巨门

图3-91　巴黎　自卢浮宫院内小凯旋门西望（远处可见位于高处的大凯旋门）

已不足40%。因封闭空间造成的遮挡与交通不便显然是造成建筑识别率低的根本原因。

同北京相比，巴黎各轴线的关系虽然从平面上看去有些凌乱，但实际上还是尽可能地利用了对景和借景的效果。如夏约宫—埃菲尔铁塔—军事学院轴线虽然和城市主轴在平面上没有任何交会关系，但都以拉德芳斯新区作为远景（图3-92），大宫和小宫—荣军院轴线和主轴线虽然只是斜交，但巧妙地通过跨越塞纳河的亚历山大三世桥以荣军院圣路易教堂的穹顶作为对景。轴线本身各种元素的开敞效果，和这种在有限条件下进行的精心组织结合在一起，极大地丰富了城市的景观（图3-93、图3-94）。站在协和广场中央的方尖碑旁，向各个方向望去都能看到激动人心的景色：在北面，通过近景的喷泉雕刻，可以看到广场边上加贝里爱尔设计的两个完全对称的华美府邸，它们中间的王室大道正对着马德兰教堂的宏伟立面；南面，塞纳河对岸的波旁宫与马德兰教堂遥相呼

图3-92　巴黎自埃菲尔铁塔远望，前景为塞纳河、夏约宫及前面的喷泉，远处可看到作为轴线对景的拉德芳斯新区塔楼

应，在它的一边，远景天空上显现出埃菲尔铁塔的巨大侧影；东面，通过夸瑟沃克斯“飞马上的墨丘利”等两组动态鲜明的大理石雕塑，可以看到丢勒里花园里面的水池、草地、喷泉和雕刻；西面，宽阔的香榭丽舍大街渐次升起，巨大的凯旋门雄踞在它的尽端高处。所有这些群体效果都给人们留下了难忘的印象。

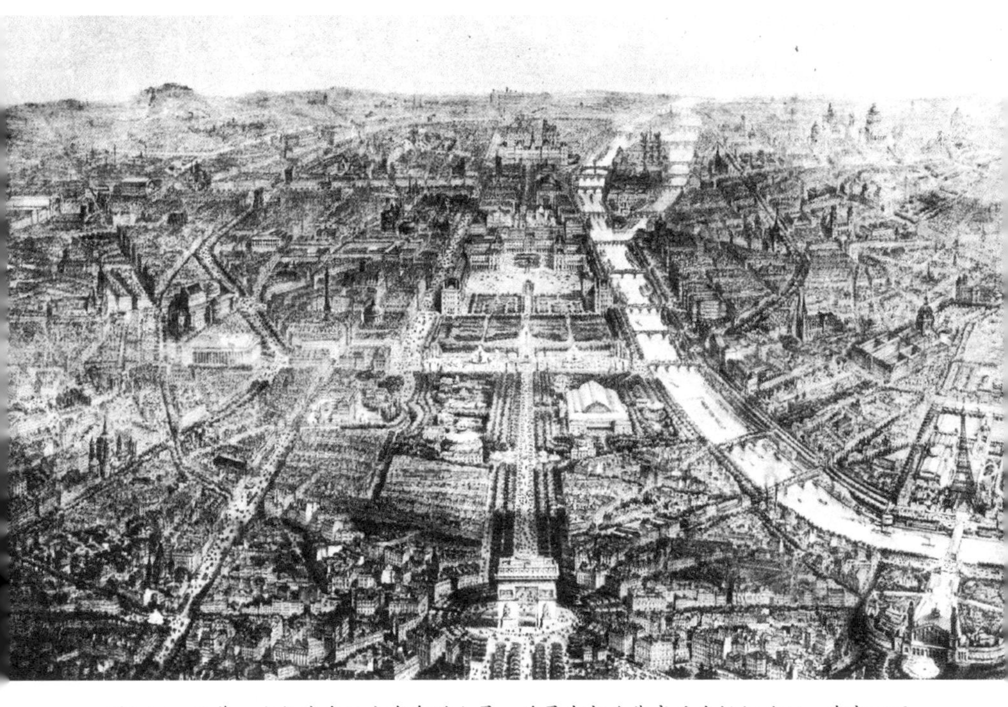

图3-93　巴黎　主轴线自西向东鸟瞰全景。前景中部为戴高乐广场凯旋门，中部可见协和广场和与之正交的马德兰教堂至波旁宫轴线，远景为卢浮宫；右侧为西岱岛及巴黎圣母院；右下角可见夏约宫至埃菲尔铁塔轴线

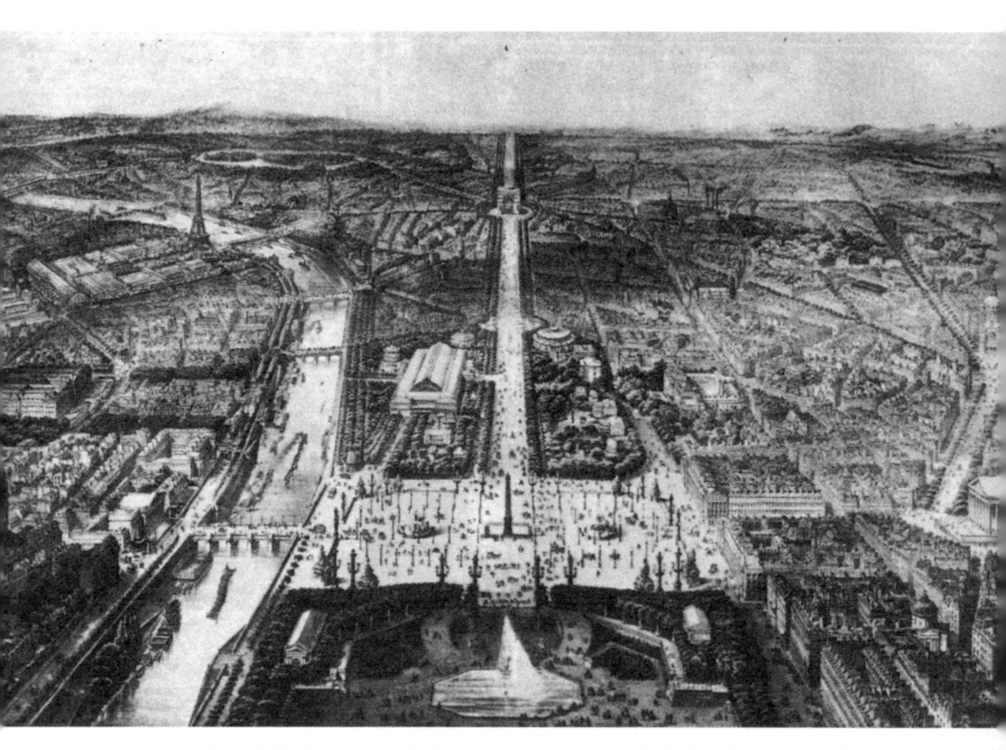

图3-94　巴黎　主轴线自东向西望全景。前景为丢勒里花园及协和广场，广场左侧（与之跨河相对）为波旁宫，右侧图边为马德兰教堂；远处可见大凯旋门

第四章　高度控制和城市轮廓线的保护

第一节　北京的建筑高度及其控制

一、城市轮廓线及高度控制的变化

城市天际线是城市总体形象的重要内容，它给人以城市总的形象概念并展示着城市的景观特性。自元代开始直到清代，北京城的布局在“皇权至上”的思想统治下，逐步形成了以皇城和故宫为中心的平缓开阔的水平轮廓线。旧城内普通百姓的住房被严格限制在两层以下，店铺可为两层或三层，皇宫和庙宇中的建筑高度则不受限制。元代时，金代大宁宫所在的琼华岛更名为万寿山，它不仅是自然风景的中心，也是全城的制高点。明代永乐年间营建北京城时，将挖掘紫禁城护城河的泥土堆在城正北方，取名为万岁山，东西长约400米，南北宽220米左右，高达42米，山上万春亭成为新的全城制高点。清代，万岁山改名为“景山”，依然是全城最高的处所（图4-1）。新中国成立前，北京城变化不大，中轴线上的建筑物无论从平面位置还是从建筑高度上看，都占据着无可争议的重要地位（图4-2）。在北京市区内，景山、钟鼓楼与北海上的琼华岛白塔、天坛祈年殿与妙应寺白塔（图4-3）遥遥相望，成为城区平缓廓线上的几个制高点，并形成了鼓楼至德胜门、景山和北海白塔等多组城市制高点的对景关系（图4-4、图4-5）。

图4-1　北京　旧城制高点——景山

图4-2　20世纪30年代中轴线景观，上为从千步廊、天安门、故宫看景山方向，下为从景山上看故宫轮廓线

图4-3　妙应寺白塔及其周围地区风貌，上为现状照片，下为20世纪30年代风貌

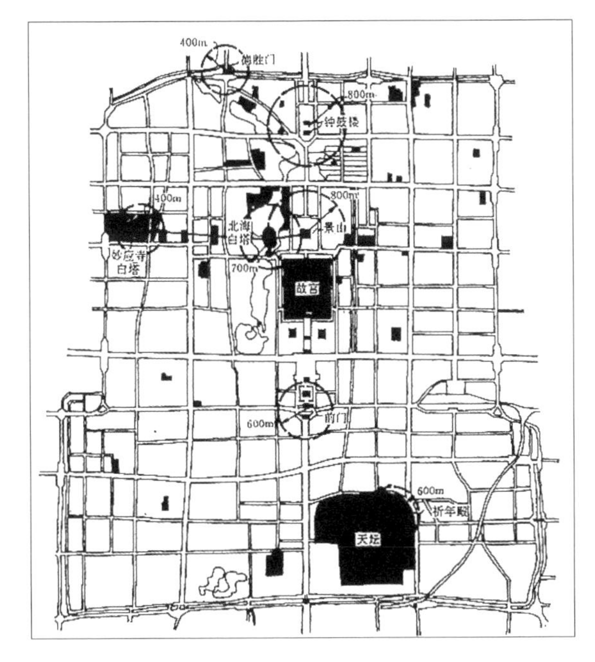

图4-4　北京　旧城区制高点视觉关系示意图

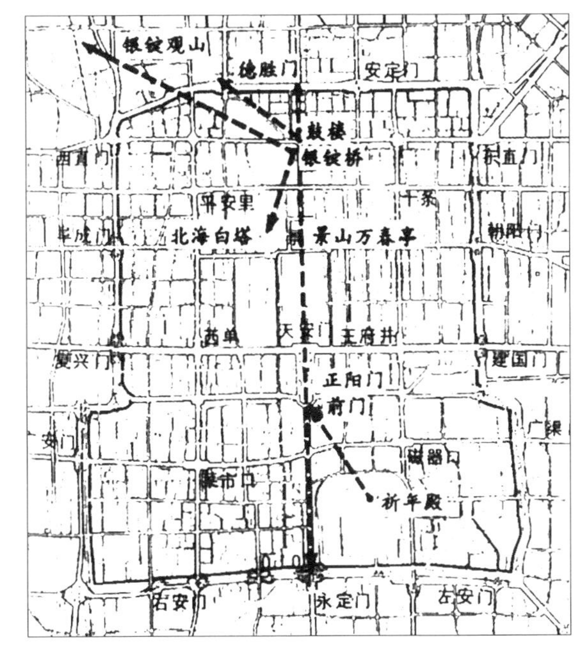

图4-5　北京　旧城区景观视廊

在古代，北京城建筑高度控制得非常严格，城市轮廓线丰富多样。故宫位于旧城的中心，城内最重要的建筑被一条中轴线贯穿，高大的宫殿、牌楼、城楼、城墙、城门、庙宇、民居主次分明，错落有致，构成完整的城市格局，著名城市规划专家董光器把北京旧城传统城市空间格局的特点概括为十六个字，即“平缓开阔、对称有致、节律有序、轮廓丰富”。

北京城的建筑色彩控制得也非常严格。整座城市的色彩格局明确有序，根据建筑功能的不同，色彩使用也有所不同，故宫整体基调以黄、红色为主，红墙黄瓦，朱门金钉，体现出皇家建筑的威严；颐和园以绿、灰、棕色为主；四合院以青灰色为主。皇城红墙黄瓦，民居胡同灰瓦灰墙，整体城市外素内彩，可以用“红黄金碧、灰瓦素城”来概括。

中华民国期间，提出了对新建建筑高度进行控制的要求。据《1900—1949年北京的城市规划与建设研究》记载，1936年，时任北平（北京）的最高军政长官宋哲元颁布了《建筑房屋暂行规定》，明确“居住稠密区，概不准建筑高楼；建筑楼房，须于地方空阔之处，楼址周围需有三丈宽之空院，起最高度以两层为限，但须在十米以下；工厂如有设备上之必要，需建相当高楼，得于郊外觅定地点，不得在城防以内；外商建筑，亦应同样限制，以昭划一。”这也是目前有据可查的关于北京旧城内建筑限高的首份文件。

著名作家老舍在他的名篇《想北平》中写道：“北平的好处不在处处设备得完全，而在它处处有空儿，可以使人自由地喘气；不在有好些美丽的建筑，而在建筑的四围都有空闲的地方，使它们成为美景。”“巴黎，据我看，还太热闹。自然，那里也有空旷静寂的地方，可是又未免太旷；不像北平那样既复杂而又有个边际，使我能摸着——那长着红酸枣的老城墙!”“论说巴黎的布置已比伦敦、罗马匀调得多了，可是比上北平还差点事儿。北平在人为之中显出自然，几乎是什么地方既不挤得慌，又不太僻静：最小的胡同里的房子也有院子与树，最空旷的地方也离买卖街与住宅区不远。”

新中国成立初期，对在北京旧城内是否建造高层建筑有过两种截然不同的观点。对高层建筑持肯定意见的以苏联专家为代表，如阿布拉莫夫就认为："看不出天安门广场要建两三层房屋而不建五层楼房的理由，莫斯科克里姆林宫附近开始建了三十二层的房屋，但克林姆林宫并不因与这所房屋毗邻而减色，为什么北京不建五六座十五至二十层的房屋。现在城内只有北海的白塔和景山是最突出的。为什么城市一定要平面的，谁说这样很美丽。"㊀

对建设高层建筑持反对意见的群体以梁思成为代表，他主张北京旧城建筑物最多只能建两三层，不能超过故宫或城墙，天安门广场上新建筑物的高度不能超过天安门的二重檐口。1953年确定行政中心建在旧城后，梁先生的看法虽有所修正，认为"北京的房屋一般以两三层为原则，另一些建筑可以高到四五层、六七层……"但仍然强调要"有计划、有限度地建造"高楼。

这场争论并没有明确建筑高度控制的方向，对北京城市轮廓线的保护也未采取任何措施。直到20世纪60年代初才开始提出建筑高度控制的问题。1960年1月，周恩来总理在听取北京城市建筑高度规划汇报时指出，北京的建筑不要建得太高。但对于具体建筑体量，人们并没有清晰的概念，当时提出的控制高度为100米左右。但当听取规划局的同志汇报了天安门、景山、民族宫、北京展览馆（当时称"苏联展览馆"）、广播大厦和军事博物馆等建筑的高度后，周总理表示，定100米可能太高了，要重新具体研究一下。1974—1975年，周总理亲临北京饭店东楼建设现场，乘施工电梯直登楼顶视察城市环境，并且再一次提出，北京应有一个控制建筑高度的规定，比如旧城以内新建筑的高度不要超过45米，旧城以外新建筑的高度不要超过60米。北京饭店是当时内城核心部位第一栋高层建筑（图4-6）；但由于当时城市空间的矛盾还不是十分突出，加上当时的社会环境，北京建筑高度的规划控制以后一直没有进展。直至1985年，在学术界的呼吁下，首都建筑艺术委员会和北京市规划局才提出《北京市区建筑高度控制方案》（图4-7），由首都规划建设委员会正式颁布实施。《方案》从保持旧城格局严整、建筑平缓、空间开朗的风格出发，要求新的建筑与之协调，对不同地区视其与风格保护

㊀ 转引自董光器：《北京规划战略思考》，p.109。

的关系，分别规定了不同的高度控制指标，分别为：

1. 旧城内，故宫周围为绿化和平房区；南锣鼓巷、西四北至八条胡同地区为四合院平房保留区；东西琉璃厂和大栅栏为保留一、二层建筑的传统文化街和商业街。

2. 皇城以内，以故宫为中心两侧建筑依次不得超过9米、12米和18米。皇城以外、东西两侧建筑分别依次划为不超过18米、30米、45米地区；北侧后三海地区建筑定为9米，东西两侧为18米。自中轴线两侧由内向外升高。

3. 外城除前门两侧与天坛周围建筑不超过18米外，其他地区建筑依次不超过30米和45米。

4. 近郊大部分为建筑不超过60米地区，颐和园、圆明园、香山、八大处等风景区附近为平房区、9米、18米和30米限高区。卢沟桥附近旧宛平成内外建筑依次为不超过9米、18米地区。机场附近根据空域要求分别规定建筑不超过9米、18米与30米。

5. 北中轴线两侧、天坛南部、德胜门周围以及土城、动物园、紫竹

图4-6 北京 20世纪70年代从景山俯瞰故宫，左边远处即北京当时的第一栋高层建筑——北京饭店，右边可看到人民大会堂

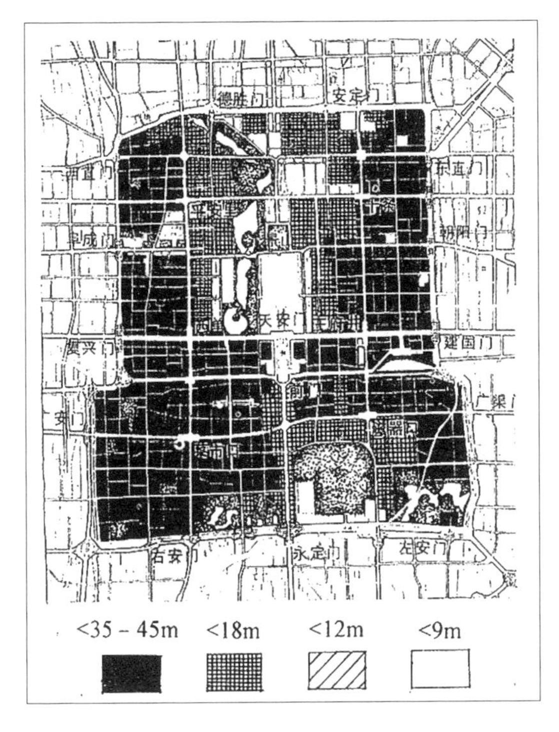

图4-7　北京　1985年《北京市区建筑高度控制方案》

院附近也分别规定了建筑高度控制要求。并对建筑高度的计算及具体执行方法，与文物保护、防火、防空、防震、微波通信、航空净空等有关规定的协调等问题做了说明。

《方案》并没有全面考虑问题，工作深度也不够，特别是皇城内竟有建筑高度控制达18米的地区，显然不妥。实施后许多规划、建筑及学术界人士认为应予修改。如1988年第12期《建筑学报》上就有刘燕一篇文章《北京旧城分区保护整治规划——对建筑高度和容积率的探讨》对45米和30米这两个高度控制地区提出了异议。文章认为45米的建筑体量过大，相当于十五层的楼房，与传统四合院的风貌很难协调；同时45米控制范围也过大，占据了旧城面积的三分之一，建造之后，将使旧城的空间缩小一半，使街道成为高楼中没有阳光的“过道”。关于30米地区，文章指出，1985年《北京市区建筑高度控制方案》规定的30米地区是旧城的腹地，紧靠核心地区，一旦实现，将使故宫及少数平房保留区变成高楼中的深谷；由于45米和30米控制地区的总和达到旧城总面积的三分之二以上，城市传统风貌将不可避免地遭到破坏。刘燕指出，在二环路以内不宜出现高层建筑，应以多层和低层建筑为主，建筑高度控制可分为四种，即6米、9米、12米和15米。文章还根据地区文物精华和传统建筑保留的程度及体型环境等特点将北京旧城分为五类地区（图4-8）：一类为文物精华集中地区；二类为传统建筑保留较完整的地段；三类为建筑混杂区；四类为建筑质量普遍较差的地区；五类地区以多高层为主。

在这种形势下，1987年北京市在分区规划编制过程中，对旧城区建筑高度控制作了进一步调整（图4-9），除二环路前三门大街和长安街两侧以及外城东西两侧仍分别控制在不超过30米、45米外，其余地区把建筑高度分别降为不超过6米、9米、12米、18米。对旧城建筑高度控制提出了更严格的要求。

1990年，北京市政府颁布了二十五个街区为“历史文化保护区”，对国子监街、牛街、琉璃厂、大栅栏、东交民巷等一批代表传统文化、民族特色与特定时代的街区提出整体性保护要求。

1991年至2010年北京城市总体规划也把建筑高度控制作为保护历史文化名城的一项重要内容：“长安街、前三门大街两侧和二环路内侧以及

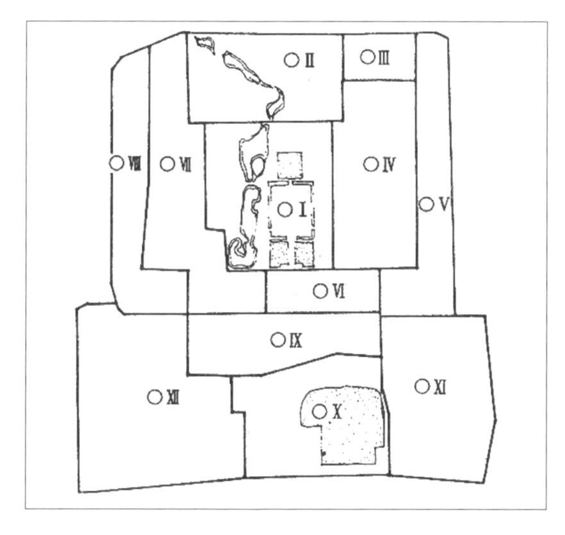

图4-8　北京旧城保护分区建议（刘燕）：OⅠ、OX为一类地区；OⅡ、OⅢ、OⅨ为二类地区；OⅣ、OⅦ为三类地区；OⅤ、OⅧ为四类地区；OⅥ、OⅪ、OⅫ为五类地区

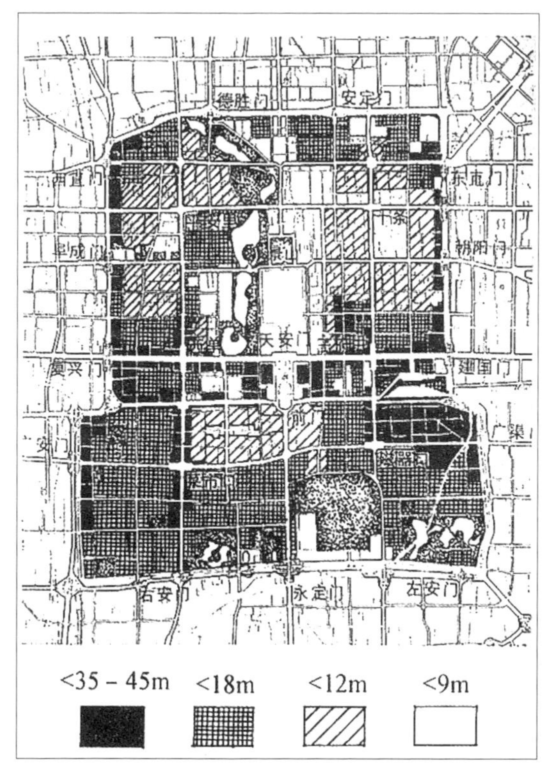

图4-9　北京　1987年修改的《北京市区建筑高度控制方案》

部分干道的沿街地段，允许建部分高层建筑，建筑高度一般控制在30米以下，个别地区控制在45米以下”。

北京市中心地区的规划范围主要包括四环以内约324平方公里的地区。1999年，北京市颁布实施了《北京市区中心地区控制性详细规划》，该控规重点进行了上述地区用地的调整置换，将用地功能划分为十大类二十四中类，暂未划分到小类。此次控规主要采用建筑限高、绿地率、建筑密度、容积率等规定性指标和居住人口容量指标，对用地进行了全面、多方位的开发强度控制和环境质量控制。

总的来看，该控规将中心地区建筑高度控制分成若干档次，以控制高度来控制开发强度。为了保护旧城区传统的城市空间格局，维护平缓开阔的城市空间形态，建筑高度控制以故宫和皇城为核心逐步向外提高，共分为十个等级：二环以内分为七个等级，即原貌保护区、9米控制区、12米控制区、18米控制区、24米控制区、30米控制区、45米控制区；二环以外增加了60米控制区、80米控制区、100米控制区三个等级。在此前提下又规定行政办公区建筑最大控制高度为50米，商业金融区建筑最大控制高度为100米等。旧城内对沿干道建筑的高度控制，一般比在街区内建筑高度控制提高一至两个等级。

具体而论，市区范围内，划分了如下几个高度分区：

1. 文物保护单位附近地区。按照文物保护单位建设控制地带的规定及其附近的具体情况，严格控制建筑高度。

2. 皇城以内地区。按照城市总体规划定为原貌保护区，范围内基本只许建一层平房，从历史文化保护区的角度来看也应严格控制建筑高度（图4-10）。

3. 旧城内城以内地区。建筑高度控制从平房逐渐提高到9米、12米、18米、30米，个别地段可达45米。

4. 旧城外城以内地区。除天坛等文物保护单位和历史文化保护区要按照规定控制外，不受影响的地段建筑高度最高允许建到35米、45米。

5. 二环路外侧至三环路两侧地区。建筑高度一般控制在60米。

此外在一般情况下，考虑在三环路以外地区，建筑高度可以控制在90米，个别地点还可建得更高一些。村镇建筑，除有保护要求或当地农民生活实际需要者外，鼓励建多层建筑，以节约土地。

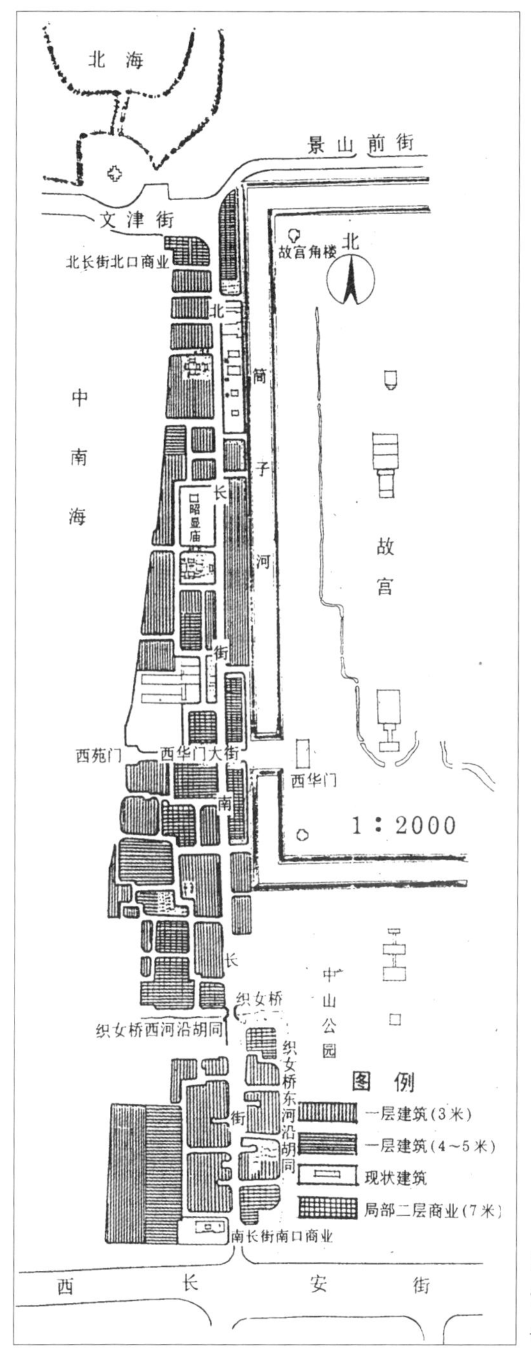

图4-10　北京　皇城内紧邻故宫的南、北长街地区（严格控制区，基本为一层建筑）

二、高度控制

1993年国务院正式批复了《北京城市总体规划》。尽管有关建筑高度控制的条文依然不尽如人意，特别是只有一些原则规定，缺乏详细规划的深度，作为规划管理的依据还有一定的难度，但和以前相比，毕竟有了一些进步。然而令人遗憾的是，即使是这些规定也未能得到认真贯彻。

由于旧城所处的区位优势，20世纪90年代末旧城的保护工作可以说是面临着十分严峻的形势。规划工作者在总结20世纪80年代经验基础上拟订的旧城建筑高度控制规定，2000年前后已几乎被全面突破。20世纪90年代，大型商业和购物中心以及金融街的建设严重影响着旧城保护，旧城中原有制高点的统率作用已不复存在（图4-11）。这些项目，以商业、服务业、第三产业为名，“合理地”长驱直入进军城区。王府井大街连续建设的商场、商厦和出租办公楼等，把原规划控制的30米限高提高到45米左右；西二环东侧的金融街也把原规划控制的30米高度提高到60～80米，而且是一个巨大的建筑群（图4-12）。从1995—2000年审批建筑的实际情况来看，问题十分严重。根据不完全统计，以一般审定高度和总体规划规定的原则高度相比，不少项目都高出了一或两个档次（图4-13），如恒基中心高达110米，已是规划限高的两倍多。

不但内城新建筑物的高度突破限高，就连北京旧城最精彩的部位——中轴线上的高度也控制不住，景山至钟鼓楼的景观视廊很早就

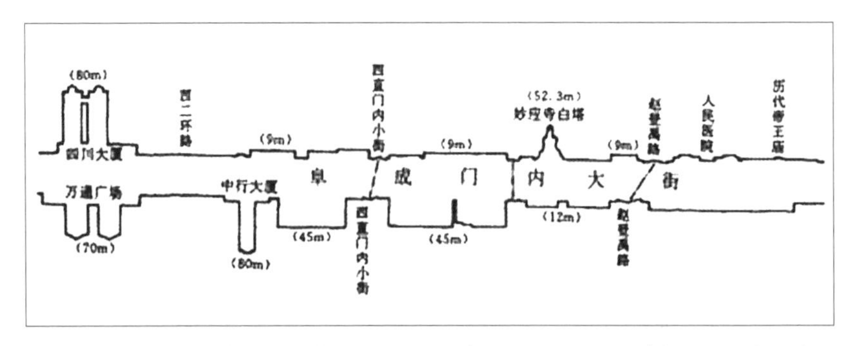

图4-11　北京　白塔寺地区，高52.3米的妙应寺白塔周围已开始建起了若干高层建筑（四川大厦80米、万通广场70米、中行大厦80米）

图4-12　北京　金融街巨大的建筑群

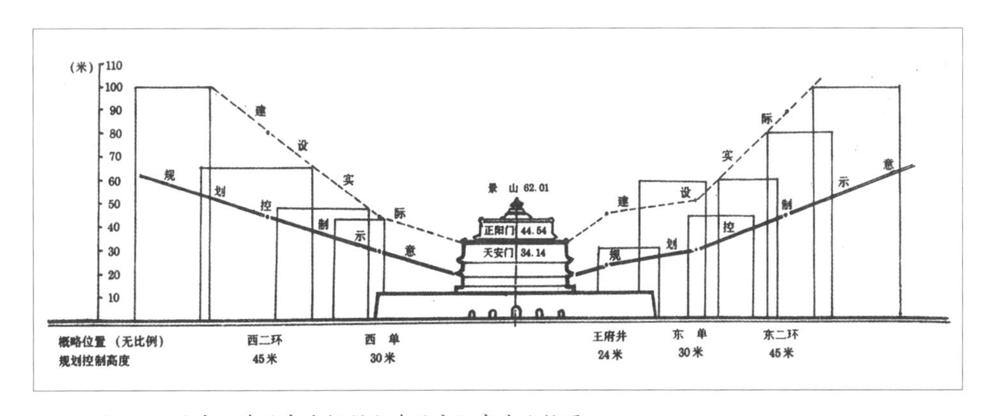

图4-13　北京　建筑高度控制和建设实际高度比较图

被住宅的两个大屋顶破坏（图4-14）。多年前在讨论北京城的建筑高度时，戴念慈先生鉴于新北京饭店的历史教训，曾建议把北京旧城建设高度控制的最低标准，定为在故宫太和殿的广场范围内要保持一片蓝天，看不到突起的高层建筑。但从目前情况来看，东方广场建成后，这个体量达70多万平方米、将原规划控制的30米高度提到70多米的庞然大物的建筑轮廓，突现在太和殿广场视域范围内东南一隅。可以说，北京“以故宫、皇城为中心，分层次控制建筑高度”的原则已在很大程度上落空。

2004年，北京在制订《北京城市总体规划（2004年—2020年）》，即第五版总体规划时延续了上版总体规划的思想，限定旧城建筑高度的原则得以继承。提出“应进一步加强旧城的整体保护，制定旧城保护规划，加强旧城城市设计，重点保护旧城的传统空间格局与风貌”“分区域

图4-14　北京　左图为20世纪20年代景山至钟鼓楼视廊，右图为20世纪50年代同一角度景观，其间多了住宅的两个大屋顶

严格控制建筑高度，保持旧城平缓开阔的空间形态”“应通过城市设计提出高度、体量和建筑形态控制要求，严禁插建对景观保护有影响的建筑”等要求。

2006年，为落实《北京城市总体规划（2004年—2020年）》相关内容，北京市政府编制了新一版的《北京中心城控制性详细规划》。其中第三章第十六条明确了对旧城内建筑高度的控制：保护旧城平缓开阔的传统空间尺度，以故宫、皇城、传统中轴线为中心，分五个区域严格控制建筑高度。分别为：文物、保护区及平房区（约占44%）、低层限制建设区（约占3%）、多层限制建设区（约占27%）、多高层限制建设区（约占10%）、高层限制建设区（约占16%）。此外，再一次明确“高层限制建设区内新建建筑不得超过45米”。

但是，进入21世纪以来，北京的高层、超高层建筑层出不穷。例如，位于中央商务区（CBD）的中央电视台总部大楼、中国国际贸易中心、北京中信大厦等均为大型超高层建筑，总建筑高度均超过200米，尤其是北京中信大厦，建筑高度超过了500米。

在对北京旧城建筑高度控制方面，《北京历史文化名城保护规划》《北京旧城25片历史文化保护区保护规划》《北京皇城保护规划》《北京城市总体规划（2016年—2035年）》《首都功能核心区控制性详细规划（街区层面）（2018年—2035年）》等都作了全面的规定，成为北京城市规划管理审批的重要依据。

2016年，《北京城市总体规划（2016年—2035年）》以更为宏大的视野看待北京历史文化名城保护，明确指出“北京历史文化遗产是中华文明源远流长的伟大见证，是北京建设世界文化名城的根基，要精心保护好这张金名片，凸显北京历史文化的整体价值”，提出了“加强老城整体保护”的要求，其中，“分区域严格控制建筑高度，保持老城平缓开阔的空间形态”成为“坚持整体保护十重点”任务之一，并就“加强建筑高度、城市天际线、城市第五立面与城市色彩管控”提出更为具体的要求。“加强建筑高度整体管控，严格控制超高层建筑（100米以上）的高度和选址布局。加强中轴线及其延长线、长安街及其延长线的建筑高度管控，形成良好的城市空间秩序。加强山体周边、河道两侧建筑高度管控，创造舒适宜人的公共空间。”可见，严格控制建筑高度已成为本次规划的重要要求之一。

2021年1月27日，北京市第十五届人民代表大会第四次会议通过了《北京历史文化名城保护条例》，对2005年的条例进行了修订完善，该条例再次强调了建筑高度控制要求，即“本市以连线、成片方式对保护对象实施整体保护，对保护对象周边传统风貌、空间环境的建筑高度和建筑形态、景观视廊、生态景观以及其他相关要素实施管控。”“在历史文化街区、名镇、名村和传统村落的建设控制地带内新建、改建、扩建建筑物、构筑物的，应当符合保护规划确定的建设控制要求，严格控制建筑物、构筑物的高度、体量、色彩、容积率等，与核心保护范围风貌相协调。”

2022年5月25日，北京市第十五届人民代表大会常务委员会第三十九次会议通过了《北京中轴线文化遗产保护条例》，自2022年10月1日起施行。该条例再次强调了中轴线附近的建筑高度控制，要求“按照规划要求，严格管控建筑高度、建筑体量、建筑色彩、第五立面形式等，保证景观视廊内视线通畅与景观协调，维护平缓开阔的城市空间形态，突出北京中轴线的空间统领地位”。

2022年7月12日，国家发展和改革委员会发布《“十四五”新型城镇化实施方案》重申了加强城市风貌管控和超高层建筑建设控制的要求，即“推动开展城市设计，加强城市风貌塑造和管控，促进新老建筑体量、风格、色彩相协调。落实适用、经济、绿色、美观的新时期建筑方针，治理贪大、媚洋、求怪等建筑乱象。严格限制新建超高层建筑，不得新建500米以上建筑，严格限制新建250米以上建筑。”

第二节　巴黎的建筑高度及立面控制

一、城市轮廓线及高度控制

早在18世纪巴黎已开始对建筑高度实施控制。当时所采取的方法主要是预先假定一条沿街的建筑线，然后再根据街道的宽度控制建筑高度，并采用最大高度限制法来控制建筑高度。例如，当时规定新的石构建筑地面至檐口线最大距离不得超过20米。尽管以后控制高度不断修改，但这种用最大高度来控制建筑的方式一直沿用至今。

值得注意的是，因为只控制檐口高度，而不是屋顶，因此，建筑屋顶轮廓线的形状对于高度的影响遂变得非常明显。1784年，顶楼被限制在一个与街道成45° 斜角的范围内，可高出檐口以上4 ~ 5米。1859年修订后的法规保持了和以前同样的建筑轮廓线，但高度却有所增加。1884年，巴黎的城市法规又进行了修改。尽管地面至檐口的最大距离依然为20米，但屋顶轮廓线的变化却引起了总建筑高度的增加。法规规定，顶楼轮廓线由一个圆弧确定，其半径为街宽的二分之一（最大不得超过8.5米）；其结果是，在较宽的街道上，建筑总体高度可由原来的25米提高到28米。1902年，法规又进行了进一步的修改，将确定顶楼轮廓线的圆弧最大半径扩大到10米，这个曲面还可通过沿45° 角倾斜的屋面加以延长。新的法规还绘制了最大檐口高度的详表，其中包括20种街道类型，其宽度从1米至20米不等。这个法规除了使狭窄街道上的建筑高度有所降低外，对于主要街道而言，建筑总高度又有了大幅度增加。原来按照20米檐口高度控制的建筑物加上一个巨大的顶楼之后，总高度可达30米以上。檐口线上可以建二层甚至三层，不像过去那样只能建一层（图4-15、图4-16）。和平大街、国王大街、歌剧院大街以及卡斯蒂廖内（Castiglione）大街上的建筑都加上了新的顶楼。在里沃利街，建筑底层部分仍保持着严格的控制，而檐口线上方却加了两三层的屋顶，变得有点不伦不类。

自1784年至1902年，巴黎对建筑高度的控制总的趋势是越来越高，新建筑的轮廓线开始突现在城市各处，导致了街道立面的不协调，同时也威胁到历史街区的风貌。为了充分“利用”法规制定的高度，不仅新建筑高度在增加，老建筑也在“增高”，有的石建筑立面上又叠加了一个高达三层的锌板建筑。特别是在凯旋门附近，广场周围样式统一的建筑群中高耸着两座新旅馆的顶楼，以致有人认为，这个纪念性广场的统一和协调已被“这些美国式的巨大建筑”无可挽回地破坏了。

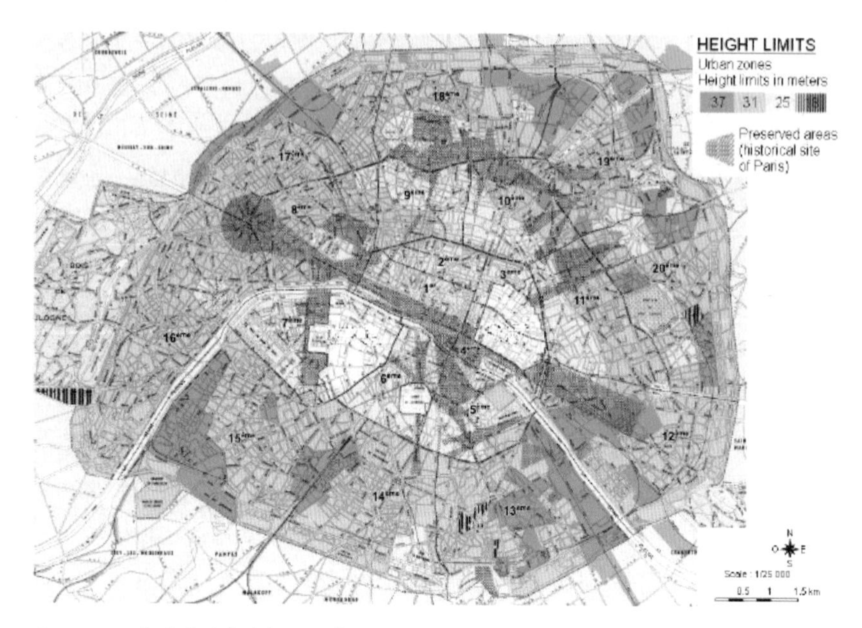

图4-15 巴黎的建筑高度控制示意图

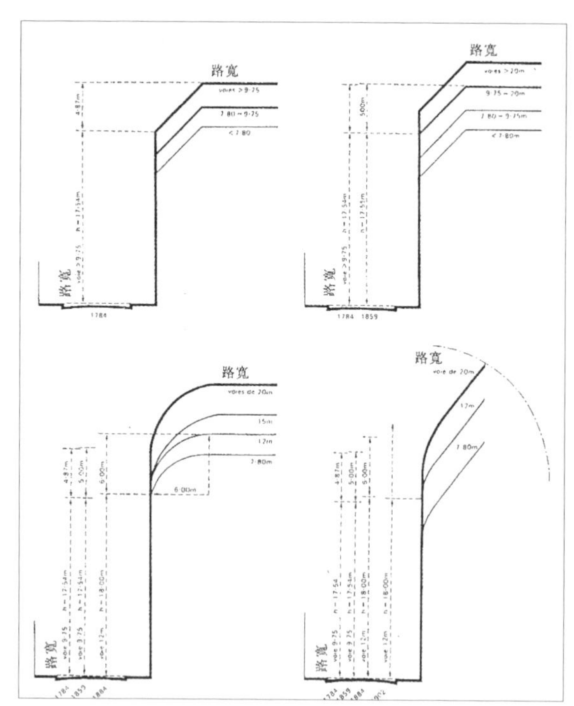

图4-16 巴黎 自1784年至1902年建筑廓线控制的演变

1907年，在要求废除1902年法规的强大压力下，法国政府开始进行修改法规的研究工作。在此期间，对于建筑高度的控制出现了两种截然不同的观点。一种看法认为，应该加强巴黎的高度控制，以此保持城市的秩序与和谐、典雅与个性，决不允许建筑师和业主们凭个人的爱好和一时的兴致进行破坏性的建设。而另一种观点认为，城市的不断发展必然导致用地紧张，解决这一问题的最佳方式就是建造高层建筑。持这种观点的代表人物之一是近代混凝土的先驱奥古斯特·佩雷。1903年，佩雷在富兰克林大街建成了一栋高达十层的公寓，这在当时的巴黎已是相当高的建筑了（图4-17）。在1905年，佩雷进一步希望用一个高层建筑带环绕巴黎，并在马约门附近建造了一座二十层高的摩天楼旅馆，他认为“巴黎的美丽并不会因此受到损害”。

这场争论的结果促使巴黎市政府在1914年对原法规做了一点文字上的修改，有关的争论实际上还在继续下去。和佩雷持类似观点的勒·柯布西耶更在他1922年发表的代表作《明日之城市》中，规划了一个300万人口的城市平面。中央为商业区，有40万居民住在24座六十层高的摩天大楼中；高楼周围有大片的绿地；有60万居民住在周围环形居住带的多层连续板式住宅内，最外围是容纳200万居民的花园住宅。平面取现代化的几何构图，矩形和对角的道路交织在一起。规划的中心思想是疏散城市中心，提高密度，改善交通，提供绿地、阳光和空间。基于同样的思想前提，在1925年为巴黎中心区做的改建设计（即伏埃森规划）中，他更将巴黎西岱岛对面的右岸地区来了个彻底改造，设计了16幢六十层的高层塔楼（图4-18、图4-19）。地面完全敞开，可自由布置高速道路和公园、咖啡馆、商店等。这个规划抛弃了传统的走廊式街道，使空间得以向四面扩展。在柯布西耶的许多方案中都可以看到展示巴黎城市建筑演变过程的一系列图画。在他看来，巴黎必须不断变化，才能形成新的生机勃勃的面貌。

在第一次世界大战结束后的1923年，巴黎的市政委员会继续对巴黎的建筑高度控制法规进行研究，并在1930年提交了一份报告。该报告明确了巴黎建筑高度控制的主要思想，指出：“就城市的总体面貌而言，巴黎必须保持自己的特点、自己的章法、自己的秩序和韵律的质量。因

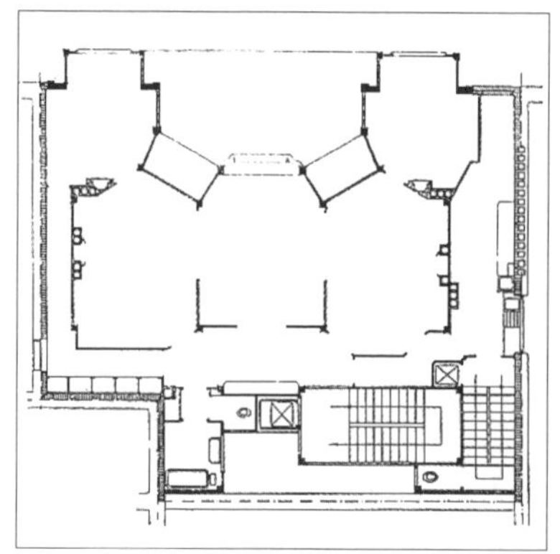

图4-17　巴黎　富兰克林大街公寓（奥古斯特·佩雷设计，1903年）

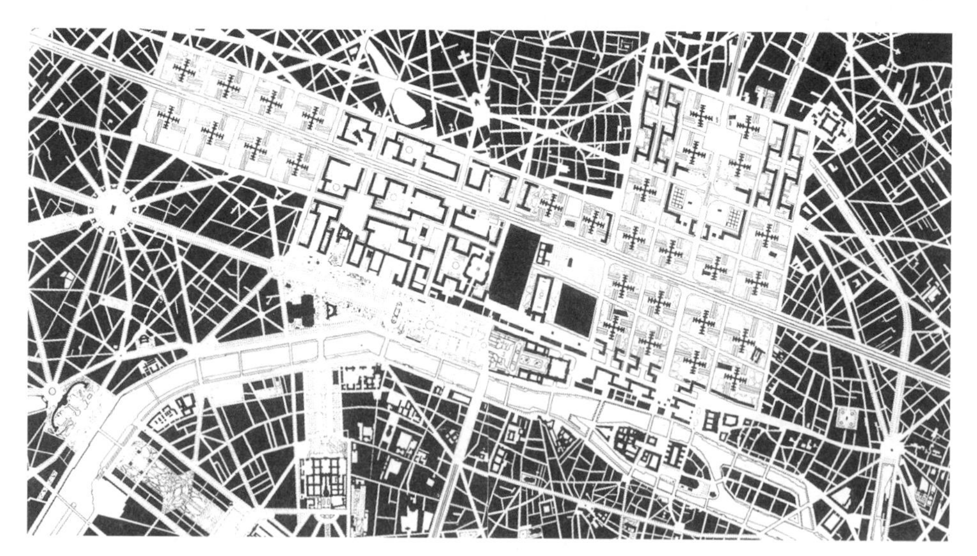

图4-18　勒·柯布西耶的巴黎改造设计：图中圆形为戴高乐广场，右下部为城市发源地西岱岛

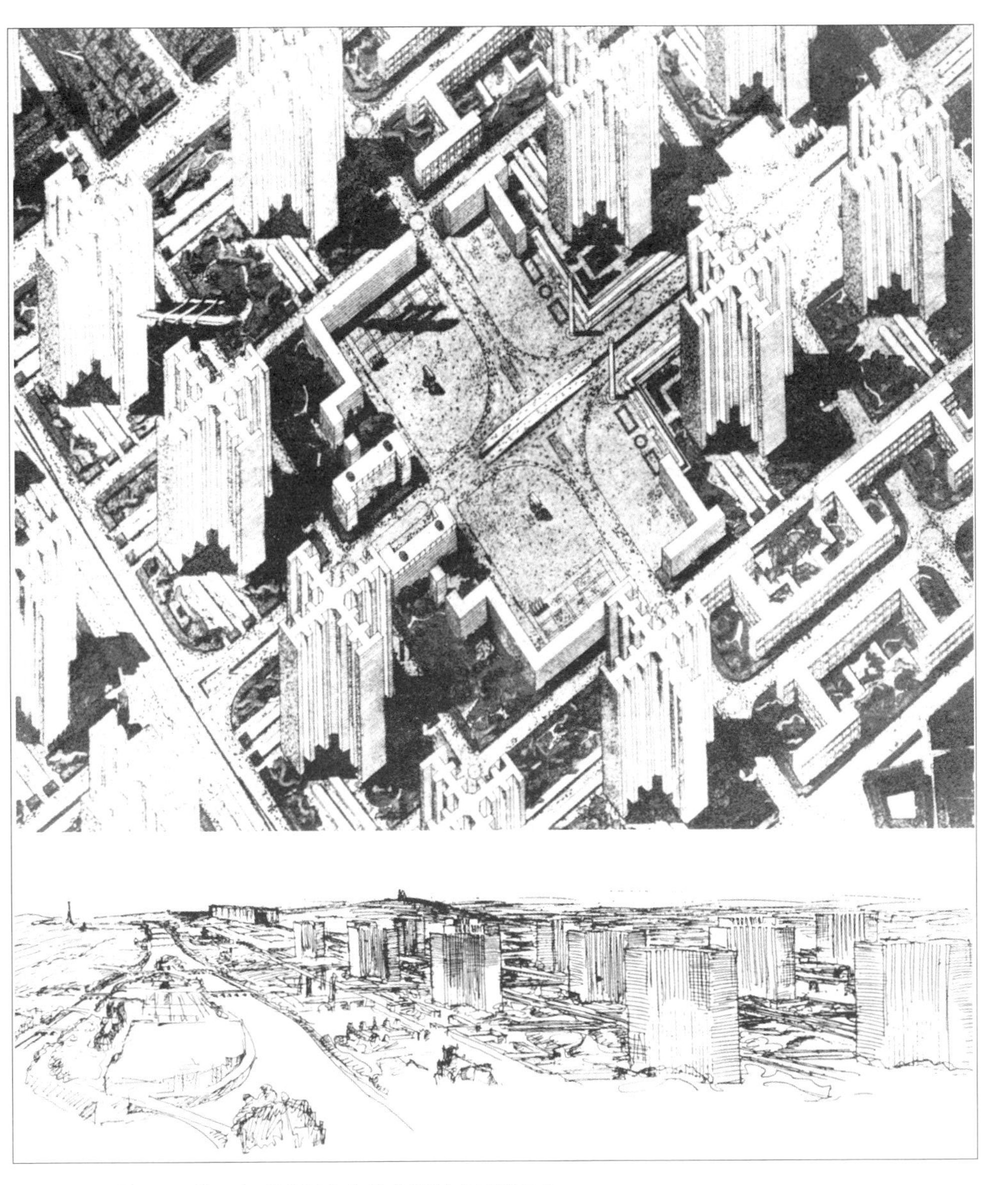

图4-19　勒·柯布西耶的伏埃森规划（1925年）

此，像那种给某些外国城市带来吸引力的过高的建筑应该毫无例外地予以禁止……理智告诉我们，巴黎应该保持和以前一样的高度秩序”。至此，明确否定了在巴黎建造高楼的可能性，柯布西耶雄心勃勃的巴黎中心改建计划也只好束之高阁。

尽管巴黎当局明确了建筑高度控制的方向，但在具体的控制措施上并未取得共识。20世纪60年代，随着新法规的颁布，有关争论又再次掀起。1961年，巴黎颁布了新的综合法规，随后又被纳入1967年的城市规划指导方案中去。这个法规受到了现代建筑运动的影响，指出城市的肌理不再由传统的街道来界定，而是取决于建筑的秩序，而建筑自身主要受到功能的影响。因此报告指出：“城市的面貌将发生变化。人们的步行环境不再局限于由两条平行墙组成的走廊式街道，而是代之以由建筑和绿地构成的空间……住宅不再受到噪声的干扰，商业中心将放在人们容易接近的低层建筑中……”。

观念的转变促成了新法规同旧法规之间的巨大不同。首先，新法规不再沿用旧法规按照街道的宽度来确定建筑的高度，而是根据土地利用系数进行控制，根据基址占有面积决定建筑体量。其次，虽然仍采用最大高度限制法，但最大高度在外环路包围的中心区已增加到30米，外围各区增加到37米，城外最高可达45～50米，有些地区基本上没有限制。最后，对于屋顶轮廓线也进行了修改，放弃了1902年用圆弧控制屋顶轮廓线的做法，而是采用了沿45°角收进的控制方法（图4-20、图4-21）。

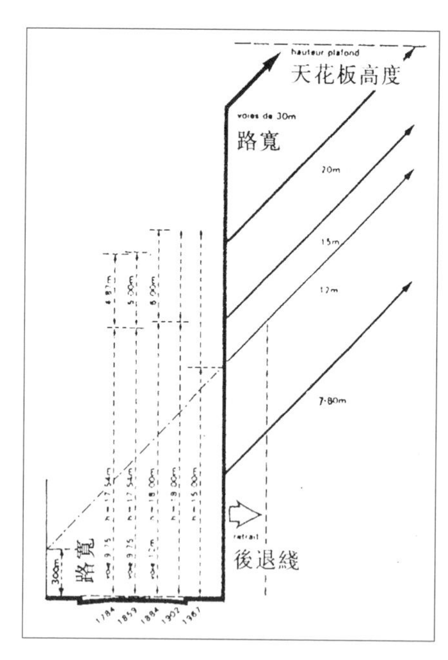

图4-20　巴黎　1967年法规所确定的建筑轮廓线

图4-21　巴黎　按1967年法规建造起来的伊埃娜大街（Avenue d'Iena）上的建筑

建筑高度虽然仍根据街道的宽度确定，窄街上建筑的最大高度甚至还有所降低，但由于街道宽度是以街道两侧建筑线之间的距离来计算的，因此，可以通过将建筑退离街道的办法来增加建筑高度。结果还是增加了许多新建筑，它们不仅在高度上破坏了原有的城市结构，而且还破坏了现有的街道线。

1967年的法规再一次遭到了人们的抱怨，其主要原因是采取了单一的控制措施，没有考虑到许多地区的自身特点。在巴黎，塔楼的建设固然对城市的总体轮廓线有影响，但比塔楼建设更为严重的是一些胡乱布置的十二至十五层建筑，这些建筑对巴黎城市风貌的影响不是以明确突变的方式表现出来，而是以“蚕食”的方式逐渐推进，从而破坏了巴黎城市的结构和原有的城市肌理。

1974年，巴黎市议会再次通过了一个修改法案。新的法规试图制止对原有城市景观的破坏，在控制要求上，不仅要求控制建筑形式，还要求控制建筑类型。例如，在市中心鼓励建住宅而不是办公楼。为了保护许多街区的现有特点，同时还编制了土地范围条例。人们还注意到，街道立面的连续性是巴黎大多数街道的特征，对于维持巴黎城市自身的特色起着至关重要的作用，因此，新的法规特别重视保持巴黎的传统特征。为此，对建设进行了更严格的规定：所有沿街建筑必须按线排列（图4-22）；在某种情况下允许建筑后退，但高度不得增加。

图4-22　巴黎　伊埃娜大街（Avenue d'Iena）上的新建筑和老建筑。新建筑和它的“近邻”风格上完全不同，但保持了相同的立面线和檐口高度

新法规还针对1967年所采取的单一措施进行了改进，根据城市的不同地区进行不同的建筑高度控制，在总体高度上也比以往有所降低。在历史中心区，檐口的限高为25米，比1967年规定的高度少了6米，即两层楼。某些具有低层特点的外围区也包括在限高25米的范围内。对于中心区以外的地方，最大高度为31米，在已有大量十二至十五层建筑的外围区，最大高度放宽到37米。某些地区，如蒙马特地区、马雷历史地段及其周围街区另有专门规定；某些情况下建筑最大高度只允许12米，即四层楼高。由于实行了新法规，市内三分之二的地区将不会有显著超过现有高度水平的新建筑。檐口线以上的建筑被限为一个居住层，顶楼的总体高度不得超过檐口线以上6米。此外，对每条街道和广场周围的建筑、重要的景观、建筑透视线和文物古迹环境，还制定了更详细的专门控制要求。总之，巴黎建筑高度控制法规的演变显示出越来越严格的趋势。

尽管建筑高度控制法规的不断修改体现了保护措施的不断发展，但对城市的整体景观而言，大部分地区并没有受到控制。战后巴黎的发展体现了一系列大规模的城市更新计划，在这些地段，整个街区往往被夷为平地，进行重建；如贝勒维尔高地（Belleville）、蒙帕纳斯地区（Montparnasse）、圣布莱斯地区（St Blaise）、小圣堂地区（La Chapelle），里凯地区（Riquet）、意大利广场区以及塞纳前区（图4-23、图4-24）。这些大规模改造的地段被称为“新区”，因为自由发展，不受控制，高层建筑众多，与周围的环境发生尖锐矛盾因而成为舆论批评的焦点。

尽管这些重新发展的中心通常位于巴黎历史中心区的外围，但高层建筑的影响实际上已超出了它们附近的环境。随着蒙帕纳斯车站附近一个新的商业中心的建立，巴黎的轮廓线被一座高达210米（当时欧洲最高的建筑）的办公大楼突破。尽管政府的规划人员保证，这些充满现代灵感的建筑经过仔细研究，以保证它嵌入城市景观时不会破坏传统的肌理，但高层塔楼依然被认为是使城市“美国化”的主要因素。

关于巴黎高度控制的最后一次争论是围绕着拉德芳斯新区展开的。1964年设计的拉德芳斯新区原本包括一组高二十五层的塔楼。但在工程进展过程中，政府官员为了创造更大的经济效益，放任原来的计划，塔

图4-23　巴黎　意大利广场附近更新区的高层公寓

图4-24　巴黎　塞纳前区（战后主要更新区之一）

楼的高度增加到四十五层甚至更高。到了1972年，人们越来越担心从卢浮宫到凯旋门的景观会被高耸的塔楼轮廓线破坏。

当然，并不是所有的人都认为高层建筑会产生不良影响。前巴黎地区长官德卢弗里耶（Paul Delouvrier）认为，新区的轮廓展现在戴高乐广场的后面，可以体现出一个生机勃勃的现代巴黎。他解释说，从卢浮宫凯旋门到拉德芳斯新区的距离为8公里，从戴高乐广场到拉德芳斯新区的距离为5公里，在巴黎，即使晴天空中也是灰蒙蒙的，远处的塔楼通常只有模糊的廓影。

1972年，法国前总统乔治·蓬皮杜（Georges Pompidou）在《世界报》（le Monde）上发表的一篇文章里也陈述了自己对建筑高度问题的看法。这位拉德芳斯新区工程的支持者认为，巴黎高度控制的最大弊端在于“非常复杂与严格”，他认为：“大城市的现代建筑必将导致法国人，特别是巴黎人反对高层建筑的偏见，在我看来完全是一种倒退”。他提醒他的同胞：“人不能沉迷于过去。巴黎不是一个死亡的城市，也不是一座需要维持的博物馆……我们都是城市文明的捍卫者，困难的是，如何同时又是一个创造者”。蓬皮杜任法国总统期间（1969—1974年），在巴黎开展了一系列的城市更新改造工程。他打算在巴黎市中心建设几条百米宽的放射线道路，甚至想把圣马丁运河填平来建高速公路。1974年，蓬皮杜总统在任内去世，法国学者对他改造巴黎的计划多有非议，最激烈的批评莫过于：“他的去世固然不幸，但巴黎得救了！”

这种情况在吉斯卡尔·德斯坦（Valery Giscard d'Estaing，1974—1981年任法国总统）继任后马上得到逆转。和将新建筑群及高速公路看成是国力和经济发展象征的法国前总统蓬皮杜相比，德斯坦对巴黎城市面貌的保护更具有深远的眼光。德斯坦停止左岸机动车道的扩建，宣告对公共交通的支持。关于高层建筑，他的观点昭示在1975年10月11日《法兰西晚报》（France Soir）首页的一个大标题上《巴黎的塔楼：完蛋了》，这大概是巴黎当局对高层建筑的政策性宣言。“城市必须使所有的人感到亲切”，德斯坦说道。就这样，几栋摩天楼的设计，如意大利广场176米高的塔楼，都被搁置了下来。德斯坦是一位会讲中文的前法国总统，对中国文化非常感兴趣，在任时于1980年访华，卸任后也多次访华，对推动中法友好和文化交流发展起到了积极作用。

二、立面控制

和高度控制一样，在城市面貌的控制方面，巴黎也是开展得较早的城市之一。从17世纪开始，巴黎城市建筑立面就受到严格的控制。一些延续时间最长的建筑法令，主要针对中世纪建筑立面的挑出。

用建筑法令控制建筑立面的方式一直延续到19世纪，在很大程度上受到古典主义思潮的影响，这在奥斯曼改建时期（1853—1870年）的大型建筑改造上表现尤为突出。在这期间，壁柱挑出不得超过9～10厘米；阳台只有在得到批准时才能设置，同时挑出不能超过80厘米，距离地面不得少于6米；中世纪盛行的楼层悬挑则是完全不允许的（图4-25）。

1882年，有关立面控制的新法规开始实行，但原有的限制并没有根本改变。悬挑仍然不被允许；阳台的挑出尺寸也没有变更，只是阳台到

图4-25　巴黎　乔治五世大街（Avenue George V）上奥斯曼时期的典型建筑

地面的距离由原来的6米降到了5.75米。每一个装饰构件都规定了严格的尺寸，包括柱子、壁柱、檐口及柱头等，甚至还要求每个立面必须与相邻的建筑取平。

然而，整齐划一的街道立面并没有获得人们的赞扬，巴黎的评论家们认为，虽然这些条例确保了城市整体面貌的完整和秩序，但却限制了建筑师的想象力，促成了一种千篇一律的建筑（图4-26）。

1888年的《贝迪克导游手册》指出："大多数的巴黎街道……表现出一种几乎是令人生厌的单调风格"。另一位观察家也表达了同样的观点："我们宏伟的巴黎街道，如马让塔（Magenta）林荫大道，给人以单调乏

图4-26　巴黎　奥斯曼改建时期辟建的雷恩大街（Rue de Rennes）

味的印象，它们的建筑立面过分统一严整，建筑装饰冷漠，没有个性，缺乏激情与活力”。1898年，巴黎市政府督理建筑师路易·博尼埃认为：“法国的艺术精神沉睡了一段时间，但它总会惊醒并使我们认识到，艺术终究是为大众服务的，它不是奢侈品，而是一种需要与权利，就像健康一样重要”。

在这种压力下，巴黎市议会终于对法令进行了修改，并在1912年形成了一套新法规，重点考虑艺术的要求。1896年，这项工作的负责人向行政长官的报告中特别指出：“突出的部分被强调并加以装饰，这将减少建筑立面的乏味感，有利于美化城市”。新法规最大的革新之处在于调整了建筑立面的控制深度。新条例不再控制建筑立面上每个构件的特定尺寸，而是控制总的空间外形，即“样模”（gabarit）。新法规允许建筑师自由构思立面和按街道的宽度进行一定的悬挑。新法规将上部立面的挑出部分从1882年规定的80厘米增加到120厘米。在较宽的街道上，这种悬挑至地面的距离从5.75米降到3米，悬挑面积的总量也允许达到上层立面的三分之一。虽然毗邻建筑的悬挑之间要求有50厘米的间隔，但相邻的立面已无须对齐。除了立面允许有更多的变化外，建筑的上部装饰构件还可突破檐口线，使轮廓线更加丰富。

然而，新法规不久就再次遭到人们的批评，意见主要集中在两方面。首先，在一些人的眼中，新法规在允许人们利用高度做出新奇设计的同时，也鼓励了丑陋和庸俗（图4-27）。

1913年的一则评论典型地反映了人们的这种看法：“在巴黎行人的眼中，建筑可分为两类：一类是老建筑，以形式的完全统一、线条和装饰的完美严谨和仅高一层的顶楼的均衡比例为特征；另一类是新建筑，它们以令人吃惊的白色（这种颜色由于外观不协调和第一类建筑形成尖锐的矛盾）、装饰题材的繁复、立面上某些部位的隆起以及可容二至三层空间的过高的顶楼。总之，以其粗俗的品性，完全不合比例的庞大为特征”[㊀]。另一方面，由于立面条例主要放宽对建筑上部的限制，造成了建筑装饰集中在上部（图4-28）。

㊀ 转引自：Norma Evenson，The City as an Artifact：Building Control in Paris。

图4-27　巴黎　1910年建成的吕代蒂亚旅馆（设计人Louis-Charles Boileau和Henri-Alexis Tauzin），立面上充斥着大量含混的形体和各种堆砌的雕刻细部，被认为是1902年新法规所造成的最典型“怪物”之一

图4-28　巴黎　拉普大街（Avenue Rapp）的公寓，其装饰全都集中在建筑上部

许多观察家指出，“有些建筑给人的印象是建得颠倒了。所有的重要装饰都集中在建筑上部，而靠近地面处立面却空旷简单”。

就这样，人们的看法在转了一个圈后又恢复到以前。奥斯曼改建时期的建筑曾因其单调乏味受到人们的抨击，可是和这一时期按新法规建起来的建筑相比又被看成是协调统一的典范。过一段时间后又有人认为按1902法规建起来的建筑装饰华美，别具魅力。从这里可以看出，形式的控制由于涉及人们审美情趣的变化，尺度和分寸很难掌握，有关条例的制定也不可能遵照一成不变的法则，对建筑风貌究竟应控制到什么深度更是难以定论。

从20世纪初到60年代，巴黎开展了以缓解住房短缺、改善居住环境为目标，以不卫生街区和闲置土地为对象的城市更新改造。其中，在历史中心区多以住房改造为重，比较重视对巴黎传统城市风貌的保护，建筑沿街立面通常会被千方百计地完整保留下来（图4-29）。在历史中心区之外则多以新的住房建设为重，特别是“大型住区”的建设，无论是建设规模、还是建筑形式，都与巴黎的传统住宅存在明显不同。

当然，巴黎的更新改造过程中也出现过不少与城市传统风貌不协调的情况，存在不少“推土机式”改造、“大拆大建”现象。在20世纪50年代和60年代的城市建设高速发展时期，受现代主义规划和建筑思想的影响，巴黎以住房改造和建设为重点的城市更新改造普遍采用了“推土机式”的方法，导致大量传统住房被拆毁，继而被现代主义风格的高层公寓所取代，在空间肌理和风格形态上与巴黎的传统城市风貌形成强烈对比，这种改造模式与巴黎传统的城市肌理和空间形态格格不入，是对巴黎传统城市风貌造成严重破坏，因此，城市建设回归传统的呼声越来越高，人们也越来越重视对传统的邻里结构、城市肌理和空间形态的保护和发展（图4-30）。

图4-29　巴黎　在不卫生街区的房屋改造过程中对原有建筑立面的完整保留（转引自：刘健，注重整体协调的城市更新改造：法国协议开发区制度在巴黎的实践，2013年）

图4-30　节日广场：20世纪60年代在巴黎外围建设的大型住区，这种“推土机式”的开发导致新的建设与传统城市风貌形成强烈对比（转引自：刘健，注重整体协调的城市更新改造：法国协议开发区制度在巴黎的实践，2013年）

第三节　比较与反思

一、轮廓线特色

从总体上看，北京和巴黎的城市轮廓线可说是非常相像：两座城市历史上均为水平方向发展，于平缓的城市廓线之间点缀着若干制高点，以此确定城市轮廓线的节奏并形成市内主要的景观视廊。

但从具体表现上看，差异也很明显。首先从建筑上看，北京自金代建都至清代末年，由于主要采用木结构，城内建筑多为一层的四合院民居。紫禁城内的建筑虽等级高，开间、面阔、高度都大于普通百姓用房，但多数仍为一层建筑。巴黎虽然也是向水平方向发展，但由于采用砖石结构，住宅大多为六层左右的公寓式楼房（图4-31），和北京相比，城市建筑要高出许多。由于采用了钢铁，作为城市制高点的建筑——埃菲尔铁塔高300多米（图4-32～图4-34），也远远超出高40多米的景山。

其次，由于地形不同，北京与巴黎城市制高点的分布也呈现出不同的特色。北京地形平坦，制高点主要由建筑本身高度决定。北京城内的高大建筑主要集中在中轴线和城墙上，如城楼、主要殿堂、钟鼓楼等（图4-35），甚至连景山也是堆土而成，是人为的城市制高点。因而

图4-31　巴黎　一条典型街道的立面（据J.F.J.Lecointe，1835年）

和平面一样，北京的廓线布局也非常规则，呈现出中间稍高、两侧平缓的外形。相比之下，巴黎的地形就要复杂得多。不仅有塞纳河贯穿全城，两岸也是地形起伏，有很多小丘。作为城市制高点的几个建筑，如大凯旋门、圣心教堂、先贤祠等都是随地形布置（图4-36、图4-37），建在自然丘顶上，没有多少规律（凯旋门所在的戴高乐广场由于城市主要干道穿过，在建设过程中还铲低了6米，和景山平地堆土的情况正好相反）。

图4-32　巴黎　埃菲尔铁塔和历史上其他著名古迹高度比较（右上为埃菲尔画像）

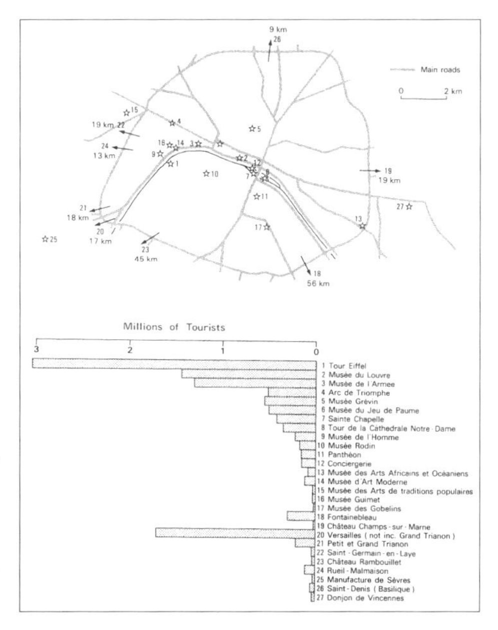

图4-33　巴黎　每年参观城市名胜的游人统计，可看出埃菲尔铁塔高居榜首，除郊区的凡尔赛宫外，市区内位居其后的是卢浮宫和荣军院博物馆

图4-34　巴黎　位于城市全景中的埃菲尔铁塔

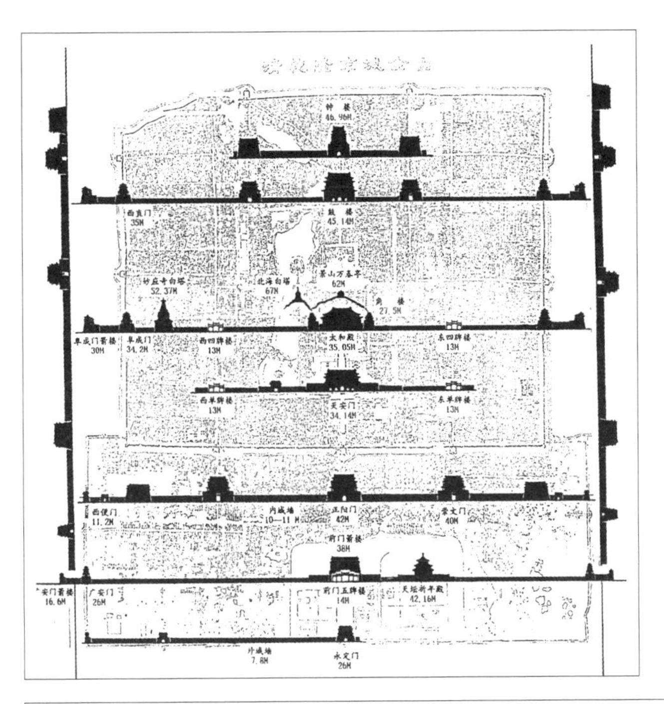

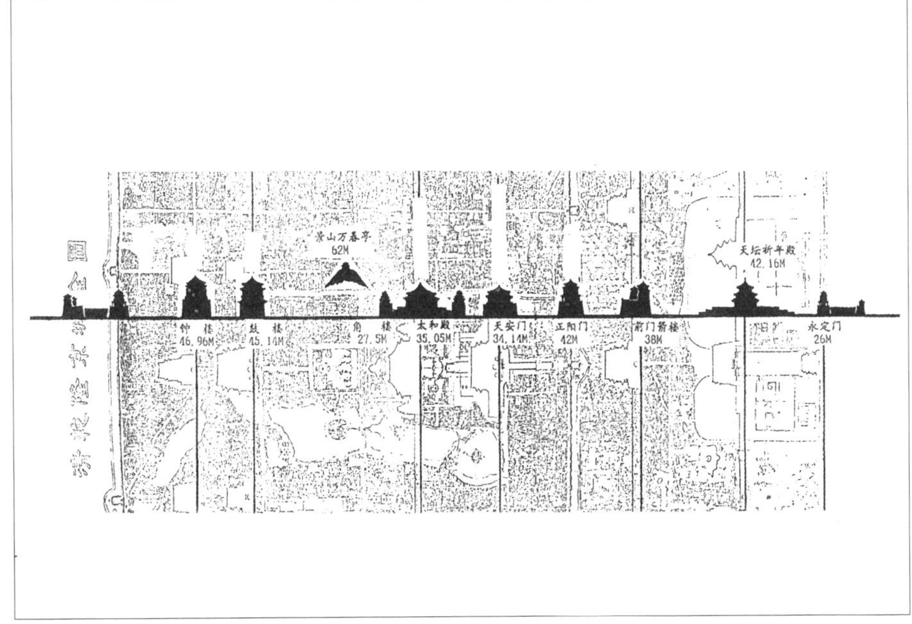

图4-35 北京 城市轮廓线特色

图4-36　巴黎　圣心教堂

图4-37　巴黎　先贤祠

二、控制方式

作为两座历史悠久的文化名城，巴黎和北京历史上都是自中心向外扩展。由于文物古迹大部分集中在核心区（如北京，历史古迹90%以上集中在市中心），因而核心区也是高度控制最严格的地区。高层建筑则往往随着城市的扩张在城市边缘地带发展。由此形成了中间低、四周渐次升高的所谓“锅底形”的城市轮廓线（图4-38）。这也是两座城市控制建筑高度和城市轮廓线的基本思路，在这个要点上两者并无不同。

但从实际效果上看，北京的问题显然要更多一些。实际上，城市建筑高度和轮廓线的控制主要是高层建筑的布局问题。应该看到，保护与

图4-38　北京城区建筑体形秩序示意（吴良镛）：1.旧北京城建筑有严格的高低错落的比例关系；2.如果高层建筑零乱安放，必然失去旧城的体形秩序；3.建议旧城内“高度分区”，控制建筑高度，保持“水平城市”的面貌，在旧城外建高层建筑

发展是一对长期存在的矛盾。对于整个北京市16410.54平方公里的范围来说，发展是矛盾的主要方面；而对于北京62.5平方公里的旧城来说，显然应以保护为主。新加坡规划专家刘太格指出：“北京的水平轮廓线和色彩在世界上是罕见的，现在问题是如何防止对城市水平特征的破坏，这并不是不能建高层建筑，而是应该选择合适的地点，不能破坏老北京的水平线”。巴黎也有很多高层建筑，但这些高层建筑大都位于新区，对旧城的景观影响不大。北京中心城区总面积约1378平方公里，差不多为旧城面积的20多倍，在行政中心选在旧城，已经造成不可挽回的损失的情况下，再占用这块弹丸之地，让它承担起其他中心的责任，必然会导致城市整体风貌的丧失。

除了整体轮廓线的控制外，尺度的控制也是一个重要问题。有的城市历史学家认为巴黎是一个最关注人的尺度的城市，其中最主要的原因之一是城市建筑和街道本身尺度和谐，而且与人的尺度协调（尽管有的街道要比中世纪城市为宽）。从1784年起到1967年，巴黎在五次修改规划的过程中，对城市道路与两边建筑高度的比例关系曾反复进行推敲，努力保持新旧建筑的和谐一致。香榭丽舍大街就由于进行了高度控制，因而达到整体效果的统一和完整，尽管其中的每栋建筑本身并不一定十分完美。

三、法规的编制及法制建设

从前面的比较中可以看到，在城市建筑高度和风貌控制方面，巴黎是实行得较早的城市之一；其历史可上溯到17世纪和18世纪，并在实践当中多次讨论修改，逐渐臻于完善。除了历史悠久外，其他可注意之处还有几点。一是规定具体，可操作性强：高度、外廓尺寸，乃至阳台挑出大小，离地面高度，皆有明文规定；二是执法严格：不论法规本身是否成熟，一旦形成便照章执行，绝不含糊，只能在规定允许的范围内发挥，“做足文章”；三是舆论开放。特别是后者具有重要的作用，由于在执行过程中各种不同意见均可发表（总统本人亦可撰写文章，公开陈述看法），因而能及时反馈意见，对法规进行修订；实际上，从法规的制定过程中不难看出它和建筑师及社会之间的相互作用，一方面它限制了建筑师的创作自由，另一方面法规也在不断根据建筑师和公众们变化着的审美观念进行修改。舆论还可起到监督作用，如在20世纪50年代高层建筑盛行时蒙帕纳斯车站附近盖起的五十八层大厦，很快就成为众矢之的，被群起而攻之，以后便不再有类似的事发生。

同巴黎相比，北京有关城市高度的控制除了起步较晚（直到20世纪80年代中才正式出台第一个文件）外，主要问题是多为原则规定，缺少具体措施；再就是没有通过立法的形式来严格执行，特别是后者，影响甚大。因为北京这座城市极为方正，建筑的分布比较有规律，尽管对城市建筑高度的控制仅限于原则上的划分，但如能认真执行，多少还是可以起到一些保护城市风貌的作用。遗憾的是，即使是这些有限的条例也没能起到应有的作用，在经济利益的驱动下，仍有建筑成倍突破高度限制。

第五章　历史文化保护区

第一节　巴黎历史文化保护区

一、法国保护政策及立法的形成

巴黎是全球文化艺术之都，旧城区基本上保留和延续了19世纪中期的建筑风貌和街巷肌理，市区到处彰显着巴黎古城的人文魅力，是世界上城市传统格局和历史风貌保护传承得最好的大都市之一，其历史文化保护的经验对北京这样的中国古都来说，具有一定的学习借鉴意义。

法国的历史文化遗产保护概念经历了不断发展演变的过程，而这些概念的确立又是以相应的法律法规的颁布为标志的，逐步形成了非常完善的历史文化遗产保护制度。可以说，国家立法是法国历史文化遗产保护制度的核心。巴黎保护历史文化遗产首先是通过法律实现的。19世纪以来，经过200多年的发展和完善，法国已建立了一套全面的历史文化遗产保护体系，涵盖了从建筑单体、建筑群体、历史城区到自然风景区等各方面历史文化遗产保护的内容。“国家遗产”概念形成于法国大革命时期（1789—1794年），这也是法国文化遗产法诞生的法制基础。法国大革命后（1794—1830年），“国家遗产”的概念在立法和政策层面上得到了进一步落实。到如今，法国已经形成了以《遗产法典》为核心，以物质文化遗产保护为主体，与《城市规划法》《环境法》《商法》《税法》《刑法》等相互配合有机协调的完整的法律保护体系。

在法国，城市中单体建筑的系统保护可以追溯到19世纪30年代和19世纪40年代早期。1840年，梅里美（Prosper Merimee）领导下的历史古迹局（Department of Historic Monuments）公布了欧洲第一批保护建筑名单。在19世纪的列表名单以后，又通过1913年12月31日的法令编成法典，即《历史遗产保护法》，一些历史价值较小的建筑则被暂时列入辅助的详细名单中。在这个法令中已开始将“保护的范围”界定为保护建筑物及其周围环境，包括12600处古迹和21300座类似建筑，其中大多数是城堡、庄园、宅第和教堂。

第二次世界大战后，在1958年的大规模城市更新中，出现了由国家和私人共同提供资金的合资公司（Societes d'Economie Mixte，简称SEM）。1962年，巴黎颁布了《历史街区保护法》（通常称《马尔罗法令》），不仅确定了各种公共和私人角色在旧城保护区中的权利和义务，并且划出了“保护区”，对成片的区域进行全面保护。《马尔罗法令》（Malraux Act）的出台引进了保护区（Secteurs Sauvegardes，简称SS）的概念（图5-1）。保护区代表着城市中历史遗产最为集中和丰富的地区，是法国遗产保护体系中被保护地区的最高层次。

在保护区范围内，城市的传统肌理不仅受到保护，而且得到有效的改善。在巴黎，决定加以保护的有11个区。

图5-1 法国保护区分布图

1967年12月30日的《土地指导法令》取消了旧体系，在所有居民超过10000人的城市里统一采用三个规划文件，即书面说明、结构规划（SDAU，全名为Schema Directeur d'Amenagement et d'Urbanisme，意为城市规划与整治指导方案）及土地利用规划（POS，全名为Pland'Occupation des Sols）。其中尤以土地利用规划对保护历史地区最为得力，因为它界定了将要发展的土地范围，将土地的利用进行分区，并用土地占有系数来控制密度以及确定道路线形，同时它还划定了需要保护和修缮的地区、街道和建筑，规定了新建筑的位置、大小、体量以及外部形象。

1977年3月，巴黎进一步通过了市区整顿和建设方针，根据老市区和边缘地区的不同情况，分别进行规划控制：

1. 在18世纪形成的老市区——历史中心区范围内，主要维持传统的职能活动，保护历史面貌，改造成若干个步行区，发展步行交通。

2. 在19世纪形成的老区范围内，主要加强其居住功能，限制办公楼的建造，保护19世纪形成的统一和谐的城市空间面貌，重新改组各种交通方式。

3. 在周边地区，要求加强区中心建设，适当放宽控制，允许建一些新住宅和大型设施，使社会生活多样化。

随着《马尔罗法令》及保护区系统的出现，开始了从所谓“消极保护”到“积极保护”的重大改变。这项法令不再侧重于细节上的控制，而是将注意力集中在一些更为关键的因素上。

《马尔罗法令》和1963年7月13日公布的实施法令的基本目标是保护城市中的老区，在使生活条件现代化的同时维持其环境氛围，整治交通，重组社会和经济基础，使之具有独特的地位。总之，是为了使保护区继续发挥积极的作用而不是成为一座建筑博物馆。

在保护区确定以后即委托建筑师编制保护规划（conservition plan，法文全名为Plan Permanent de Sauvegarde et de Mise enValeur，即保护与实施的长期规划，简称PPSMV）。其中包括一组建设条例，一个控制地界和建筑详情的比例尺1：500的规划，它代替了所有其他的土地规划（POS），并确定了需修复的建筑、需拆除和清理的建筑、需建造的建筑、土地利用区划、车行及步行道路的分级及布置方式以及空地的规划等。在这以后，凡是影响到建筑外观的工程必须依从保护规划并得到建设许可证。

在这个法令实施的初期阶段，根据已经完成的工作来看，合资公司（SEM）的设立和实施区（Secteur Operationnel，简称SO）的确定是两个至为重要的举措。

法国的历史文化遗产保护规划主要是“保护区保护与价值重现规划（PSMV）”和“建筑、城市和景观遗产保护区规划（ZPPAUP）”。两种保护区的保护等级、目的和方式的有所不同，前者偏向于强制性，后者偏向于引导性 。

巴黎的两个PSMV：马雷区（Le PSMV du Marais）和第七区保护区（Le PSMV du 7e arrondissement）的设置是1962年《马尔罗法令》的结果。PSMV旨在通过促进其恢复和增强（同时允许其演变）来避免历史文化遗产的消失或其不可逆转的破坏 。第七区的PSMV是2006年6月启动的修订程序的主题，并由2016年8月9日的限令批准。自2016年9月8日起适用。马雷保护区是2006年6月15日部长令启动的修订程序的主题，该程序现已完成。2013年11月12日和13日，即巴黎理事会在2013年12月18日巴黎大区省长下令批准修订草案之前，对这一修订草案提出了赞成意见。

二、典型实例分析一：马雷区的规划与运作

（一）历史概况

巴黎的马雷区（Le Marais，又翻译为马莱）是《马尔罗法令》之后在法国建立的第一个保护区，成立于1964年，跨巴黎的第三区和第四区，占地126公顷 。保护区拥有杰出的建筑遗产，见证了17世纪和18世纪的贵族巴黎，也是19世纪和20世纪工业活动的代表性建筑。

在18世纪以前，马雷区是巴黎贵族的居住地，留下了大量华美的官邸。从中世纪以来这里就积累了丰富的历史文化遗产，受工业革命影响，该区成为巴黎主要的生产作坊区，经济活动频繁，人口密度增加，许多建筑遭到了不同程度的破坏。19世纪末，马雷区逐渐衰败，居民越

来越底层化，变成了整个巴黎最破旧也最不卫生的街区之一 。在巴黎已规划和部分实施的保护区中，马雷区是最重要的一个（图5-2）。

和其他保护区相比，马雷区有两个主要特色：一是拥有126公顷的面积，是法国最大的几个保护区之一，但它仅占巴黎历史城市的一小部分（省级保护区一般都占城市历史核心的大部分）；二是无论从年代还是风格上看，它都有着相对完整的城市景观，是法国真正古典建筑的荟萃地，有75%以上的建筑年代在1871年前（对于全巴黎而言，这个数字是27%），共有16—18世纪的高质量建筑1893栋。

马雷区西、北面边界由勒纳尔大街（Rue de Renard）、博堡街（Rue Beaubourg）及圣殿老街（Rue Vieille du Temple）确定；东面沿博马舍（Beaumarchais）林荫大道；南面临塞纳河右岸高速公路。狄更斯《双城记》中提到的圣安托万大街穿过整个保护区，将东部的巴士底广场（place de la Bastille）和著名的里沃利大街连接起来。其他街道狭窄、密

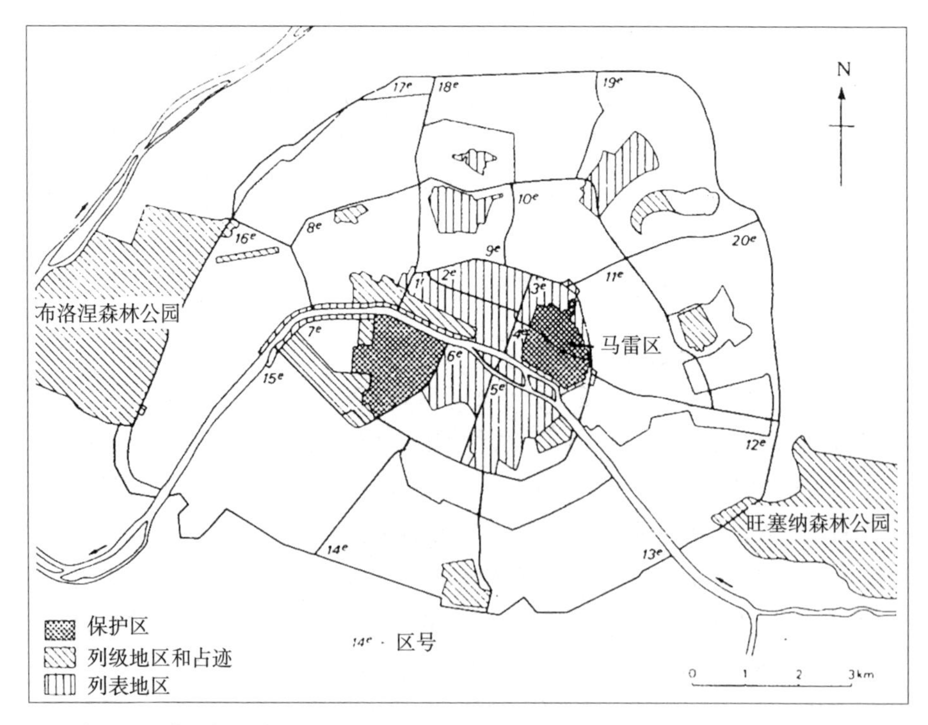

图5-2　巴黎保护区图示

集，形成大致南北向和东西向的不规则路网。街道面积占整个区用地面积的30%（巴黎平均值为24%），使封闭空间和较大开敞空间（如安托万大街和沃士日广场）的对比显得更加突出（图5-3）。

正如它的名字马雷（Marais，法语意为“沼泽”）所表明的那样，这片地区原为塞纳河冲积平原上的一块沼泽地。到中世纪末叶，大部分地区水已排干。1370年，整个地区均被围在查理五世城墙内。15—16世纪，它曾是君主和贵族们喜爱的游乐场所，有大量空地可建造房屋及新

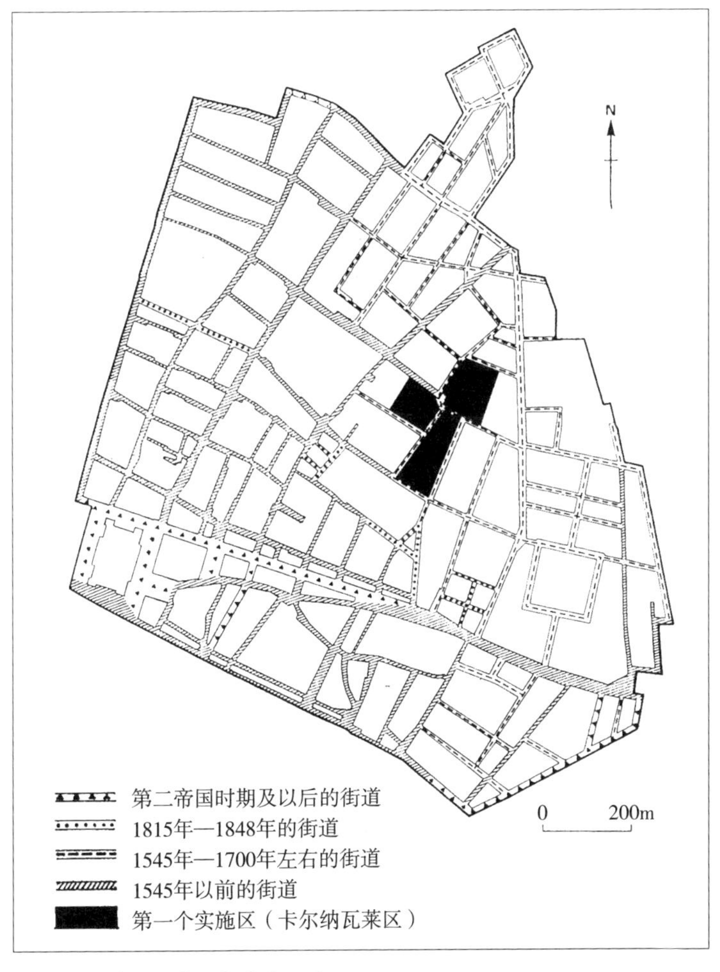

图5-3　巴黎　马雷区街道系统图

式的花园。16世纪期间，地区西面卢浮宫以北方向平民化趋势加强，但马雷区依然保留着贵族风格，1604年国王广场（现沃士日广场）的建造进一步加强了这种特色。17世纪马雷区的风貌在很多方面都可视为它所诞生的那个“旧制度”（Ancien Regime，即法国大革命之前）时期的忠实反映，体现了17世纪贵族豪华生活的辉煌场景。

这种情况直到18世纪才开始改变。贵族们开始流向西部，被圣日耳曼（St.Germain）这样一些开阔的郊区所吸引（在那里，他们的建筑师能够设计大型公园，而不是像马雷区那样建小花园）。法国大革命后，府邸由国家征用，工业化时期大批工匠的出现和19世纪上半叶由于城市人口的猛烈增长引起的住房紧张导致了房屋的重新分配；大体量工厂的建立，使城市空间和绿地进一步缩小。加上在完成拿破仑一世和奥斯曼城市规划方案时雇佣的大量工人的流入，到19世纪末，马雷区已由大仲马《三个火枪手》笔下的那个巴黎的贵族区沦为普通市区的一部分。第一次世界大战前后，马雷区的境况降到了最低点。以后虽情况有所回升，但此前很多建筑已完全损坏，一些建筑的木雕也开始剥落。

当然，19世纪后期巴黎在文物保护上也还是有一些进展。1875年，巴黎市政府收购了卡尔纳瓦莱府邸（Carnavalet），经修复后作为图书馆和博物馆对外开放。另外一些建筑则于改造后被赋予新的职能（如学校）。1897年12月，为了保护城市历史建筑成立了“老巴黎委员会”，从1916年起开始列表登记需要抢救的建筑。但与此同时，对建筑的破坏并没有停止，其中最主要的原因来自拓宽街道。在20世纪20年代至30年代，一方面有古建筑继续遭到破坏，另一方面又有古建筑在被修复，同时列入保护名单的建筑也在不断增加，特别是在1925年以后。第二次世界大战期间曾讨论过马雷区西南部圣热尔韦教堂（St Gervais）附近地区的整治方案，并从1945年起，在阿尔伯特·拉普拉德（Albert Laprade）的领导下将之付诸实践。对马雷区进行整体保护最重要的一步是在1951年迈出的，之后公布的巴黎规划草案中设想通过修复建筑及清理庭院，把它重建成中产阶级的居住区。1961年，有关部门还向市议会提交了一个十年保护计划（当时法国政府正在考虑制定《马尔罗法令》，这个法令进一步加强了市府在修复马雷区上的权力）。到这时为止，对于马雷区的保护尚缺乏公众的参与。于是1961年成立了“历史巴黎保护与实施委员会”（Associationpour la Sauvegarde et Mise en Valeur du Paris Historique），1962年第一次举行了马雷区节庆活动。

（二）1967年规划方案

1965年4月1日，马雷区被正式确定为保护区。1965—1967年由建筑师阿雷切（L.Arretche）、维尔蒂（B.Virty）、马罗（M.Marot）及米诺（M.Minost）制定了该区的第一个规划。其指导思想是去掉19世纪增添的内容，把该地区恢复到18世纪时的状态。为此，按不同结构类型提出了需要拆除和修复房屋的建议，并对某些地段建筑墙体和屋顶的饰面形式提出控制意见；此外，还就隐蔽杂乱的水、电、煤气管道的方法和商店、街道照明及信号装置的设计等提出了一些设想。

该规划将整个马雷保护区分为12个地段，各以地段内的主要古迹或遗址命名，如1区为“老圣殿”（Ancien Temple），4区为“国家档案馆”（Archivesde France），5区为“卡尔纳瓦莱区”（Region Carnavalet），9区称“王宫-絮利府邸”（Place Royale-Hotel de Sully）。地段规划图纸比例尺为1：500，按通常规划做法，在平面上标出已列级的建筑、需要列级的建筑、为保持地区特点需保存的陪衬建筑、建筑价值略逊但仍可保留的建筑、可以或必须拆除的建筑，以及新建筑、空地和停车场的位置等。可见，与其说它是份规划文件，还不如说更接近一个建筑方案，它的许多缺陷也正是由此而生。

同规划相联系的调查表明，在规划时期，圣保罗花园区（Jardins St.Paul block）住有82000人，密度达到1483人/公顷，接近勒阿弗尔（Le Havre）和圣弗朗索瓦（St Francois）岛的法国人口密度历史最高纪录（巴黎的平均人口密度为580人/公顷）。空地（不计街道）仅占用地面积的1.7%。但从1968年的人口普查记录中可知，1962—1968年人口数量下降了14%；从1975年的人口普查记录来看，这一趋势还在继续（在1968—1975年，整个巴黎的人口降低了11%）。这种情况不仅发生在马雷区的某些人口密集地段，同样也见于市内生活环境较差的一些地区。在某些街区，74%的住户没有私人卫生间，36%的住户没有私人给水设施，10%的住户得不到供电。1967年规划的主要目的之一就是要降低人口密度，杜绝那种9个人住在没有卫生间及供水的两间房子里的状况，这就意味着要迁出约20000人。

作为马雷区的经济基础，1965年圣保罗花园区共有7000家小型商业企业，雇用职工约4万人（主要为珠宝、光学器械、皮革和成衣业）。占有重要地位的批发商业面临着缺乏道路和停车场地的问题。一些位于建筑底层的小商店（特别是食品店）在商业活动中占据了主要地位。针对这样的情况，规划设想重新组织空间和运输功能，把主要商业活动安置到建筑价值较低的地段内，机动车入口放到保护区西北（雷阿米大街）和东南（博马舍大街）等比较畅通的地区，将过境交通引到保护区外。由于区内手工业活动的存在，在整个地区内限制机动车进入显然不太现实，实际上，只能在交叉口附近进行小规模的改造，取消位于最拥挤街道边的停车场。保护规划认为，一些过境交通应绕开保护区。

马雷区规划的实际运作采用了四种方式。首先确定了一个实施区；然后由国家出资修复国有资产；再就是确定由巴黎市政府负责的修复工程；最后一批由私人负责修复。

马雷区很多大型府邸属国家或巴黎市政府所有，它们都被修复当作公共建筑使用。属于国家的如苏比斯府邸（Soubise）和罗昂府邸（Rohan）是国家档案馆所在地（图5-4、图5-5），絮利府邸现为罗马保护区国家委员会驻地（图5-6），若古府邸（Jaucourt）为法国档案馆。由巴黎市政府修复的有卡尔纳瓦莱府邸和勒佩尔捷-德圣法尔若府邸（Le Peletier-de-Saint-Fargeau）（现为卡尔纳瓦莱博物馆），拉穆瓦尼翁府邸（Lamoignon）（图书馆），多蒙府邸（d' Aumont）（老巴黎委员会），盖内戈府邸（Guenegaud）、萨尔府邸（Sale）以及利贝拉尔府邸（Liberal）（博物馆）。同时，巴黎市政府还负责清理教堂（在1959年4月11日马尔罗修订的1852年3月26日法令的指导下进行）、维修沃士日广场周围的建筑以及作为公共建筑使用的达沃府邸（d' Avaux）及库朗热府邸（Coulanges）（现分别为国际古迹遗址理事会和欧洲理事会占用）。

巴黎市政府同时为具有官方性质的巴黎房产公司（RIVP—Regie Immobiliere de la Ville de Paris）及其建筑师加塔利（Felix Gatier）拟订的圣保罗花园区（Jardins St.Paul）的全面修复计划提供财政支持（图5-7）。

图5-4　巴黎　罗昂府邸，前景为荣军院入口门廊（J.Rigaud的版画）

图5-5　巴黎　苏比斯府邸（位于巴黎第三区，现为国家档案馆）

图5-6　巴黎　马雷区絮利府邸修复前后的照片

图5-7　巴黎　马雷区圣保罗花园区经清洗和修复的房屋立面

该区街道格局形成于13世纪，大多数建筑属17世纪和18世纪；整个街区于1923年被定为环境不合格地段并计划进行全面改造。实施过程被分为五个阶段。工作完成时，1965年的总建筑面积从32600平方米降至12000平方米，住宅数量从730户降到400户。街区的内部变成花园。

还有一些大型府邸由私人业主修复，如马尔莱府邸（Marle）、科尔贝-德维拉塞尔夫府邸（Colbert de Villacerf），邦德维尔（Bondeville）及沃士日广场上的一些建筑。但由马雷区法国建筑事务所（Agence des Batiments de France du Marais）进行的4000余处建筑立面的清理和2500处商店及底层建筑的重新装修过于醒目，一些清理过的立面显得非常突出，其白色立面同周围的建筑群格格不入，建筑群的整体感觉甚差，因而引起了人们的不少批评。

（三）第一个实施区：卡尔纳瓦莱区

在确定保护区后，巴黎行政长官责成SARPI（Societe Auxiliairede Restauration du Patrimoine Immobilier d’Interet National，为政府赞助的一个遗产修复组织）负责保护区的修复工作并组成合资公司（SEM）；由SERMA（Societe Civile d’Etudes pour la Restauration du Marais，一个研究马雷区修复工作的协会）先对托里尼广场（Thorigny）中心9公顷范围

内地区进行初步研究。由于这个地区几乎包括了马雷区所能遇到的各式各样的问题，因而被作为实施候选区。SERMA经研究后建议，划定3.5公顷作为第一个实施区。后来由于财政上的原因，又减少为3公顷，称为卡尔纳瓦莱区（图5-8）。

1967年5月16日，巴黎市政府将这项工作交给SO.RE.MA.（Societed’Economie Mixte pour la Restauration du Marais，马雷区修复合资公司）实施（图5-9）。实际上，卡尔纳瓦莱区在某些方面并不能完全代表马雷区的整体特点。在这里，集中了许多重要的府邸。SO.RE.MA.在3公顷的范围内确定了11栋主要历史建筑。在其他方面，它存在同其他保护地区一样的问题，如土地所有权分散，府邸庭院和街区中心均有添建的房屋、房屋年久失修以及由于街上停车造成的交通拥挤等。

保护区的实施分为三个阶段进行，每个阶段大约5年。首先是拆迁，要拆除的建筑通过自愿或强制性的措施先行购下，同时考虑为搬迁户重新安排住宅。这个阶段共涉及186户住家和67家企业，总建筑面积为24700平方米，占整个实施区建筑面积的42%。私人业主自己承担拆除费用的15%，其余的由SO.RE.MA.负责，费用为3.55千万法郎。在修复阶段，由SO.RE.MA.先行通知有关业主，由他们决定是自己修复还是交给SO.RE.MA.负责。重要府邸工程的75%是由业主自己进行的，SO.RE.MA.

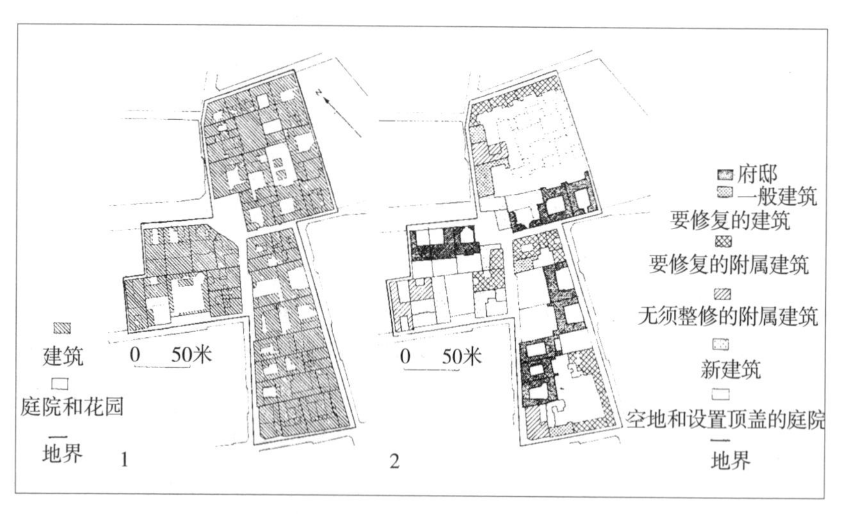

图5-8　巴黎　马雷区第一个实施区——卡尔纳瓦莱区：1.地段现状；2.保护规划

图5-9　巴黎　1977年正在由马雷区修复合资公司（SO.RE.MA.）进行整修的地段。正面为一栋新建的公寓，背景为正在修复的萨莱府邸

负责其他工程的90%。最后是建造新建筑的第三阶段。

在卡尔纳瓦莱区的新建筑大都是出售的公寓或出租公寓、地下停车场和办公楼等。早先的想法是将房产卖给发展商，然而发展商们对它们的兴趣并不是很大，因为在这个地块上运作非常困难，建筑的高度、体量、饰面以及平面图的比例都有严格的限制。最后，SO.RE.MA.只得承担了所有的建造工作，费用高达7.3千万法郎，约为整体费用16.6千万法郎的一半。卖房的收入预期为15千万法郎，最后尚有1.6千万法郎的赤字需由政府负担。在奢华的国王花园（Parc Royal）发展区，每平方米公寓出售价格达到1万法郎，实际销售比预期要慢得多。

在此期间，SO.RE.MA.面临的最大困难也是最敏感的问题就是如何安置原有的居民，1976年在马雷区南部进行的居民调查中证实，由于工作和住宅的距离以及友人和家庭联系等原因，居民大多数仍愿回到原来的住地，这些问题显然都应考虑到。

受保护规划影响的住房共536户，住房标准原来均属低租金类型

（Habitations a Loyer Modere），其中120户属于“一般”标准（即所谓IIC类），416户在标准以下（大部分没有厕所——IIIA类）。重新安置计划部分由巴黎市政府低租金住房组织直接安排。按照这个标准共安置了155户住房，其中19区占46%，14区占22%，15区占14%，12区占6%，还有9%位于郊区（图5-10）。留下来350户由SO.RE.MA.直接负责。

SO.RE.MA.宣称的目标是保留手工业人口及其活动，但是真正搬去新建地区的主要是中产阶级，几乎没有手工业者回到卡尔纳瓦莱区。例如，原计划在巴尔贝特大街（Barbette）建立三个手工工厂，但是经营者拒绝支付应付的资金，而向巴黎的外围迁徙，它们的位置终于被广告代理公司取代。卡尔纳瓦莱区的变化可以概括为两对百分比：改造前，工业和仓库占商业面积的84%，改造后占不到32%；办公和文化设施所占的比例分别为12%和59.5%。

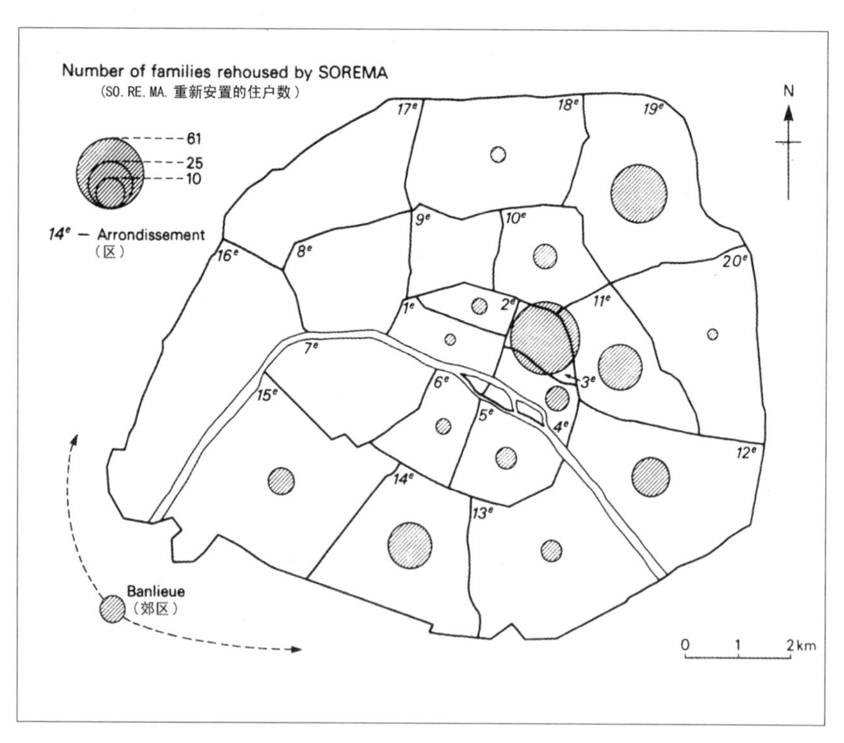

图5-10 巴黎 由马雷区修复合资公司（SO.RE.MA.）负责外迁的住户数目（在各区的分布图）

（四）1976年马雷区规划方案的修订

1975年底，人们最后放弃了1967年的马雷区保护规划，于1976年2—5月间，进行了全面的修订（图5-11）。促成这种巨大变化的原因固然是多方面的，但主要原因是在这十年期间合伙经营者和房产价格的增加。这一点对拆除计划造成了严重的冲击，并引发了房地产的投机活动。

新规划尽可能保留了原规划的主要原则，但在对待拆除和新建上态度完全不同。首先是拆迁范围缩小了，只限确有必要时（如在主要历史建筑近邻并对它有妨碍的房屋，或为了改善生活和工作条件必须拆除的，从起居室向外望不到2.5米便有遮挡即属后一种情况），同时对新建项目也作了更多的限制；在保护历史建筑方面则变动不大。

1967年和1976年方案最大的区别主要体现在和卡尔纳瓦莱区这样一些地区相比重要古迹较少的地段，比如马雷区西北的“9/33地段”（图5-12）。这是一个18世纪的中产阶级街区。19世纪时建筑密度增加，人口增多，建筑上加了楼层，房屋本身的维护也很差。1962年人口普查

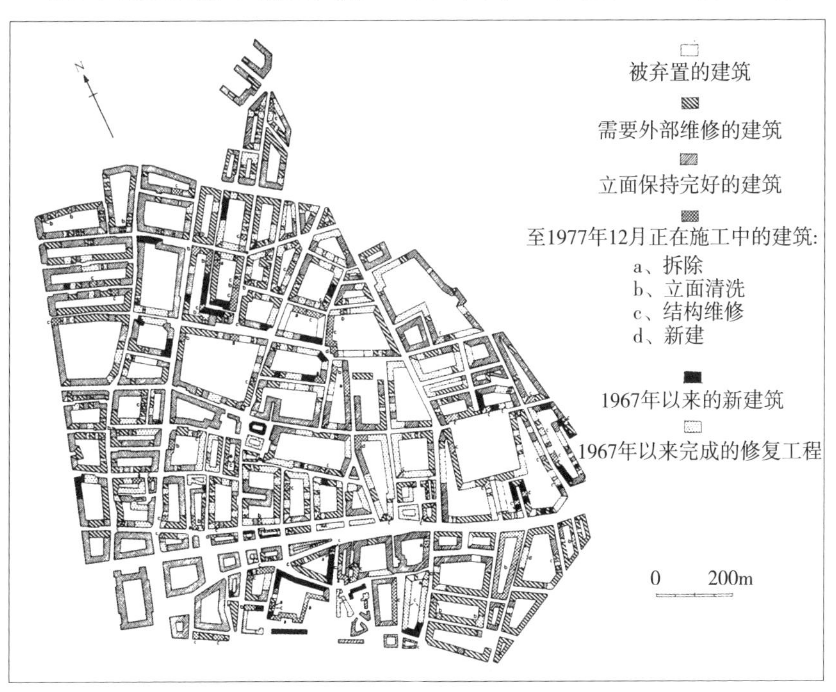

图5-11　巴黎　1977年底马雷区建筑状况分析图

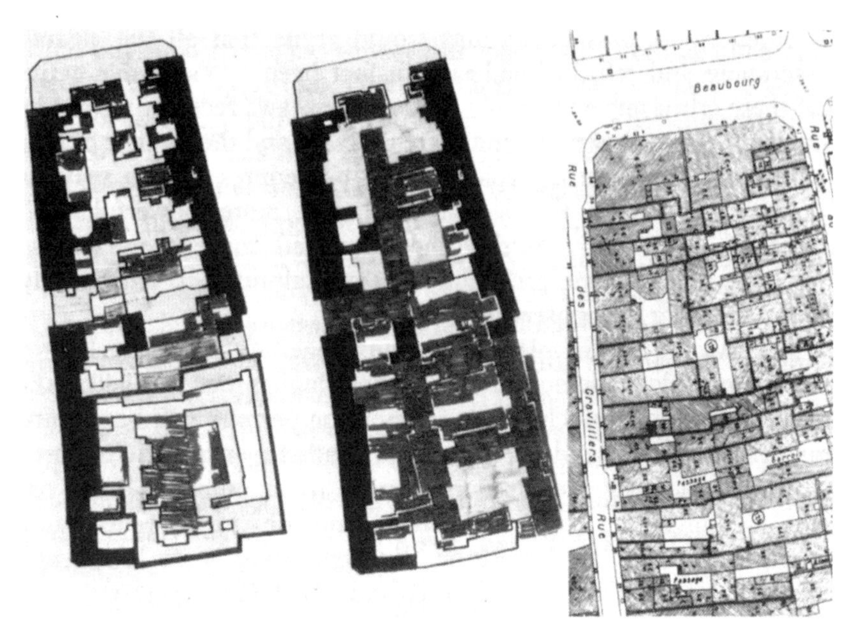

图5-12　巴黎　马雷区西北的“9/33地段”平面图

时，其人口密度已超过了1200人/公顷。1976年修订方案期间曾对其中一个典型地块进行了调查，和大多数相邻地带一样，该地块为一狭窄的带形，平均宽度为12米。地段内建筑状态极糟，很多为警察局标出的危房。地块总面积为905平方米，其中785平方米为建成区，仅有147平方米是空地，且大部分为一条小巷（Passage Barrois）所占。建筑密度达到83%左右，很多房屋的间距不到3.5米。10个建筑大部为六至七层，内有73个公寓套房、25个商业点以及61个地下室、储藏室等，分属60个合伙经营者。业主实际数量近200人，地区实际人口达到了2000人/公顷，超过岛区平均人口密度。

按1967年的规划，要把马雷区其他地段上的重型工业和运输项目迁到这里，一些沿街的质量较好的建筑内部改造成工厂或工人住宅。但这些雄心勃勃的计划均被放弃，只是在该地段上做了一点小小的改进。

三、典型实例分析二：巴黎圣母院大火及其教训

巴黎圣母院具有重要的文化意义，是法国乃至欧洲的文明象征之

一，也是巴黎最具代表性的古迹和地标建筑。1862年，巴黎圣母院被法国历史古迹委员会列入法国遗产纪念碑清单。1991年，联合国教科文组织将巴黎圣母院列入世界遗产名录。

法国大革命期间，很多教堂遭到严重破坏，巴黎圣母院一度被挪作他用，也有人提出清除巴黎圣母院的提议，但遭到很多有识之士的坚决反对 。世界文豪维克多·雨果对巴黎圣母院充满敬仰之情，1831年出版了脍炙人口的长篇小说《巴黎圣母院》，引起了极大轰动。在雨果的眼里，建筑就是一部用石头写就的史书，他深情地写道："人类没有任何一种重要的思想不被建筑艺术写在石头上，人类的全部思想，在这本大书和它的纪念碑上都有其光辉的一页。""（巴黎圣母院）这座可敬的纪念性建筑的每一面、每块石头，都不仅载入我国的历史，而且载入了科学史和艺术史。"《巴黎圣母院》的成功创作在一定程度上促进了巴黎圣母院的保护修缮。1844年开始，巴黎圣母院曾经进行了一次大规模的修复。2019年被大火烧毁的尖塔是在1844—1864年以维欧勒·勒·杜克（Eugène Emmanuel Viollet-le-Duc，1814—1897年）为代表的修复师重新加上去的，原来的尖塔在法国大革命爆发之前，据说是因为在风暴中摇摇欲坠，所以为了安全起见拆除了。

巴黎圣母院位于西岱岛西部，始建于1163年，竣工于1345年，历时183年，属于哥特式建筑，是法兰西岛地区的哥特式教堂群中具有代表意义的一座，并以其开创性地使用的尖肋拱顶和飞扶壁、巨大而多彩的玫瑰窗，以及丰富的雕塑而闻名。巴黎圣母院与周边的圣·夏佩勒教堂（建于13世纪的一座典型的法国哥特式教堂）、巴黎裁判所大楼（建于13—14世纪的哥特式城堡形建筑）一起，构成了美轮美奂的法国哥特式建筑群（图5-13~图5-15）。该建筑群的天际线起伏有致，尤其是巴黎圣母院巍峨的双塔和高耸的尖顶使邻河建筑物的立面起伏有致，极富象征意义和视觉震撼。巴黎圣母院是巴黎最有代表性的历史古迹、观光名胜与宗教场所，每年约有1200万人参观游览，成为巴黎最多人访问的观光景点。

巴黎圣母院在历史文化遗产保护方面占有特殊的重要地位，巴黎圣母院长127米，宽45米，拱高33米，是当时西方基督教世界里最大的教堂。维欧勒·勒·杜克在修复巴黎圣母院的过程中融入了"整体性修复

图5-13　巴黎圣母院西立面（巴黎圣母院2019年大火之前）

图5-14　1844年的巴黎圣母院立面和1864年的巴黎圣母院西立面

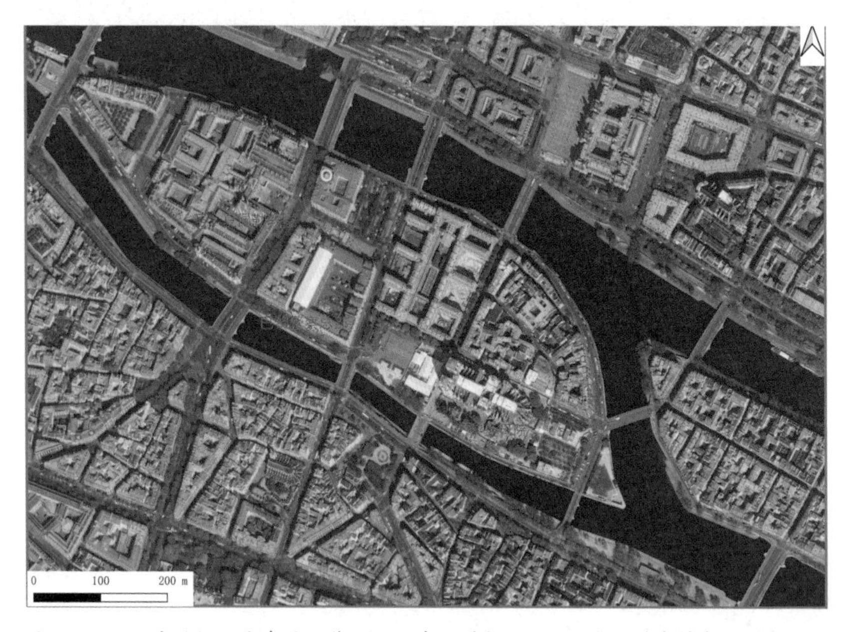

图5-15　位于塞纳河西岱岛的巴黎圣母院建筑群空间位置示意图（资料来源及绘制说明：绘制底图为ESRI卫星影像）

或风格式修复”的理念。19世纪象征意义的修复见证了法国文物建筑保护部门的诞生，成为历史文化遗产保护史不可或缺的部分；19世纪下半叶到20世纪初，通过去除病害的表层“美容”措施，巴黎圣母院重新焕发了青春；20世纪巴黎圣母院的保护分三类：保护、修复和安全。

2019年4月15日（法国当地时间），巴黎圣母院在修缮的过程发生大火，失火点位于教堂阁楼处。大火导致其尖塔坍塌，巴黎圣母院高达96米的标志性尖塔已经不复存在，中后部的木质屋顶完全被烧毁，而其石制的拱顶大部分得以保存（图5-16、图5-17）。这是自法国大革命以来巴黎圣母院遭到的最严重的一次破坏，也是人类文化遗产的一次损失，其火灾后修复工作受到法国国内的高度重视和国际社会的高度关注。

在修缮方案征集过程中，不少建筑学家提出了建设现代塔尖的设想，但也有很多反对意见，认为应该重建一个与以前一模一样的塔尖，这样才符合古建筑保护《威尼斯宪章》的规定。争议和讨论一直持续到2020年7月，马克龙宣布放弃以国际竞标方式建造现代化巴黎圣母院塔尖的想法，决定以原样重建塔尖。

法国作为世界首个颁布实施文化遗产法的国家，政府有着丰富的历史文化遗产保护的立法经验，构建了以《遗产法典》为核心的国家遗产保护法律体系，在文化遗产保护领域走在了世界前列，在历史文化遗产保护领域做出的贡献有目共睹。但是，百密一疏生出了祸患，致使巴黎圣母院这座久负盛名的世界文化遗产，被这场本可以防范和避免的大火所吞噬，其文化遗产的损失震惊世界，其惨痛的教训值得世人警醒。

图5-16　巴黎圣母院大火

图5-17　修复中的巴黎圣母院

第二节　北京历史文化保护区

一、有关名城保护规划的探索

新中国成立以来，有关北京历史名城保护规划的探索大致经历了五个阶段，即20世纪50年代、20世纪80年代、20世纪90年代、2004年和2016年的北京城市总体规划。自第三阶段起，开始提出历史文化名城整体保护的新阶段。自《北京历史文化名城保护条例》于2005年5月1日开始实施以来，在北京市级层面上已经形成了《北京市城乡规划条例》《北京市非物质遗产条例》和《北京市实施〈中华人民共和国文物保护法〉实施办法》等较为完善的法治法规体系，为北京历史文化名城保护提供了有力的法治保障。随着经济社会的发展和认识程度的不断加深，历史文化遗产已经成为城市的重要组成部分，北京提出“老城不能再拆”的要求，历史文化遗产保护传承工作提高到前所未有的高度。

20世纪50年代的保护规划标志着北京历史名城保护的初始阶段。在旧城总体规划中，保留并发展了城市的中轴线，对于原有的棋盘式道路网，整齐对称、平缓宽阔的城市空间格局和园林水系进行了必要的保护并划定了四合院保护区。这个总体规划基本保证了北京旧有格局的完整，但也存在几点明显不足：一是局限于平面布局，对旧城三维空间格局缺乏研究；二是没有编制得力的控制性详规和制定相应的建设法规，总体规划难以得到切实的贯彻；三是局限于文物建筑本身的保护，缺乏从周围环境和整体上保护旧城的思想。

20世纪80年代的《北京城市建设总体规划方案》体现了人们对城市保护的认识从浅及深、从局部到整体、从微观到宏观的发展过程。1982年，国务院公布了第一批共24个国家历史文化名城，北京名列榜首。20世纪80年代编制的总体规划第一次纳入了历史文化名城的概念，并确定了不仅要保文物建筑本身，还要保护其周围环境以及从整体上保护和发展北京特色的原则。

嗣后，文物保护工作有了很大进展。在新公布了两批文物保护单位之后，北京市级保护单位由78项增加到209项；同时还在不同程度上确定了近千项区级保护单位的保护措施，由北京市政府颁布了有关202项文保单位的保护范围和建设控制地带的法规。

继1985年首都规划委员会首次公布了市区建筑高度控制的规定之后，1987年，又进一步做出调整，规定了容积率的限制，提出了景观视廊和传统风貌街区的保护。1990年，北京市政府颁布了25个街区为第一批历史文化保护区。

1991年完成的《北京城市总体规划（1991年—2010年）》第一次系统提出历史文化名城保护，把历史文化名城保护和发展列为总体规划的专项规划，包括文物单位保护、历史文化保护区保护和历史文化名城整体保护三部分内容。内容包括两方面：一是对文物保护单位、历史文化保护区的保护；二是从城市格局、城市设计和宏观环境上实施对历史文化名城的整体保护。其中，还就历史文化名城的整体保护提出了十项内容：①保护和发展城市中轴线；②体现明清北京城“凸”字形的城郭形象；③保护与北京城市沿革密切相关的河湖水系；④保持原有棋盘式路网骨架和街巷胡同格局；⑤注意吸取传统城市色彩的特点；⑥按照平缓开阔的城市空间格局特点，分层次控制建筑高度；⑦保护城市景观线；⑧保护街道对景；⑨增辟城市广场；⑩保护古树名木。至2002年《北京历史文化名城保护规划》出台，划定了物质形态保护的要素和原则，真正构建起这三个层次的保护规划格局，并结合城市建设从人口、用地、交通、市政建设等方面提出了促进老城健康发展的措施，疏解核心区功能，鼓励和引导公众参与保护工作，进一步提高老城的整体保护。

2004年，北京编制完成的《北京城市总体规划（2004年—2020年）》明确要求“北京是世界著名古都和历史文化名城。应充分认识保护历史文化名城的重大历史意义和世界意义。重点保护北京市域范围内各个历史时期珍贵的文物古迹、优秀近现代建筑、历史文化保护区、旧城整体和传统风貌特色、风景名胜及其环境，继承和发扬北京优秀的历史文化传统。”要求保护古都的历史文化价值，弘扬和培育民族精神，全面展示北京的文化内涵，形成融历史文化和现代文明为一体的城市风格和城市美丽。在2005年1月份国务院的批复文件中，明确要求北京市要

“加强旧城整体保护、历史文化街区保护、文物保护单位和优秀近现代建筑的保护。”2005年12月，国务院出台《关于加强文化遗产保护的通知》重要文件，要求各地各部门“要从对国家和历史负责的高度，从维护国家文化安全的高度，充分认识保护文化遗产的重要性，进一步增强责任感和紧迫感，切实做好文化遗产保护工作”，强调“加强历史文化名城（街区、村镇）保护”，要“把历史名城（街区、村镇）保护规划纳入城乡规划”“文化遗产保护比文物保护更强调时代传承性，也更加强调公众参与性”，北京历史文化名城保护内涵进一步深化。2012年，《中华人民共和国非物质文化遗产法》颁布，使全社会更加重视非物质文化遗产的保护（图5-18）。

图5-18 北京 历史文化保护区划图（据《北京城市总体规划（2004年—2020年）》）

2016年，北京完成了《北京城市总体规划（2016年—2035年）》，要求加强历史文化名城保护，强化首都风范、古都风韵、时代风貌的城市特色。

2017年9月，中共中央国务院关于对《北京城市总体规划（2016年—2035年）》的批复正式下发，明确提出加强历史文化保护传承的新要求，即“做好历史文化名城保护和城市特色风貌塑造（图5-19）。构建涵盖老城、中心城区、市域和京津冀的历史文化名城保护体系。加强老城和‘三山五园’整体保护，老城不能再拆，通过腾退、恢复性修建，做到应保尽保。推进大运河文化带、长城文化带、西山永定河文化带建

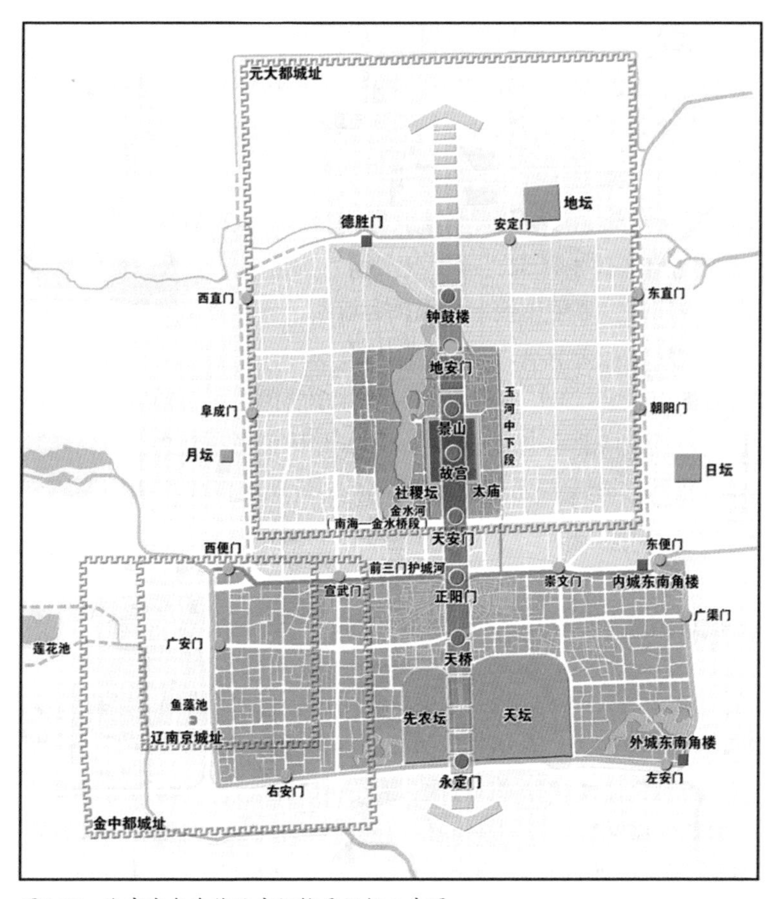

图5-19　北京市老城传统空间格局保护示意图

设。加强对世界遗产、历史文化街区、文物保护单位、历史建筑和工业遗产、中国历史文化名镇名村和传统村落、非物质文化遗产等的保护，凸显北京历史文化整体价值，塑造首都风范、古都风韵、时代风貌的城市特色。重视城市复兴，加强城市设计和风貌管控，建设高品质、人性化的公共空间，保持城市建筑风格的基调与多元化，打造首都建设的精品力作。”

2020年8月，北京市公布了《首都功能核心区控制性详细规划（街区层面（2018年—2035年）》，提出“深入贯彻落实历史文化名城保护要求，提出加强老城整体保护，建设弘扬中华文明典范地区”的要求，明确指出“要严格落实老城不能再拆的要求，坚持保字当头，以更加积极的态度、科学的手段实施老城整体保护，精心保护好这张中华文明的金名片。”规划以“两轴、一城、一环”作为核心区骨架，加强老城空间格局保护，保护好两轴与四重城郭、棋盘路网与六海八水的空间格局，彰显独一无二的壮美空间秩序。以高水平的城市设计强化老城历史格局与传统风貌，形成传承蕴含深厚历史文化内涵、庄重典雅的空间意象。扩大历史文化街区保护范围，保护好胡同、四合院、名人故居、老字号，保留历史肌理。以中轴线申遗保护为抓手，带动重点文物、历史建筑腾退，强化文物保护及周边环境整治。其中，“两轴”即长安街和中轴线，长安街以国家行政、文化、国际交往功能为主；中轴线以文化功能为主。“一城”即北京老城，要推动老城整体保护与复兴；“一环”即沿二环路沿线，建设展示历史文化、人文景观和现代首都风貌的公园环。

二、北京历史文化保护区的划定及工作的展开

北京历史文化保护区，现名历史文化街区，是北京市人民政府正式公布的历史文化保护区。自1990年的《北京城市总体规划》中确立了第一批老城内25片历史文化保护区以来，北京市已经正式公布了43片历史文化街区，其中老城区有33片，老城区外有10片（据《北京历史文化街区风貌保护与更新设计导则》相关数据）。其中，北京市皇城历史文化街区、

大栅栏历史文化街区、东四三条至八条历史文化街区在2015年入选首批中国历史文化街区（全国共30条）。北京老城区33片历史文化街区总面积20.6平方公里，占老城总面积62.6平方公里的33%，占核心区92.5平方公里的22%（表5-1）。

表5-1　北京老城区历史文化街区

序号	历史文化街区名称	公布批次
1	南长街	第一批
2	北长街	第一批
3	西华门大街	第一批
4	南池子	第一批
5	北池子	第一批
6	东华门大街	第一批
7	文津街	第一批
8	景山前街	第一批
9	景山东街	第一批
10	景山西街	第一批
11	陟山门街	第一批
12	景山后街	第一批
13	地安门内大街	第一批
14	五四大街	第一批
15	什刹海地区	第一批
16	南锣鼓巷	第一批
17	国子监-雍和宫地区	第一批
18	阜成门内大街	第一批
19	西四北头条至八条	第一批
20	东四北三条至八条	第一批

（续）

序号	历史文化街区名称	公布批次
21	东交民巷	第一批
22	大栅栏	第一批
23	东琉璃厂	第一批
24	西琉璃厂	第一批
25	鲜鱼口	第一批
26	皇城	第二批
27	北锣鼓巷	第二批
28	张自忠路南	第二批
29	张自忠路北	第二批
30	法源寺	第二批
31	新太仓	第三批
32	东四南	第三批
33	南闹市口	第三批

资料来源：北京市规划和自然资源委员会，《北京历史文化街区风貌保护与更新设计导则》，2019年3月：第7页

位于二环路（明清时期北京城）范围内的这一批历史文化保护区共25处，分为两大类：第一类为原皇城内具有典型传统风貌特色的街区，以及具有重要历史文化价值的地段，包括南、北池子街，南、北长街，景山前、后、东、西街，东华门、西华门大街，陟山门街，国子监街，南锣鼓巷平房四合院区，西四北一条至八条平房四合院区等共14个街区；第二类为具有较多历史建筑和传统民风、民俗特色浓郁的街区，包括什刹海、地安门内大街、琉璃厂东街、琉璃厂西街、大栅栏街、牛街、五四大街、文津街、东交民巷、阜成门内大街、颐和园路等共11个街区。根据这两类街区的不同特色相应提出了不同的保护要求：对第一类街区，要求严格保护现有格局，维持现有建筑高度及具有传统特色的

总体风貌，不得任意新建、改建及改变使用性质，各项建设工程的建筑高度、密度、形式、材料、色彩、树木等都要和原有风貌协调；对第二类地区，要严格保护具有历史价值的建筑及其环境，对传统风貌特色进行总体保护。同时，由北京市规划局负责起草了《北京市历史文化保护区规划管理暂行规定》。

第一批历史文化保护区的公布在一定程度上对保护北京城市传统风貌起到了积极的推动作用，有关区政府也积极配合市规划部门进行了一些探索。如西城区组织编制了《什刹海地区控制性详细规划》（图5-20~图5-23）。东城区政府对国子监街和南锣鼓巷地区开展了整治工作，这

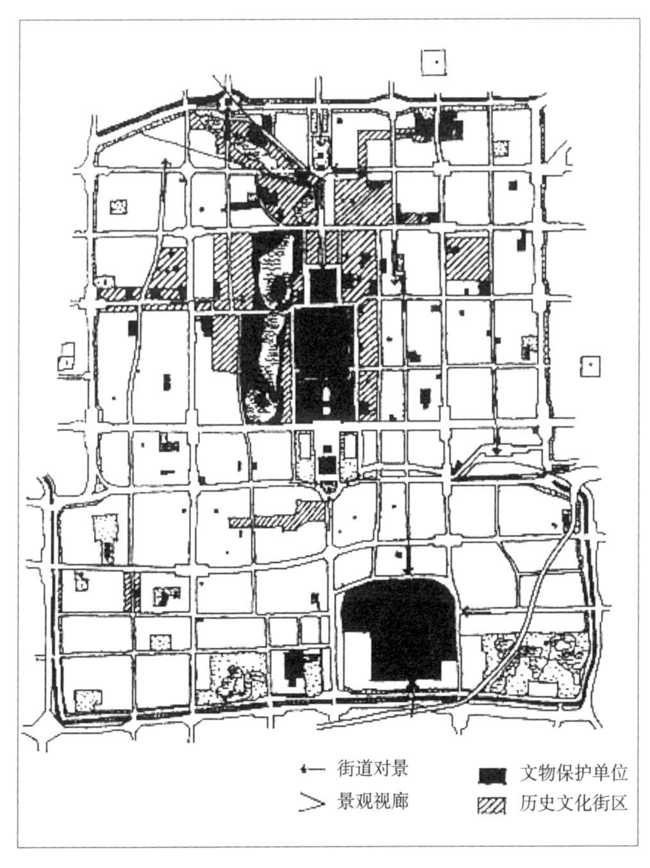

图5-20　北京旧城文物保护单位及历史文化街区位置示意图

图5-21 北京什刹海地区规划总图

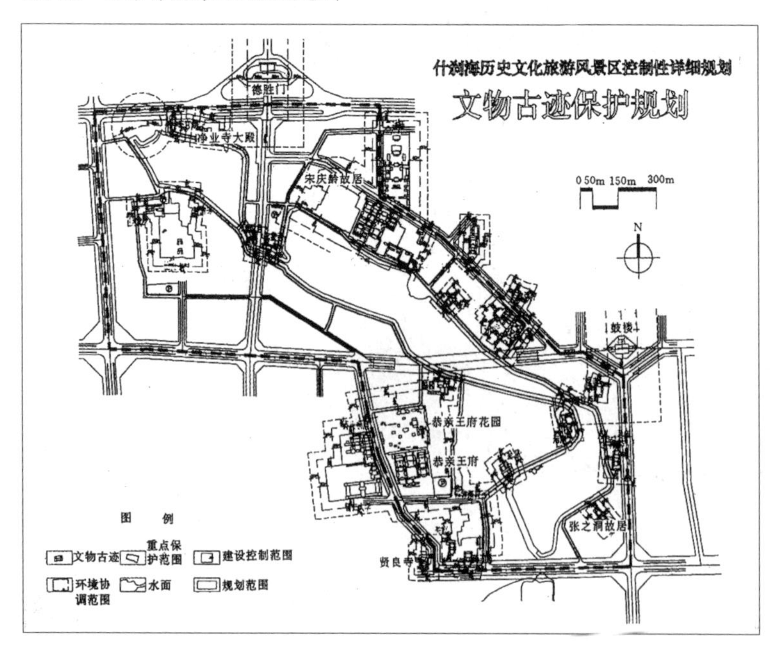

图5-22 北京 什刹海地区文物古迹保护规划

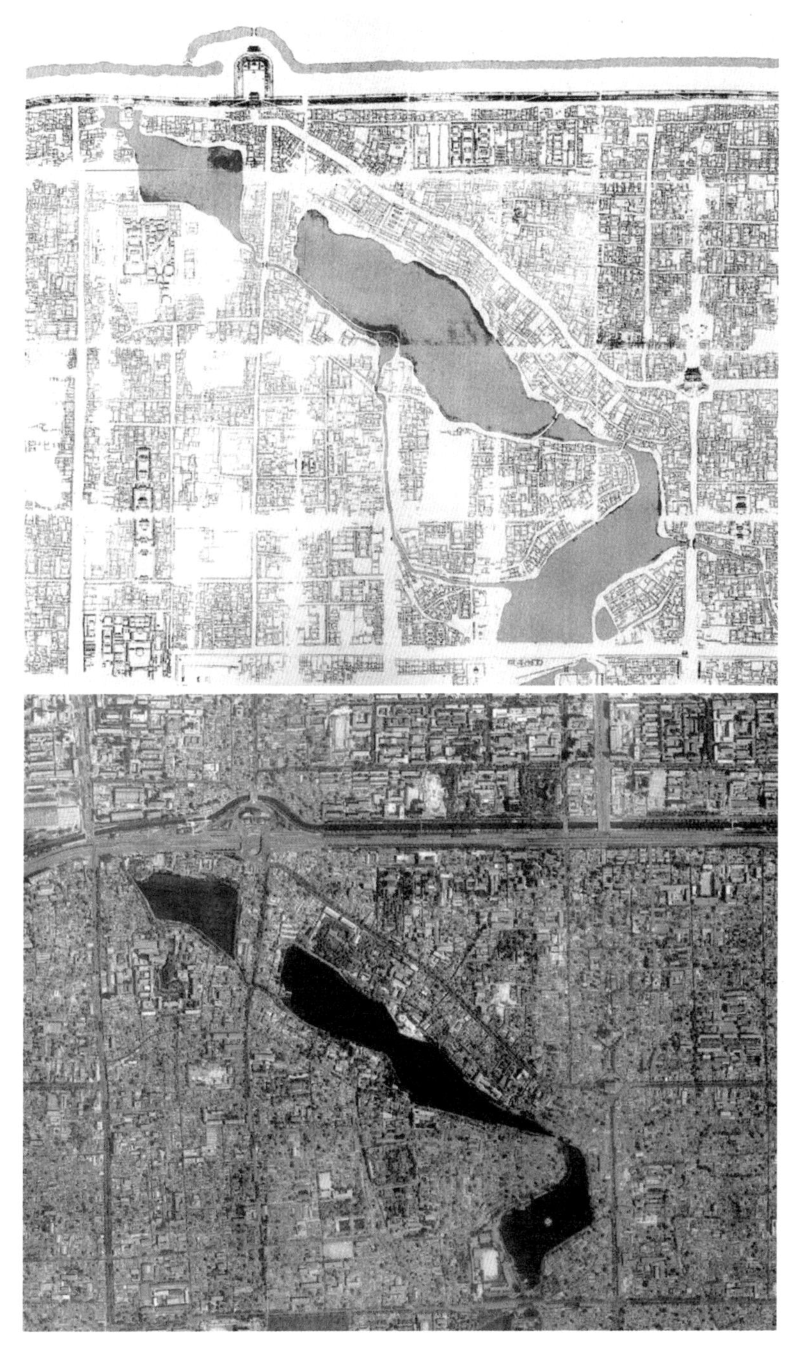

图5-23　北京　什刹海地区乾隆时期道路格局与现状航拍实况的比较

些都在一定程度上促进了古城风貌的保护。由于1990年公布的历史文化保护区仅仅是一个名单，并没有相应确定保护范围、保护内容，因而也就无法提出具体的管理措施及制定相关的法规，许多保护区实际上并没有受到保护。按北京市规划局前总规划师李准的说法，在这期间，保护区内的有些建筑正在缓慢地“改变面貌”，如南长街、南池子、北池子；个别地区已经“判若两人”。就是已经编制了规划的地区在实施上也困难重重，如面积134公顷的什刹海地区内有大量民居、商店、机关、工厂，且分属两个街道管辖，要想保护好这一地区的传统风貌，使其环境得到进一步改善并获得新的活力，难度极大。

1999年，北京市政府又重新划定了25片历史文化保护区（图5-24），增加了鲜鱼口（图5-25、图5-26）和东四三条至八条，取消了破坏严重的牛街。1999年3月首都规划建设委员会第十八次会议原则通过了《北京旧城历史文化保护区保护和控制范围规划》，确定了位于明清古城内的地安门内大街、南长街、什刹海等25片历史保护区的范围。从这些保护区的分布状况来看，又可分为如下九部分：

第一部分包括南长街、北长街、西华门大街，占地面积30.38公顷。

第二部分包括南池子大街、北池子大街、东华门大街，占地面积22.31公顷。

以上这两部分的街区特色基本相同，都是清代以来形成的以传统四合院为主的街区。街区内分布着一些重要文物，街道绿化良好，具有传统的街道空间尺度，交通量较少，安静且有居住气息。

第三部分包括景山前街、景山东街、景山后街、景山西街、陟山门街、五四大街、文津街、地安门内大街八个历史文化保护区，占地面积100.44公顷。这一组街区是衬托景山、北海团城、中南海、大高玄殿、老北京图书馆等重要文物建筑的“背景”地带，是整个皇城和中轴线两侧不可或缺的重要组成部分，以平房四合院为主（图5-27）。

第四部分为什刹海地区，占地面积195公顷。这一部分包括以三海水面和滨湖绿带构成的自然景观、以传统民居和银锭观山等景点视廊构成的人文景观。其中重要的城市景观标志点有钟鼓楼、德胜门、汇通祠等；重要的视廊包括景山与鼓楼之间的视线联系、银锭观山、自德胜门

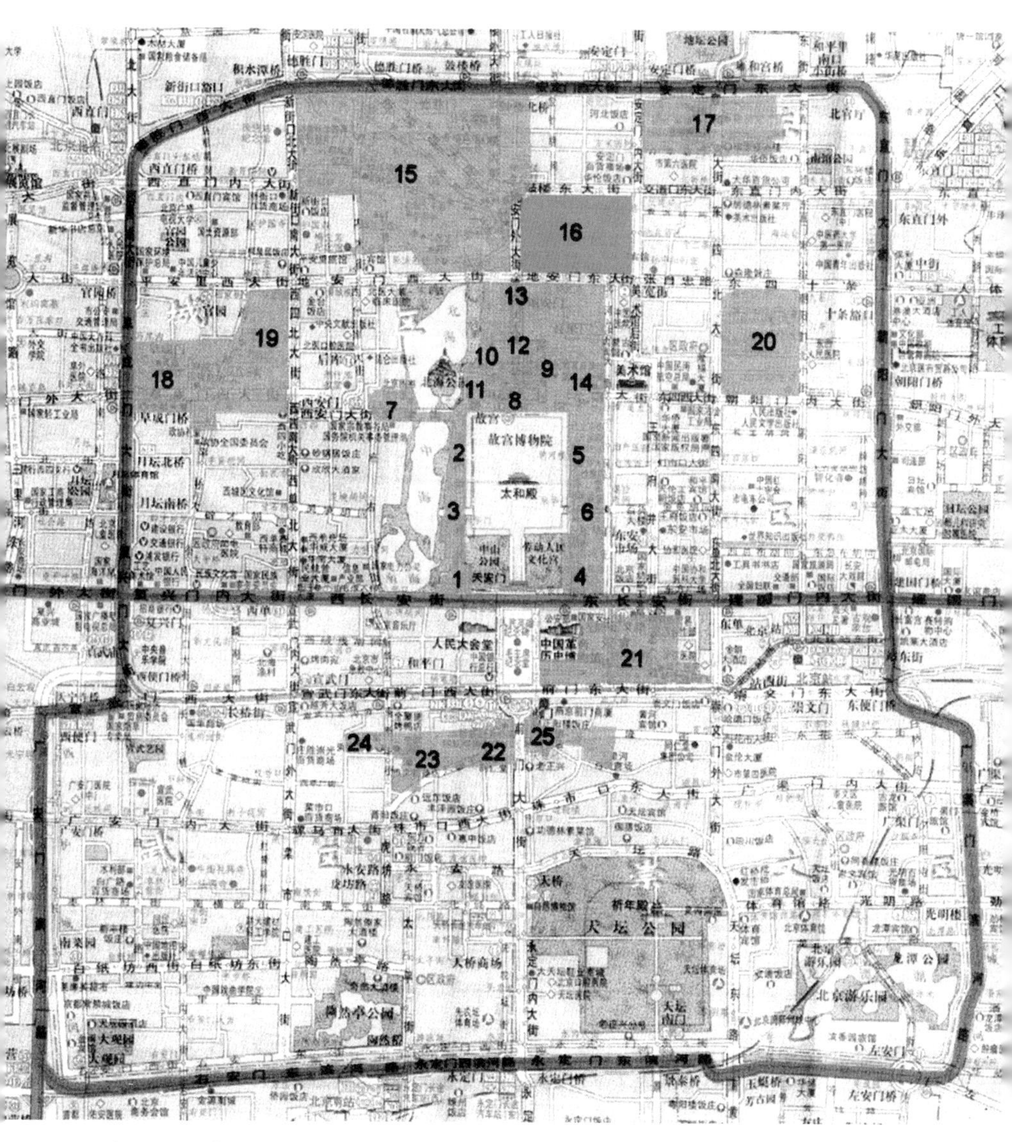

图5-24　北京　25片历史文化保护区分布图：1. 南长街；2. 北长街；3. 西华门大街；4. 南池子；5. 北池子；6. 东华门大街；7. 文津街；8. 景山前街；9. 景山东街；10. 景山西街；11. 陟山门街；12. 景山后街；13. 地安门内大街；14. 五四大街；15. 什刹海地区；16. 南锣鼓巷；17. 国子监地区；18. 阜成门内大街；19. 西四北一条至八条；20. 东四北三条至八条；21. 东交民巷；22. 大栅栏地区；23. 东琉璃厂；24. 西琉璃厂；25. 鲜鱼口地区

图5-25　北京　鲜鱼口区长巷二条胡同2号如意门砖雕（左）及草厂26号湖南长源会馆（右）

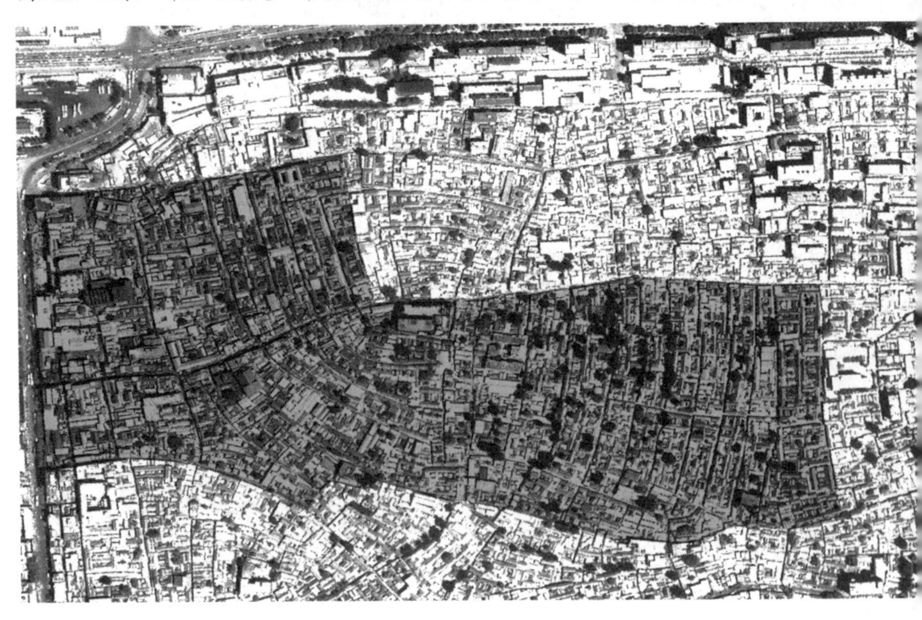

图5-26　北京　鲜鱼口航拍图

向北、向南的视域范围等。

第五部分是南锣鼓巷四合院传统平房保护区，占地面积83公顷。南锣鼓巷地区最早建于元代，虽经数百年变迁，街坊仍基本保持着元代的鱼骨式道路格局。今天的南锣鼓巷地区仍然是北京典型的平房四合院地段。区内保存有许多质量较好的名宅古园、山石雕刻、精品四合院和名人故居，是北京最典型的传统街区。

第六部分为国子监街、东四北三条至八条，占地面积约26.27公顷，是以传统四合院为主的历史街区。该区仍具有传统街道的空间尺度，有一些重要的文物古迹，其中三个对外开放的全国重点文物保护单位构成了该地区文化旅游的标志特征。

第七部分包括阜成门内大街、西四北一条至八条，占地面积71公顷。阜成门内大街为文物集中的城市大街（图5-28）；西四北为具有中

图5-27　北京　景山周围八片保护区（景山前街、景山后街、景山西街、景山东街、五四大街、文津大街、陟山门街、地安门内大街）航拍图

国传统四合院民居的地区（图5-29）。

第八部分是东交民巷，占地面积62.24公顷。从历史发展的角度来看，它可作为中国近代史的实物见证，从一个侧面反映了中国从封建社会沦为半封建半殖民地社会的历史变迁。从建筑艺术的角度来看，该地区汇集了20世纪初西方各国不同风格的建筑，形成了老北京城独有的使馆区风貌。

第九部分包括东琉璃厂、西琉璃厂、大栅栏地区、鲜鱼口地区。这一组地段体现了晚清建筑风格，其间有大量西洋建筑，以平民的商业、文化、娱乐活动和生活居住为主（图5-30、图5-31）。

图5-28　阜成门内大街的全国重点文物保护单位历代帝王庙

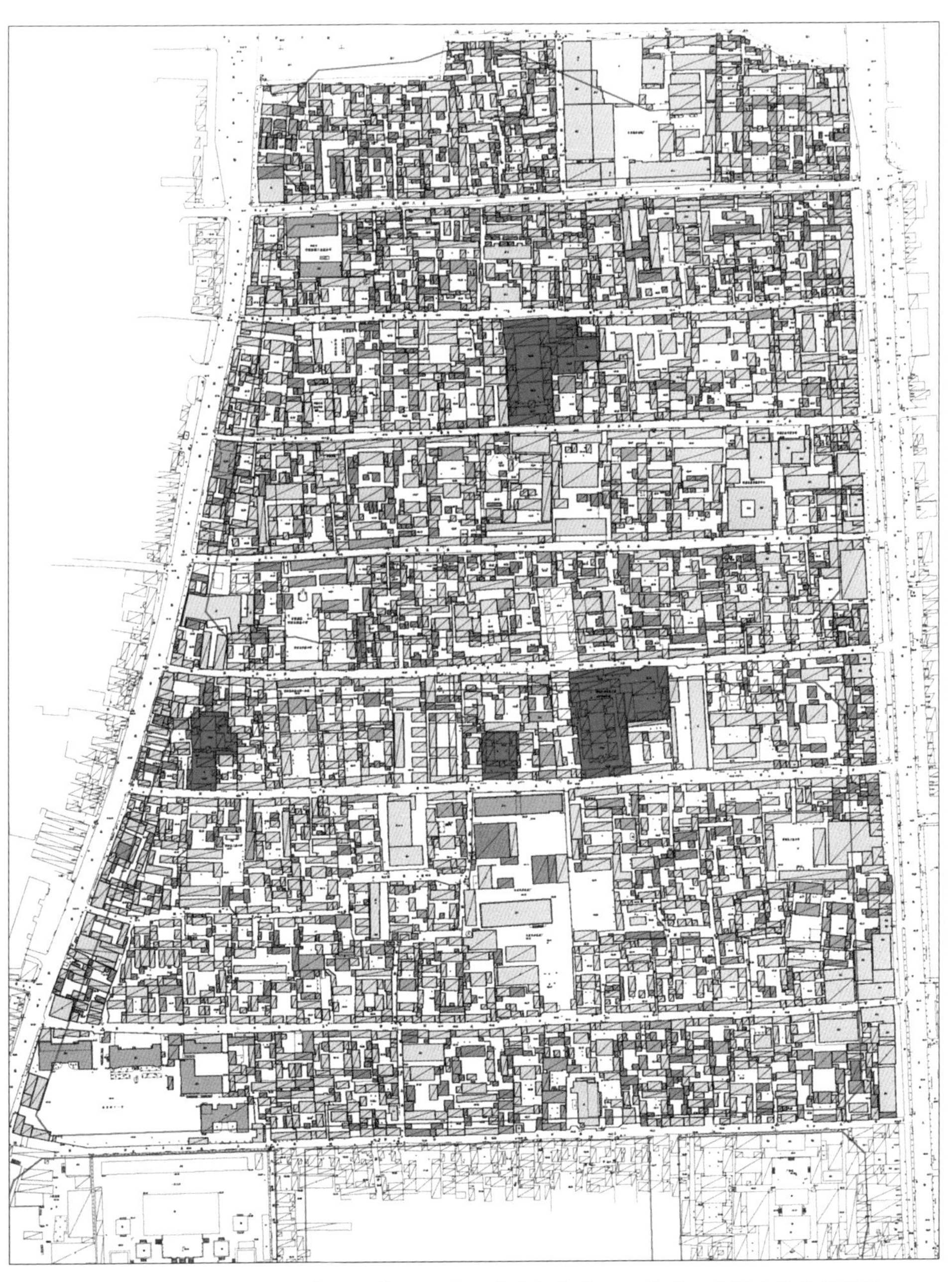

图5-29　北京　西四北头条至八条现状建筑质量分类图，可看到保存得非常完整的传统道路系统

图5-30 北京 东琉璃厂历史文化保护区土地使用现状图（沿街基本上仍为商业用地）

经调整最后确定的25片保护区总面积为559公顷，周围的建设控制地带398公顷，再加上177个市级以上文保单位（保护范围619公顷）及其建设控制地区（726公顷），总占地面积达2302公顷，为旧城面积（62.5平方公里）的37%。

1999年6月，北京城市规划设计研究院开始对南长街、北长街及西华门大街进行现状调查，同年12月编制完成《南长街、北长街、西华门大街历史文化保护区保护规划》。2000年4月，该院根据已完成的上述保护规划的思想理论、工作方法、工作内容、工作进度等方面的内容制订了《北京25片历史文化保护区保护规划纲要》，并由市规划委员会邀请中

图5-31　北京　东琉璃厂街历史店铺照片

国城市规划设计研究院、清华大学、北京建筑工程学院（今北京建筑大学）、北京工业大学、北京市建筑设计研究院等十二家单位共同进行编制工作，要求工作达到控制性详规的深度（图5-32）。

《纲要》明确要求遵循“整体保护、合理保留、普遍改善、局部更新”的方针，通过“微循环式”的保护与更新方法，体现整体性、动态性、微型化及可持续发展原则。规划的内容分为四大部分，即历史研究、现状调查、规划研究及政策研究。各单位于2000年11月底完成初步编制工作交付专家评审。这次25片保护区规划编制工作的开展标志着北京历史文化保护区的保护进入了一个新的阶段。其中，国子监和南长街、北长街、西华门大街历史文化保护区典型性较为突出，分别予以评介。

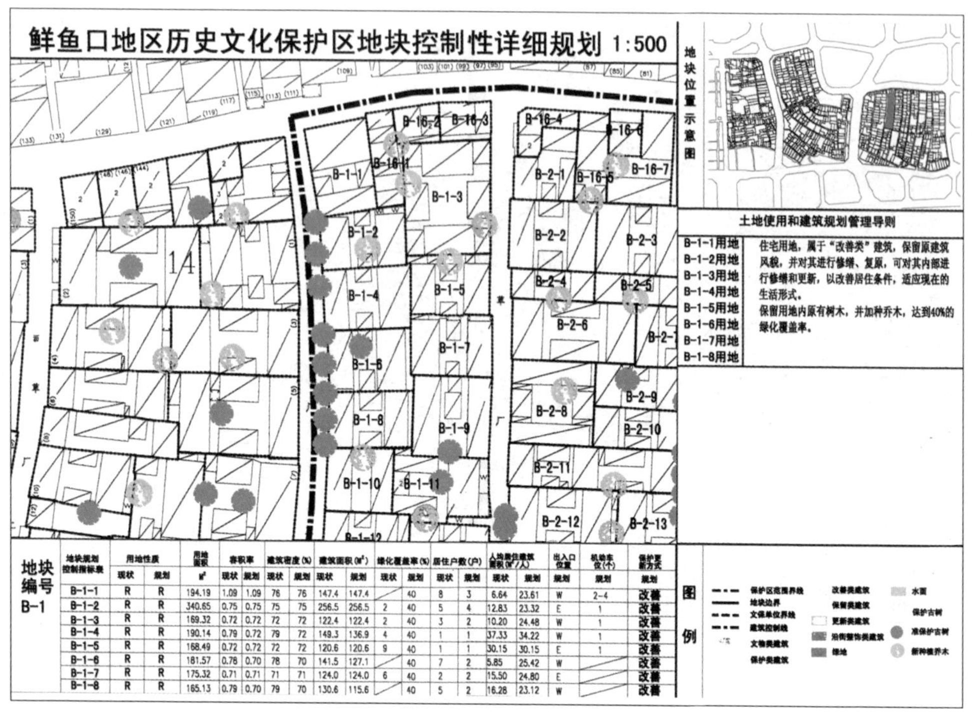

图5-32　北京　鲜鱼口历史文化保护区地块控制性详规（局部，比例尺1：500）

三、典型实例分析一：国子监历史文化保护区保护整治规划

（一）背景与现状

国子监街位于北京旧城东北部安定门内，又名成贤街，是现存不多的京城古老街道之一，它形成于元代初年，距今已有700多年历史，是元大都内具有独特地位的一条街道。国子监街东临雍和宫、柏林寺，北隔二环路与地坛相望，西眺钟鼓楼。地区内有全国重点文物保护单位两处（国子监和孔庙）、市级文物保护单位循郡王府、四座始建于明代的牌楼以及不少格局或质量较好的传统四合院（图5-33~图5-36）。其独特之处正是体现在具有不朽的历史建筑、迷人的街道景观和丰富的文化内涵上。

新中国成立前，国子监街的环境和功能一直没有太大变化。新中国成立后，许多四合院被拆除，建起了部分楼房，“文革”期间还出现

图5-33　北京国子监琉璃牌坊

图5-34　北京国子监辟雍

图5-35 北京 国子监成贤街牌楼

图5-36 北京 孔庙大成殿图

了简易楼。20世纪80年代以前，这个地区基本保持着以居住为主的功能结构。从20世纪80年代开始，随着第三产业的发展，沿安定门大街和雍和宫大街开始出现一些小规模的商业和饮食服务业。1984年，国子监街被定为北京市文物保护单位，20世纪80年代后期，有关部门开始对该地区进行整治，取消了国子监街25米宽的道路规划红线，仍保持原道路宽度。通过改造与整治，旅游和房地产业得到很大发展。

虽然国子监历史文化街区特色突出，但现状问题也不少，主要表现在：由于经费短缺，国家级文物保护得较好，区级文物破坏严重，亟待修复；很多院落格局或房屋质量较好的四合院，因私搭乱建和常年失修也急需维护；人口密度大，居住条件和生活服务设施较差，城市基础设施不完善；现状用地以居住用地为主，商业用地较少，许多企、事业单位面临转产命运；公共绿化空间不足；交通堵塞严重，区内道路基本维持原有格局，但缺乏足够停车场地；房屋产权结构复杂，房屋质量较低（多以三类为主）；四合院民居私搭乱建情况严重，大多数院落建筑密度在70%以上。

同时国子监街目前还面临着较强的开发压力，除高档四合院开发外，已有两家开发公司分别立项对该地区西北和东侧地段进行大规模的改造。房地产开发投机性强，不利于该地区的整体保护和整治；高档四合院的开发缺乏科学的规划和管理，沿街四合院的改造速度过快，有的质量相当好的亦被拆除；城市基础设施的改造也缺乏政策和资金的有力支持。

（二）规划研究

国子监街的保护整治工作从一开始就有明确的指导思想，即“从整治环境入手，整旧如旧，不搞大拆大建，逐渐恢复传统风貌特色，形成以简朴民居为主，衬托两组古建筑群的幽静环境和独特风貌”。

规划建议的保护区范围为自安定门内大街以东至柏林寺东侧的炮局、北二环以南至方家胡同与前永康胡同的整个地区。由于各种条件的限制，规划仅重点研究西部国子监街地区40公顷的范围。

根据该区内历史建筑和街区景观的价值，规划建议将西区分为三个层次（图5-37）：①核心保护区。由历史文物建筑，具有一定历史价值、房屋质量较好的传统四合院，以及形成良好街区景观的四合院建筑群三部分组成；②保存较好的院落组群。主要由格局或局部房屋质量较好的四合院组成，分布较分散；③建设控制区。为区内将进行适当改造的建筑质量和街区景观价值都较差的地区。

在保护整治原则上，规划明确，国子监街的重要文物建筑（特别是国子监、孔庙及东区的雍和宫、柏林寺）是该历史文化保护区的“灵魂”所在，保护整治要以突出这些重要文物建筑为最高目标。同时对作为这些重要文物赖以存在的外部环境，即整个东、西保护区也应严加控制、保护和整治。为此，规划建议：

1. 严格控制区内沿北二环路南侧的建筑高度，确保雍和宫在该路段景观中的突出地位。

2. 对核心保护区和较好院落组群采取修缮、适应性的再利用及局部

图5-37　北京　国子监历史文化保护区范围（西区）

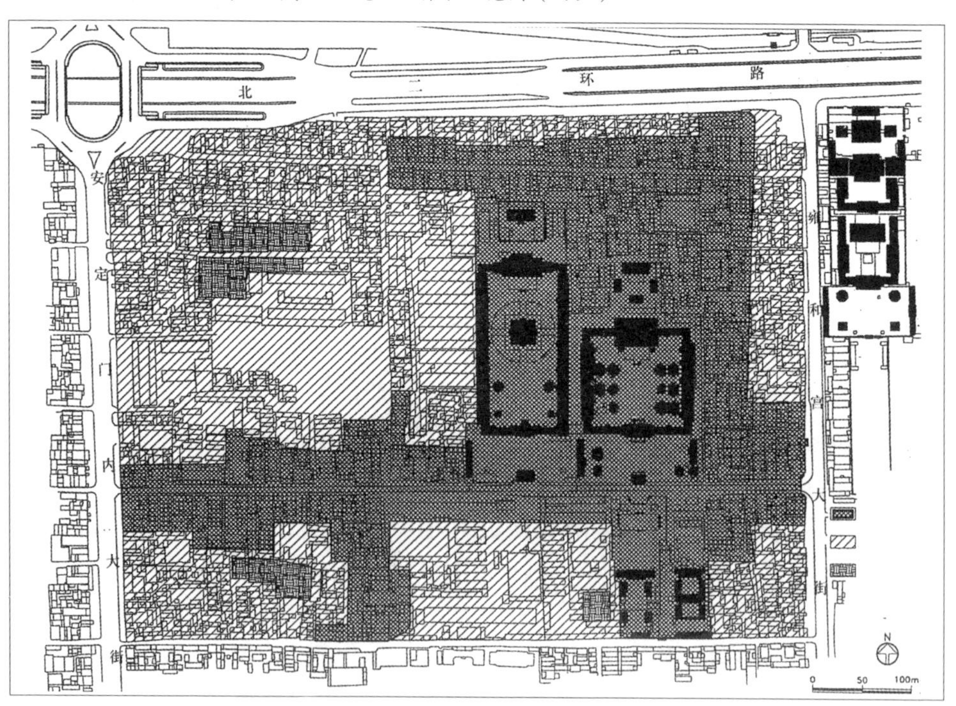

整治的政策，并通过土地利用和功能布局，调整和强化该地区的历史文化氛围。

3. 严格保护重要文物建筑的文化内涵和周边景观环境，突出特色，并通过项目改造使环境得到改善。

4. 严格控制常住人口及临时户籍人口，减少居住人口密度。

5. 在尊重区内原有街道空间体系和景观特色的前提下，改善道路交通及基础设施。

6. 按实际区位条件发展商业，适当控制总规模，循序渐进。

7. 不搞大拆大建的开发，坚持多渠道集资、投资与政府扶持相结合的方式，尽可能维护社区原有社会结构的稳定。

8. 文物建筑、核心保护区、较好院落组群的保护、修缮和整治要严格遵守有关规定，新建筑要严格按照该地区城市环境设计的有关政策和建筑法式进行。

9. 旅游业的开发和设施配套，对几个重点地区进行全面统筹规划。

10. 要求保护和整治工作在区政府的统一领导下，按有关政策进行。

11. 各项工作争取得到保护区内单位、居民的理解和支持，充分考虑区内单位和个人的利益。

12. 鼓励公众参与保护区的保护、整治及管理工作。

（三）专项规划

1. 人口规划

按总体规划关于疏解旧城区人口的要求，调整用地，适当减少居住用地，以改善居住条件；控制居住密度和容积率，以保护和改善历史文化风貌。为保证保护和整治工作顺利进行，对户口实行冻结，并鼓励逆差性户籍置换和人口外迁。

2. 用地规划

地区功能原则上以旅游、文化和居住为主，兼有少部分商业和办公等功能。具体说即地区内部以居住为主，商业、办公等用地主要沿安定门内大街、雍和宫大街和方家胡同布置。规划要求严格控制商业、办公规模，以免造成盲目开发和交通堵塞。相应增加道路和停车用地、居住区内绿地、开放空间及基础设施用地。

3. 旅游业发展及保护规划

雍和宫的宗教活动是这两个保护区最重要的旅游吸引力。据分析预测，该地区的游客平均每年增长1万～1.5万人。鉴于停车位不足，规划建议在雍和宫南侧建设具有一定规模的停车和旅游服务设施，在国子监地区建四个旅游停车场，并控制主要旅游商业服务设施沿雍和宫大街一侧发展。

4. 道路交通规划

根据城市总体规划和控制性详规的要求，规划建议在以国子监街为主的一级保护区内，形成方便、系统的步行街体系；拓宽方家胡同（红线30米），拆除胡同南侧建筑，以保护胡同北侧的文物建筑及保存较好的四合院；拓宽永康胡同、五道营街的中部及沿也庙东北侧部分（红线15米），构成区内东西向主要道路；确定机动车道路系统，沿国子监和孔庙外墙开辟消防通道（红线44.5米）；沿安定门内大街一侧建服务性辅助道路，解决商业配送货问题；划定区内机动车单行道路系统；对地区内外机动车实行有区别的管理方式，以减少不必要的交通穿行。

5. 建设控制区改造规划

根据规划，该区建设控制区可改造用地面积约13公顷，现状各类房屋占地面积约13万平方米，各类私搭乱建房屋占地面积约2.4万平方米。其中，二类房屋约占39.6%，三类较好房屋约占17.5%，较差的占31.8%，危旧房屋约占11.1%。可改造区内，尚有一些办公、工厂、学校、仓储等用房，居住人口约1万人，占整个地区居住总人口的73%，从这里也可看出这些地区的改造对整个历史文化保护区的保护和整治至关重要。

规划方案根据不同地块所处的不同环境和用地性质，提出了不同的规划控制原则。总方针是：

1）统一规划设计，分步实施改造，采取灵活多样的政策和方法，设计上体现历史感和地方性。

2）充分考虑现有道路系统、产权边界、房屋质量、树木及地下基础设施条件等的限制，一次性改造规模不宜过大。

3）精心保留大树和名贵树木。

4）充分利用有价值的老建筑局部和传统建筑材料，体现历史感。

5）用系统建筑法式（Building Codes）控制新建筑设计，以保证地区的整体风貌。体现“设计城市而无须设计建筑”（Design City Without Designing Building）的动态设计思想。

6）妥善处理好区内单位和居民搬迁安置问题，使改造有利于大多数居民的生活和工作[㊀]。

四、典型实例分析二：南、北长街及西华门大街历史文化保护区保护规划

（一）现状及规划目标

南、北长街及西华门大街位于北京西城区皇城之内，属西长安街街道办事处管辖，是北京皇城内以传统四合院为主体的居住性街区（图5-38）。其范围北至文津街，南接西长安街，西临中南海，东至故宫、筒子河及中山公园。规划范围内总用地面积30.57公顷，净用地面积22.91公顷。现状总建筑面积15.1万平方米（不含私搭乱建的违章建筑），规划总建筑面积约14.79万平方米。现状户籍人口6486人，总计2564户，平均每户2.5人。

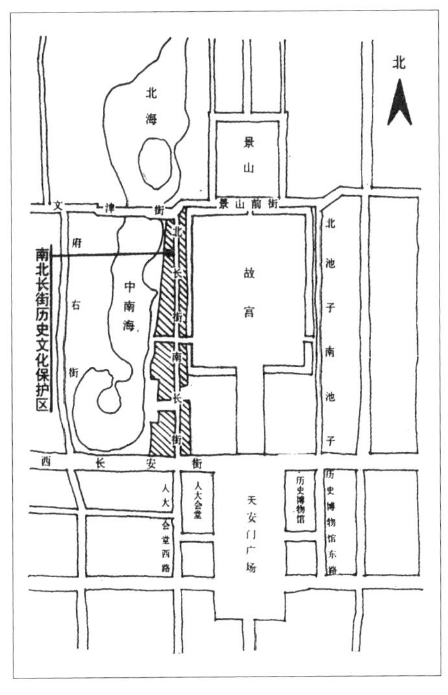

图5-38 北京 南、北长街及西华门大街历史文化保护区土地使用规划图（原图比例尺1∶2000，标明地块划分）

为使保护区既能保持完整的历史传统风貌，又能满足现代生活的需求，规划打算适当调整街区土地使用功能，强化南、北长

㊀ 张杰：《国子监历史文化保护区保护整治规划》，原文载《北京规划建设》，1999年第2期。

街街区的居住功能。在合理确定人口密度的基础上，控制建筑密度，改善居住条件，提高环境质量。同时完善街区的基础设施，改善交通条件，以适应现代城市功能和生活要求。通过对街区传统风貌的保护和城市设计引导，提高街区景观、风貌的品质与特色。高起点、高标准、远近结合，统一规划，分步实施。

（二）土地使用及地块划分

南、北长街及西华门大街整个街区用地按实际情况及需求划分为23个大地块，245个小地块（图5-39）。其划分尽量以自然边界、道路、原有院落边界为准，并尽可能考虑与现状用地的行政区划、产权归属保持一致，减少因地块划分而带来的各种矛盾，同时还要考虑更新改造的灵活性等因素。小地块划分尺度上因地制宜，面积小的一般容纳一个正常规模的四合院或三合院单位，面积大的可容纳两个或两个以上正常规模的四合院单位。每个小地块至少有一个边界临街道或胡同（有条件时，尽量保持南北走向，以符合传统四合院布局与朝向的要求）。有历史、艺术价值的保护性地块、主要参考其行政区划边界，根据保护的实际需要及完整保护原则来划分；各级文物保护单位基本按国家规定的保护范围。单位、机构所属地块以现状所属用地边界为准。

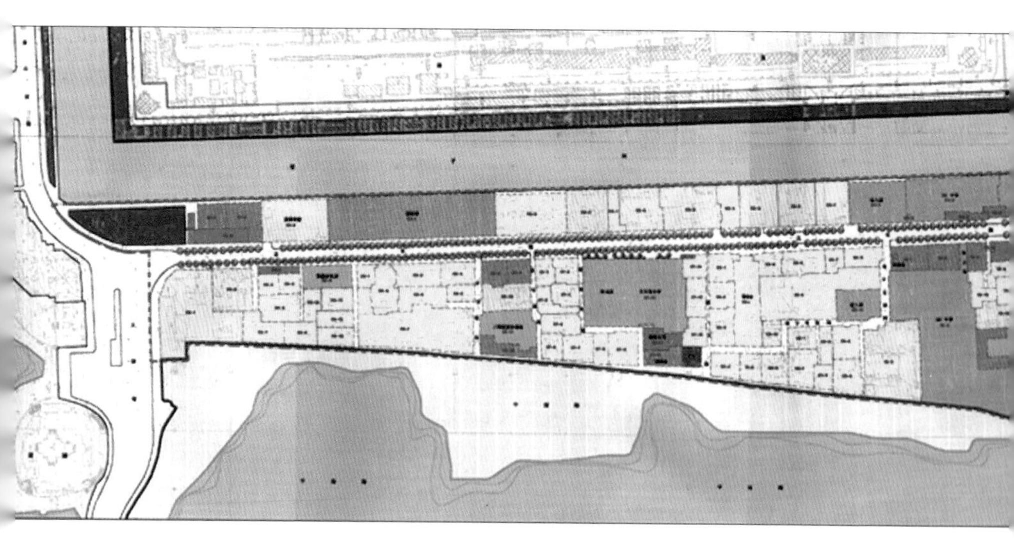

图5-39　北京　南、北长街历史文化保护区位置及范围示意图

街区内土地的保护与更新按地块图则规定的土地使用性质进行控制。但在更新改造过程中，因特殊需要，可有条件地在规定范围内改动某些地块原定的使用性质。此外，在改变规划用地性质时，还要求满足以下要求：用地面积与规划用地面积相当；不得突破原规划控制的建筑容量；当改为非居住用地时，建筑的空间布局和建筑形式要求符合传统四合院形态和住宅建筑形式；性质改变后的地块控制指标则参照类似用地性质的地块进行相应调整。

（三）建筑控制、街区保护与更新

建筑高度控制基本要求维持原有传统住宅的高度（即原为一层平房，按一层高度控制；原为二层楼房，按二层高度控制）。限高均以建筑结构最高点计，坡屋顶建筑以屋脊高度计。对于保护区内近三十年所建的高于二层的建筑，均视为破坏风貌的建筑，要求远期予以拆除。

街区中新建建筑的空间布局形态、建筑形式、尺度、材料、色彩、风格要求与传统风貌协调，并在地块导则上提出具体要求。沿南、北长街及西华门大街及街坊主次道路两侧地块，以地块边界线作为建筑控制线；中南海东侧以围墙为基准，向东2.5米处设控制线；故宫筒子河西侧以护栏为基准，向西3米处设控制线；任何建筑不得越线建设。街区内部

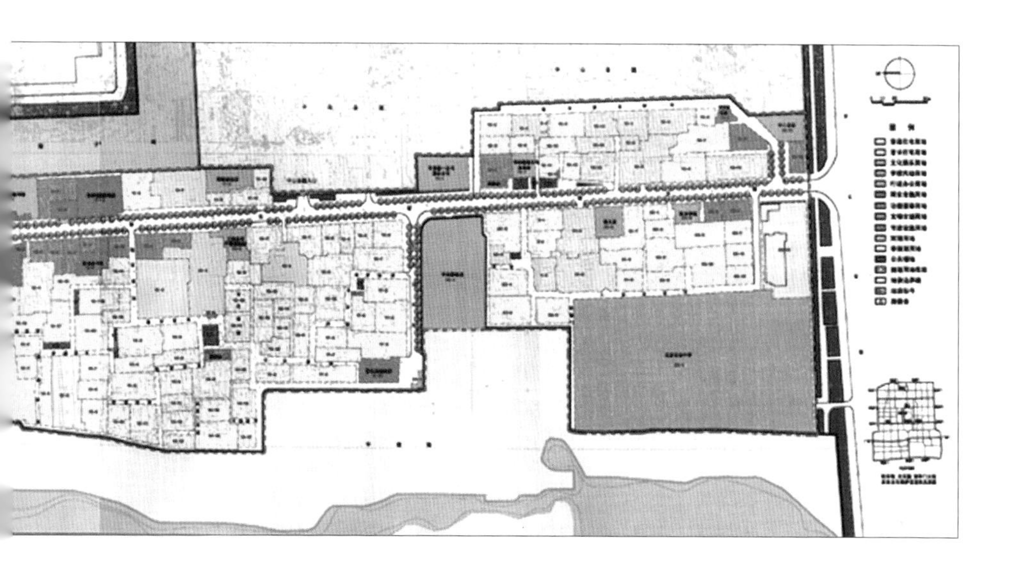

道路宽度定为2.5米；筒子河滨河路宽3米。

规划参照北京市房屋土地管理局制定的房屋完损分类标准，将街区内现状建筑质量按四类进行评定（标准为五类、规划中将四、五两类合并为一类）。一类指结构完好，设施基本配套的建筑；二类指结构基本完好，但设施配套不全的建筑；三类指系结构较差，但质量维护较好的建筑；四类指结构和质量维护都较差的建筑。一、二类基本属新建筑，三类属需加强维护和整修的旧建筑，四类为需要更新的旧建筑。

街区建筑风貌分为六类进行控制（图5-40）。一类是国家、市、区级文物保护单位，共8项；二类是具有一定历史、艺术价值的传统建筑，共37项；三类是和传统风貌较协调的新建筑，如部分首长住宅；四类是具有典型传统四合院空间形态的旧建筑；五类是不具有典型传统四合院空间形态的旧建筑；六类是和传统风貌不协调的新建筑。

最后，综合考虑建筑质量与风貌情况，将街区内建筑从保护与更新的角度分为下述七类（图5-41）：

1. 一级保护类建筑。包括已划为国家、市、区级文物保护单位的建筑，如西华门、福佑寺、万寿兴隆寺等建筑或建筑群，无论室内外均应依据相关文物保护法规严格进行保护。

2. 二级保护类建筑。指街区中一些尚未列入各级文保单位名录，但具有一定历史，艺术价值的传统建筑，如西城区图书馆、静默寺、前宅胡同3号院等建筑或建筑群，该类可参照一级保护类建筑进行保护。

3. 保留类建筑。指一些结构完好，建筑风格又与传统风貌相协调的新建筑，可作合理保留。

4. 改善类建筑。即建筑结构较差，但维护状况较好，且群体具有典型四合院空间形态的传统建筑。可允许内部修缮更新，外部基本复原；即使更新，新构也必须遵循老建筑原有的外墙基线，不得随意建造。

5. 更新类建筑。指街区内无保留价值，且不具有典型四合院空间形态的危、旧建筑，可采取综合改造和更新的手段，但更新项目必须经过专业人员的精心设计。

6. 整饰类建筑。主要指街区内单位或居民近年自行翻建、改造的建筑，建筑质量完好，尺度符合传统风貌的要求，但建筑形式、色彩、细

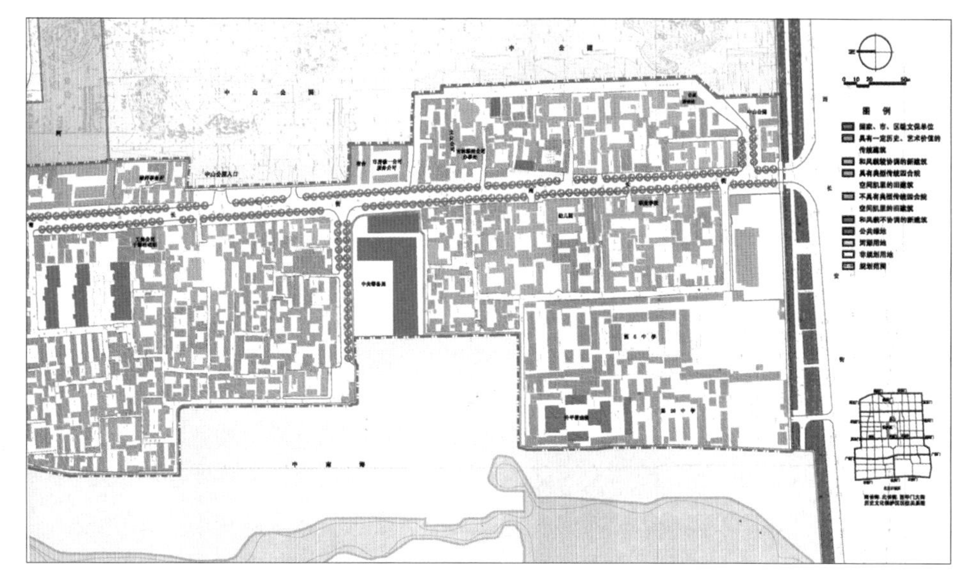

图5-40　北京　南、北长街及西华门大街历史文化保护区建筑风貌现状图（局部）

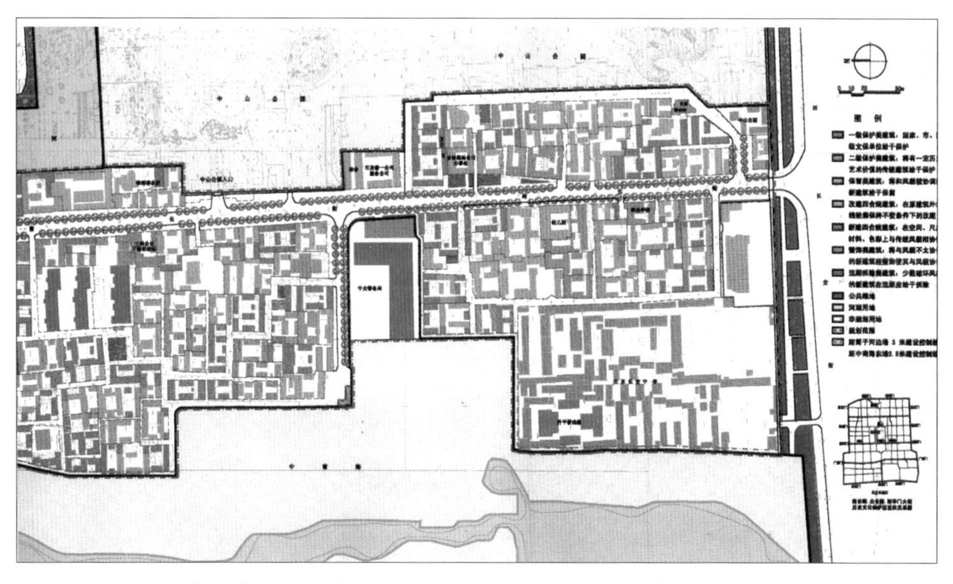

图5-41　北京　南、北长街及西华门大街历史文化保护区建筑保护与更新规划图（局部）

部与传统风貌不协调。需采用整饰手段，使之与传统风貌一致。

7. 远期拆除类建筑。为街区内少数单位建的三层以上（含三层）的建筑。虽质量完好，但尺度、形态、色彩、材料均不符合传统风貌，近期可保留，远期应予拆除。

与此同时，规划还对建筑更新时序进行了规定，包括近期非更新类和近期更新类两种。近期非更新类建筑为上述七类建筑中的一、二级保护建筑、保留类建筑、整饰类建筑，远期拆除类建筑；近期更新类建筑为上述规定中的改善类建筑和更新类建筑。

为了更好地控制街区建筑更新改造的程序，规划进一步依据前述对现状建筑质量的评定标准，将更新时序划分三期：第一期为沿南、北长街及西华门大街两侧需要更新的旧建筑（属现状建筑质量评定中的第三、四类）；第二期指街坊内急需更新的旧建筑（属于现状建筑质量评定中的第四类）；第三期是街坊内需要更新的旧建筑（属于现状建筑质量评定中的第三类）。

（四）其他各专项规划

1. 道路交通

主要以不破坏历史文化街区的风貌、方便居民出行、改善街区市政条件为目标。保留并保护南、北长街及西华门大街现有道路空间尺度，道路断面及道路两侧的树木。在保护和保留原有道路胡同的肌理、走向、尺度的基础上，适当拓宽和打通原街坊内的胡同，形成主次分明的道路结构（道路的具体宽度在地块图则中均有规定）。街区内不设公共机动车停车场，非机动车以四合院停放为主。

2. 绿化系统

规划街区绿化覆盖率达到40%以上。包括街道绿化（特别是南、北长街及西华门大街）、集中绿地（如临故宫筒子河一带、北长街北口东北角、中山公园西入口前等处）和宅院绿化三个层次。

3. 市政设施

为了节省管线占地，规划拟将电力、电信、有线电视线路结合在一起，敷设综合沟，在极为狭窄的街坊次要道路上允许架空这三条线路。采暖一部分使用天然气，另一部分采用电采暖方式。

第三节　浅析及比较

一、保护区现状

北京和巴黎由于城市均为从中心向外扩展，所以重要古迹大都集中在中心区。巴黎历史文化保护区主要集中在查理五世城墙和路易十三城墙内，北京老城33片历史文化保护区全部位于明清时期北京城里（大致相当今二环路内）。

从面积上看，如果不考虑位于巴黎旧城区外侧的布洛涅森林和文森森林公园的话（两者均属列级地区），巴黎旧城内保护区、列级地区、列表地区加在一起，面积约为旧城总面积的五分之一，如把1975年8月6日法令确立的扩大的登录地段也算在内，面积约近旧城区总面积的五分之三（图5-2）。巴黎市区列级、列表建筑近2000栋（图5-42、图5-43）。

根据《首都功能核心区控制性详细规划（街区层面）（2018—2035

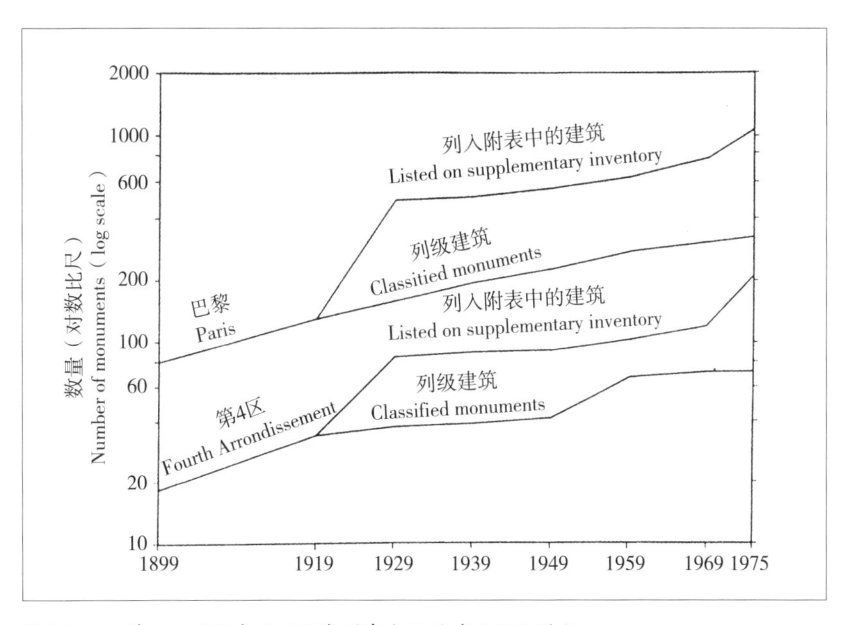

图5-42　巴黎　从1899年至1975年列表分级的建筑累积总数

年）》，北京首都功能核心区现有世界文化遗产3项，各级文物保护单位350项（其中全国重点79项、市级127项、区级144项），北京市历史建筑数量269栋（处）；历史文化街区的占地面积为20.6平方公里，占核心区92.5平方公里总面积的22%，超过五分之一，占老城62.6平方公里总面积的33%。

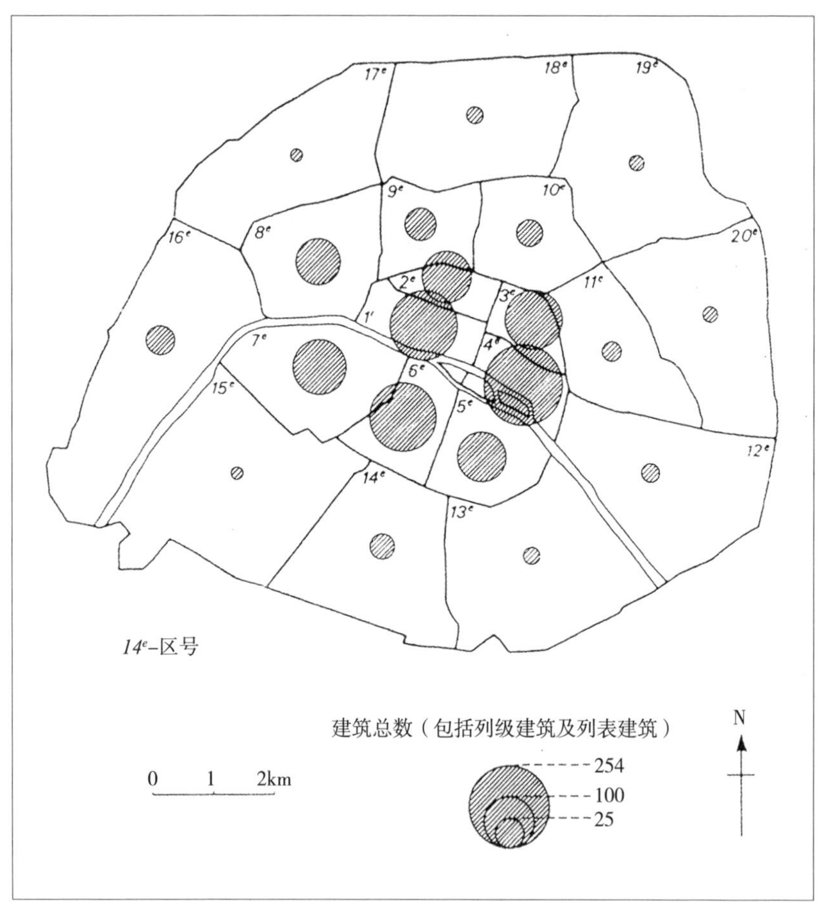

图5-43 巴黎 截至1975年底各区列入保护名单中的建筑总数

二、保护区规划

和高度控制等问题一样，在保护区理论及思想的发展上，巴黎亦属起步较早的城市。早在1913年的法令中，人们已开始注意到建筑物及其周围环境的保护。随着1962年《马尔罗法令》的出台，进一步引进了“积极保护”的观念以代替过去的“消极保护”，除了物质环境的保护外，还注意到维持社区传统的职能活动。1967年的《土地指导法令》（特别是其中的土地利用规划）更成为保护历史地段的得力工具。到20世纪70年代，这一套体系和做法已比较成熟。

相比之下，北京在这方面起步较晚。20世纪50年代的保护规划尚还处在初级阶段，对文物建筑的保护基本上仅限于建筑本身，缺乏从周围环境和整体上保护旧城的思想。20世纪80年代，在第一批国家历史文化名城公布以后，才开始注意到不仅要保文物建筑本身，还要保护其周围环境及从整体上保护和发展北京的特色。但直到20世纪90年代才确定25个街区为第一批历史文化保护区，且以后很长一段时间没有进一步采取有力的规划措施。20世纪90年代完成的总体规划虽第一次把历史文化名城的保护和发展列为专项规划的内容，但所提出的基本是一些原则性要求，内容过于空泛，缺乏可操作性。保护区规划的编制工作实际上直到20世纪90年代末才全面展开，很多东西尚处在摸索阶段。但在这几年期间，随着改革开放的深入，在保护思想和方法上，人们已开始紧跟国际潮流的变化，如把历史地段的保护整治看作是一个动态变化的过程，采用控制性详规等先进规划手段等。

从规划深度上看，1967年巴黎马雷区规划方案地段图纸比例尺已扩大到1：500，具体落实到每栋建筑，分级列出需要采取的各类措施。1977年的建筑现状图中，不仅标明了被弃置的建筑、外部需要维修的建筑、立面保持完好的建筑、1967年以来的新建筑、1967年以来完成的修复工程等，甚至连1977年12月正在施工中的建筑也分为拆除、立面清洗、结构维修、新建几类分别标明。在马雷区的街道系统图中，道路也进一步根据年代进行了划分，分为第二帝国时期及以后、1815—1848年、1545—1700年、1545年以前等几个级别。当然，这种做法实际上属于需要立即付诸实施的建筑方案，严格说来并不是规划文件。

北京市目前已完成的几个保护规划都没有做到这样的深度。如国子监地区的规划只是将保护区（西区）分为三个层次（核心保护区、较好的院落组群和建设控制区）进行控制。这种做法显然和实施的方式及手段密切相关。但北京也有自己的特色：什刹海地区的规划，特别是1999年6月完成的南、北长街及西华门大街保护区规划都采用了控制性详规，开始注意到对保护区实施动态控制。南、北长街及西华门大街保护区规划在净用地面积22.91公顷范围内划了23个大地块，245个小地块（小的仅容一个正常规模的四合院或三合院，大的可容纳两个或两个以上的四合院），加上综合考虑建筑质量与风貌情况，将街区内建筑从保护与更新的角度分为七类，具有较强的可操作性，同时又具有一定的灵活性（如在用地面积、容量及风貌外观不变的前提下允许在一定范围内改变用地性质）。

值得注意的是，随着国家对历史文化遗产保护要求的不断提高，北京历史文化名城保护力度不断加大，专门编制了以老城区保护为重点的《首都功能核心区控制性详细规划（街区层面）（2018年—2035年）》，并在2018年8月正式获得国务院批复。规划明确了首都功能核心区的战略定位，即首都功能核心区是北京城市空间结构中的“一核”，未来要将这“一核”建设成为全国政治中心、文化中心和国际交往中心的核心承载区，历史文化名城保护的重点地区，展示国家首都形象的重要窗口地区。

三、规划实施

从实施的力度来看，巴黎对历史建筑的保护是以立法的形式实现的。法国的立法体系采用国家与地方相结合的方式，以《历史古迹法》和《马尔罗法令》分别作为文物建筑与保护区两个层次的保护立法核心，明确保护对象、保护方法及保护资金的原则及内容。地方政府则根据城市自身特点结合城市规划制定更为详尽及有针对性的保护、管理、控制性法规与文件。这种从上至下的完整立法体系为巴黎实施保护措施提供了强有力的支持。

在确定规划实施区上巴黎的做法可说是相当慎重。如马雷区，先通过初选，定下面积约9公顷的“候选区”，经专业研究机构进行可行性论证后再选定其中的3.5公顷作为最后的实施区（即卡尔纳瓦莱区，后考虑财力缩为3公顷）。投资方式则落实到国家、市政府及个人三级。实施按三阶段进行（每阶段5年）。拆迁和安置也都有具体安排（主要在旧城外缘地区，只有9%在近郊区）。在法国，确定近期实施区（SO）和建立负责具体操作的专业合资公司（SEM）是保证保护区规划实施的两个最重要的步骤。

从完成效果来看，以圣保罗老区为例，其总建筑面积从32600平方米降到12000平方米，居民由730户降到400户，空间绿地均有所增加。但这些做法仍具有一次完成的性质，耗资巨大，不可能把面铺得很开。因而到1976年规划时，原定的目标便不得不进行压缩。

北京先后编制实施了《北京旧城25片历史文化保护区保护规划》《北京第二批15片历史文化保护区保护规划》《北京第三批3片历史文化保护区保护规划》《北京皇城保护规划》《东四南历史文化街区保护规划》等历史文化保护区和历史文化街区保护规划，制定了《历史文化街区工程管线综合规划规范》（DB11/T 692—2019）、《北京历史文化街区风貌保护与更新设计导则》（京规自发〔2019〕76号）等相关规范、导则，从国子监地区等历史文化街区保护规划和更新实践来看，尽管还有这样或那样的问题，但已经开始积累了一些符合国情的经验。除了调动多方面（当地政府、居民、企业、非政府组织等）的积极性，多渠道、多途径地开展保护工作及区别不同情况，采取易地补偿、就地还建等措施处理好迁建中的各种问题外，最主要的一条是采取渐进的方式进行保护整治，不急于求成。由于历史街区是市民生活和从事各类活动的有机载体，地段内的各类建筑总是处在新陈代谢之中。因此，历史地段的保护过程，必然是不断保留、修缮好的或较好的建筑，逐步剔除破旧建筑的过程。从国子监地区的实际情况看，历史上形成的建筑无论在规模、档次和质量上都有很大差异。根据对该地区沿街传统房屋的调查，质量上虽然存在一些问题，但经过维修可继续满足使用需求的约占总面积的70%（其他应予保护的文物建筑和质量较好、有价值的四合院建筑约占10%，质量差、需近期拆除或改建的危旧房屋占20%）。可见，大部分传统建筑可通过修缮，赋予新的活力，产生良好的效益。

实际上，历史地段的价值和魅力，正在其丰富的历史文化积淀和不同历史时期遗存的叠加。实践表明，历经数千年形成的历史地段，短期内实行全面彻底的更新改造是很危险的，特别在当前的经济和认识水平上，获得利润往往成为投资改造的首要目的，保护传统风貌常常显得软弱无力。因此，从全局和长远的观点来看，逐步更新改造，避免急于求成，至少在目前北京的情况下不失为保护整治的上策。这样做，可能速度慢一些，但只有这种有计划、持续的维护、修缮与改造更新，才能不割断历史，有利于保护历史信息和文脉，不至于破坏现存的社区结构，使历史地段的发展显示出有机生长的特征。企望“毕其功于一役”，大拆大建或推倒重来，结果往往事与愿违。在原有基础上，以整治和逐步恢复传统风貌为主，保留历代建筑的叠加，使历史街区“延年益寿”的做法可说是在这方面开辟了一种新的模式。实践证明，对历史街区来说，这或许是一条积极稳妥的保护之路。

第六章　市区交通组织

第一节　街道网络沿革与特色

一、北京的街道网络沿革与特色

北京的街道网络奠基于元代元大都的街巷体系，街道整齐划一，形如棋盘。除了海子（积水潭）附近形成一条不规则的斜街（称为斜街市）外，其余道路均为正南北向，横平竖直，垂直相交，至今仍然保留着上千条胡同。随着时代的变迁，旧城内打通和拓展了一些道路，但棋盘格式路网骨架并没有改变，依然保留着传统风貌。经过多年的规划建设，北京中心城区形成了“棋盘路+环路+放射路”的基本道路框架。

元大都两个相对城门之间，除少数例外，都有宽阔、笔直的大道连通。这些干道纵横交错，连同顺城街在内，全城共有南北、东西干道各九条。据熊梦祥《析津志》记载：“街制……大街二十四步阔，小街十二步阔，胡同六步阔”。由此可知，当时全城的道路分为三个等级：大街24步、小街12步、胡同6步。胡同与胡同之间的距离为“五十步”。

明清时期北京内城是在元大都的基础上发展起来的，今长安街以北的街道仍然沿用了元大都街道旧制。除了局部地区因受自然条件制约，或因历史原因成斜街外，基本保持了“棋盘式”的街道格局。经考古证明，今北京东四以北乃至从东四头条到十二条，其街道、胡同的排列与宽窄均与元大都时一致；长安街以南，大都沿用了旧路，或在已废的沟渠上改建新路，出现了不少斜街或弯曲街道；外城居民区由于从未经过规划，因而大多是相互交错的曲折狭窄的街巷，形成一些自西南而东北通向正阳门的斜街。外城仅有的一条东西向的干道原为金中都内横贯全城的东西大道。

从元代至明清时期，北京的街道网络变化不大，维持了原有的棋盘式格局。变化的主要方面体现在街道的数量上。据《日下旧闻考》中“三百八十四火巷，二十九衢通”的记载，元代时的胡同数量为413条。此后胡同的划分日趋细密，到明代，据张爵在《京师五城坊巷胡同集》中记载，北京街巷胡同的数量已达到1170条左右；清代朱一新在《京师坊巷志稿》中记胡同约2077条；新中国成立前的1944年，在日本人多田贞一的《北京地名志》中，街道胡同数量已达3200条；最近根据1986年的《北京市街巷名称录汇编》，北京的街、巷、胡同、村约6104条。胡同为城市进入宅院的最后一个空间层次，是与居民生活环境密切联系的地方。北京的胡同属于封闭型内聚式带形空间，数百米长的狭窄过道对外只有两个出口。胡同宽度大约在7米左右，两旁住宅山墙的高度约为4米，断面的宽高比在$1<D/H<2$范围内，尺度比较适宜。胡同大多是东西向的。

从历史上看，北京的城市道路网络显现出两个鲜明的特点：第一就是路网稀疏。古城原有道路系统有干道和次要街巷（或称为胡同）两个等级。今天北京城内有些街道和胡同，仍然保持着元代的旧迹。干道宽约25米，胡同宽只6～7米。全城共有南北干道和东西干道各九条。由于住房大多数由四合院组成，占地面积较大（四合院有一进院、二进院、三进院、跨院等多种形式，占地面积小的约300平方米，中等的约600～800平方米，大一些的可达1000～2000平方米），标准的一进四合院包括前院、内院和后院，进深至少30米，通常是两个四合院背靠背相依，这样就决定了胡同之间的间距最小也要70米左右，加上胡同内往往还不能行车，这对形成北京市稀疏的道路网起到了决定性的作用。由此影响到干道间距也过大，小者一公里左右，大者达到约二公里。第二个特点即皇城对交通的阻塞问题。引用梁思成先生的话来说就是“庞大的皇城及西苑，梗立全城之中，使内城东西两部间之交通梗阻不便，为其缺点之最大者。然在当时，一切从皇室尊严为第一前提，民众交通问题非设计人所考虑者也”。[1]

随着铁路线和车站的不断建设，对北京的规划布局产生了明显的冲击。1896年京汉铁路通车，从西面破西便门城墙缺口进入，建了北京西站；1898年京奉铁路建成，从东面自永定门旁城墙至前门，建北京东站；1900年京通铁路通车，从东面进东便门，在东便门附近建客车场；1909年京张铁路通车，在西直门外建北站。

[1] 梁思成：《中国建筑史》（《梁思成文集（三）》，中国建筑工业出版社，1985年，p198）。

中华民国时期皇城与城市交通的矛盾很快暴露出来。由于它位居全城中心，东西之间的交往必须经由地安门以北或经正阳门内棋盘街绕行。中华民国初年，先开通了紫禁城东西侧的皇城，开通南北池子和南北长街。中心区拆除了长安左、右两门，仅余门阙；中华民国四年（1915年），又拆除了大清门（中华门）内的东西千步廊以及东西三座门两侧的宫墙，打通天街（即天安门大街），并修砌了中华门至天安门石道。至此，前门至地安门可以经南北池子或南、北长街直接到达，不必远绕东安门或西安门。1924年又在正阳门与宣武门之间开兴华门（后改为和平门）；在东长安街东端开启明门（后改为建国门）；西长安街西端开长安门（后改为复兴门）。1931年，故宫博物院为拓宽北门马路，便利交通，拆除了神武门外的北上东门和北上西门，筑大道于景山门与北上门之间，使原来的紫禁城和景山之间的禁地也变为一条东西交通要道。此外，还拆除了阻碍交通的一些牌楼、栅栏，使城市交通有所改善。

新中国成立以后，拓宽了东西长安街，打通了东单至建国门、西单至复兴门的道路，并向东、西延伸至通县和石景山，扩展成长40公里、宽14～80米、横贯市中心的东西向主干道。其他东西向干道工程还包括展宽打通了从阜成门经西四、景山、东四至朝阳门的朝阜干线，改建了北海大桥，开辟了从西便门至东便门的前三门大街，改建了骡马市大街、地安门东西大街、体育馆路等几条道路；在南北向干道方面，改建了永定门内大街、宣武门外大街、新街口北大街、崇文门内外大街、打通了磁器口至红桥间的道路，新辟了天坛东侧路。

北京现有的城市道路网依然是棋盘式格局，特别是东城、西城的道路网骨架和街巷胡同体系，仍然保持了从元代开始经数百年留下来的格局特色。北京内城、外城的城墙拆除后形成了现在的一环和二环。明清时期的老北京城，并无一条环路。中华民国时期修建了一条有轨电车路，这条有轨电车线路所经过的轨迹这就是老北京的一环路。二环路处于北京道路网的核心位置，围绕旧城区而建，全长32.7公里。在近郊区，分期分段修通了长达48公里、连通各郊区的三环路，建成了大型三元立体交叉道路，三环路于1994年全线按快速路标准建成通车。修建了部分四环路和一些地区性道路，还先后修建了从城区通往八达岭、小汤山、周口店、香山、颐和园等十多条放射干线。四环路全长65.3公里，全线共建设大小桥梁147座，2001年6月全部连成一体。五环路全长98.58公里，是北京市第一条环城高速公路，于2003年11月1日全线建成并通车，通车后属于收费高速公路，后为缓解交通，于2004年1月1日停止收费。六环路全长187.6公里，是连接北京第一圈卫星城的一条环形高速公路，2001年年底六环路第一期工程建成并通车，2009年9月全线贯通通车。北京现有市区的主要干路网就是由这六条环路、九条主要放射路、十四条次要放射路和贯通城区东西方向的六条干路、南北方向的三条干路组成（图6-1）。北京城市道路里程达到6147公里，其中城市主干路1020公里，快速路390公里；城市桥梁2184座，其中立交桥437座（表6-1）。

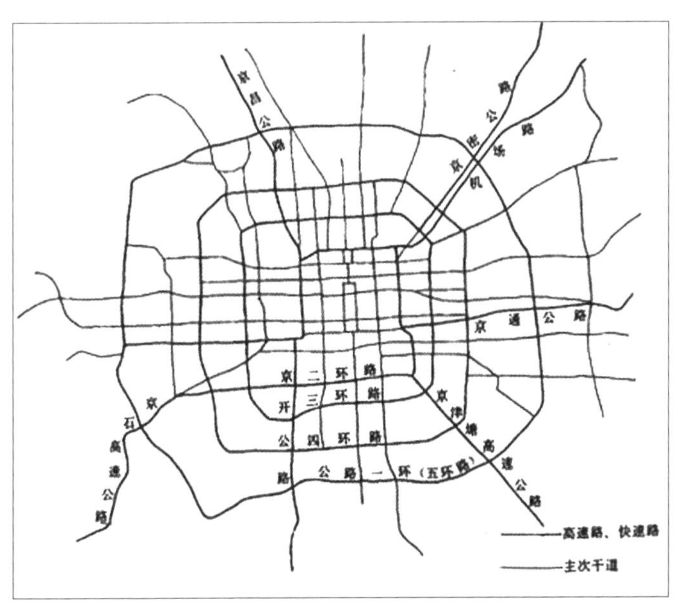

图6-1　北京　城市主要道路网示意图（由棋盘式道路、环路及放射路组成）

表6-1　北京公路、城市道路及桥梁情况（1990—2020年）

年份	公路里程		城市道路里程			城市道路面积/万平方米	城市道路桥梁	
	公里	高速路	公里	快速路	主干路		座	立交桥
1990	9648	35	3276	—	—	2905	562	33
1995	11811	113	3194	—	—	3494	582	84
2000	13600	268	4126	—	—	4921	834	149
2005	14696	548	4073	239	922	7437	964	304
2010	21114	903	6312	263	855	9395	1855	411
2015	21885	982	6423	383	969	10029	2069	731
2020	22264	1173	6147	390	1020	10654	2184	437

资料来源：北京市统计局，国家统计局北京调查总队 编.《北京区域统计年鉴2021》，北京：中国统计出版社，2021年。

二、巴黎的街道网络沿革与特色

中世纪巴黎的街道基本是自发形成，不仅狭窄，而且由于地形的影响，全城几乎没有正南北向或正东西向的道路，很少有规律性的表现。

这样的道路不久就受到来自新型交通工具的冲击。在汽车出现之前，马车已经引起了麻烦（图6-2）。在16世纪中叶，城市中马车还不是很多，但关于它的存在是否合法的争论已很激烈。1563年法国国会曾请求国王禁止在巴黎的街道上通行车辆（英国更在1635年颁布皇室公告禁止城市中通行马车，理由是马车造成喧闹和损坏街道）。这种争论，在法国一直持续到18世纪。直到19世纪中叶，马车才最终在城市中站稳脚跟。像巴黎和伦敦这样的大城市，已达到每500~1000人中有一辆马车的水平。

和马车相比，汽车的冲击自然更为突出。巴黎在奥斯曼改建时期全城有马车10万辆，而现在汽车停车场已达到百万辆的容量。每天通过香榭丽舍大街和丢勒里滨河路的车辆平均在10万辆。而据专家估计，在1200公里的道路网上，只要有12万辆汽车同时运行，就足以造成严重的交通堵塞。

图6-2　巴黎　马车时代的城市：19世纪末的圣殿大街（Boulevard du Temple，取自Adolphe Joanne《1870年和1877年的巴黎图解》）

再就是铁路的出现。现代铁路创建于19世纪20年代的英国，到19世纪30至50年代，欧洲大陆和北美也都先后修建了铁路。铁路的出现直接影响到原有的道路格局，为了使干线不致太接近老城区，巴黎采取了尽端式车站的布置方式，市区内六个尽端式车站从各个方向伸入到距市中心约2.5～3公里处（大体相当于内环路的位置）（图6-3、图6-4）。

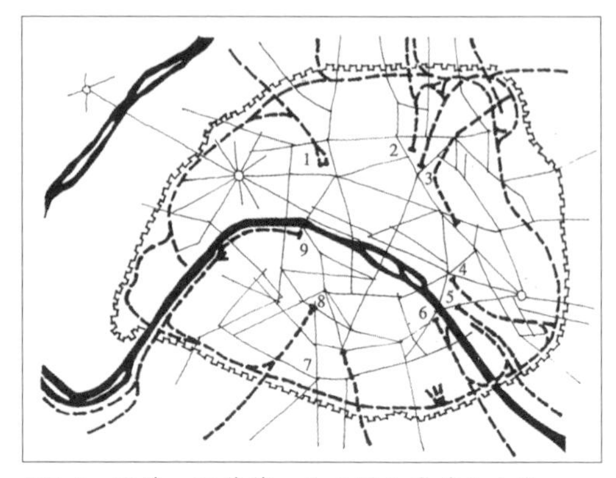

图6-3　巴黎　巴黎第一次世界大战前夕主要道路和铁路枢纽：1.圣拉扎尔站；2.北站；3.东站；4.万塞纳站；5.里昂站；6.奥斯特里茨站；7.丹费尔站；8.蒙帕纳斯站；9.荣军院站

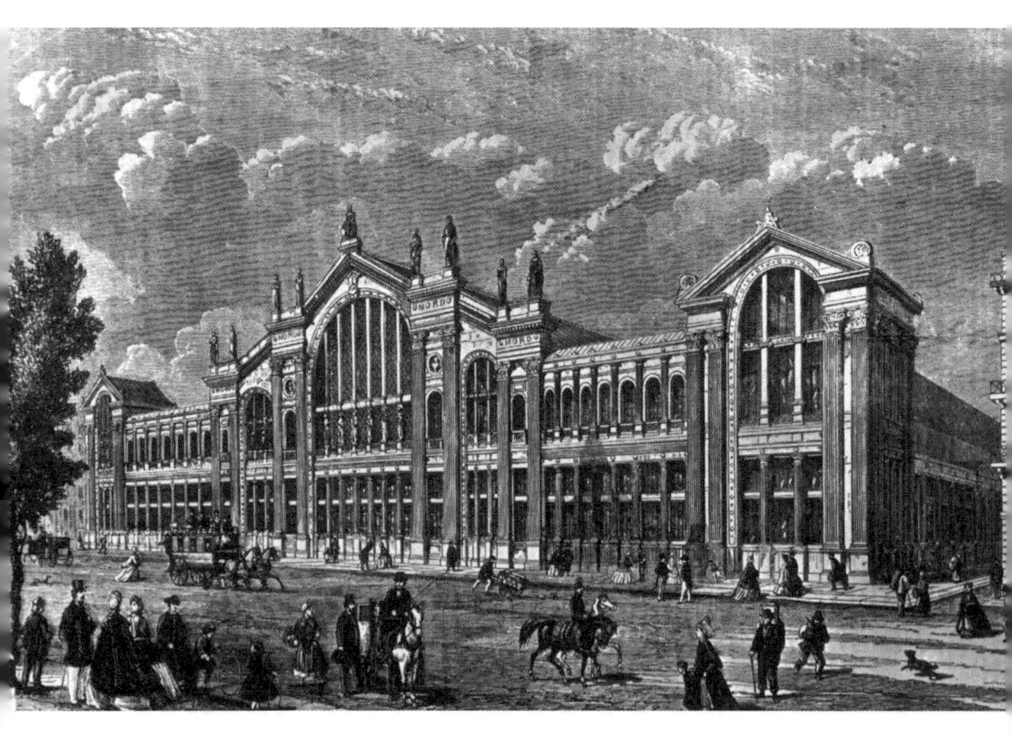

图6-4　巴黎　巴黎北站（Hittorff的版画）

在铁路开始进入城市（尤其是中心地区）后，由于长期没有联系支线，过境交通作为附加负荷落在了市区内过时的街道网络上，旅客如何从一个尽端式车站转运到另一个车站成了尖锐的问题。这也是1853—1870年第二帝国时期拿破仑三世和奥斯曼领导下进行巴黎改建要解决的主要问题之一。通过打通车站间的直线大街和环行干道，奥斯曼在巴黎环行铁路通车之前已使城市的过境交通得到了很大的改善。

在拿破仑三世执政的17年中，在市中心区总共开辟了95公里顺直宽阔的道路，拆除了49公里老路，于市区外围开拓了70公里道路，拆除了5公里老路。现在贯穿巴黎全城的十字形主干道和两个环行线路均建于这一时期。十字形主干道系指东西向以卢浮宫为中心，西至戴高乐广场，东至巴士底广场和民族广场的轴线；南北向轴线则由斯特拉斯堡大街、塞瓦斯托波尔大街和圣米歇尔大街构成。两条环行线路中，内环在塞纳河右岸大体沿原路易十三和查理五世时期的城墙遗址，在左岸为圣日耳曼大街；外环为拆除1785年城墙后建成的大街（图6-5、图6-6）。戴高乐广场的直径也在这时期拓至137米；周围的12条路中，5条是1854年新辟的（图6-7）。

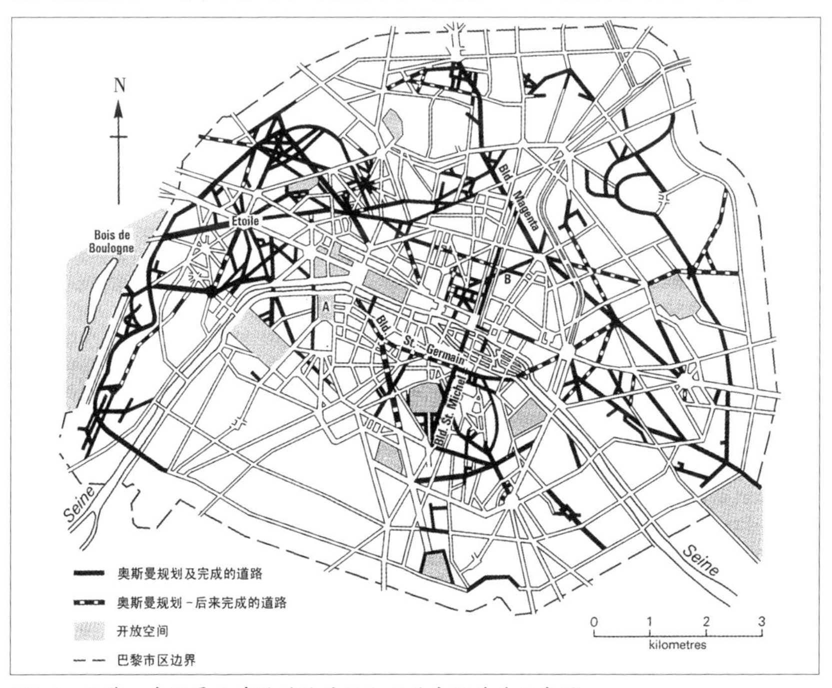

图6-5　巴黎　奥斯曼改建的道路系统和开放空间关系示意图

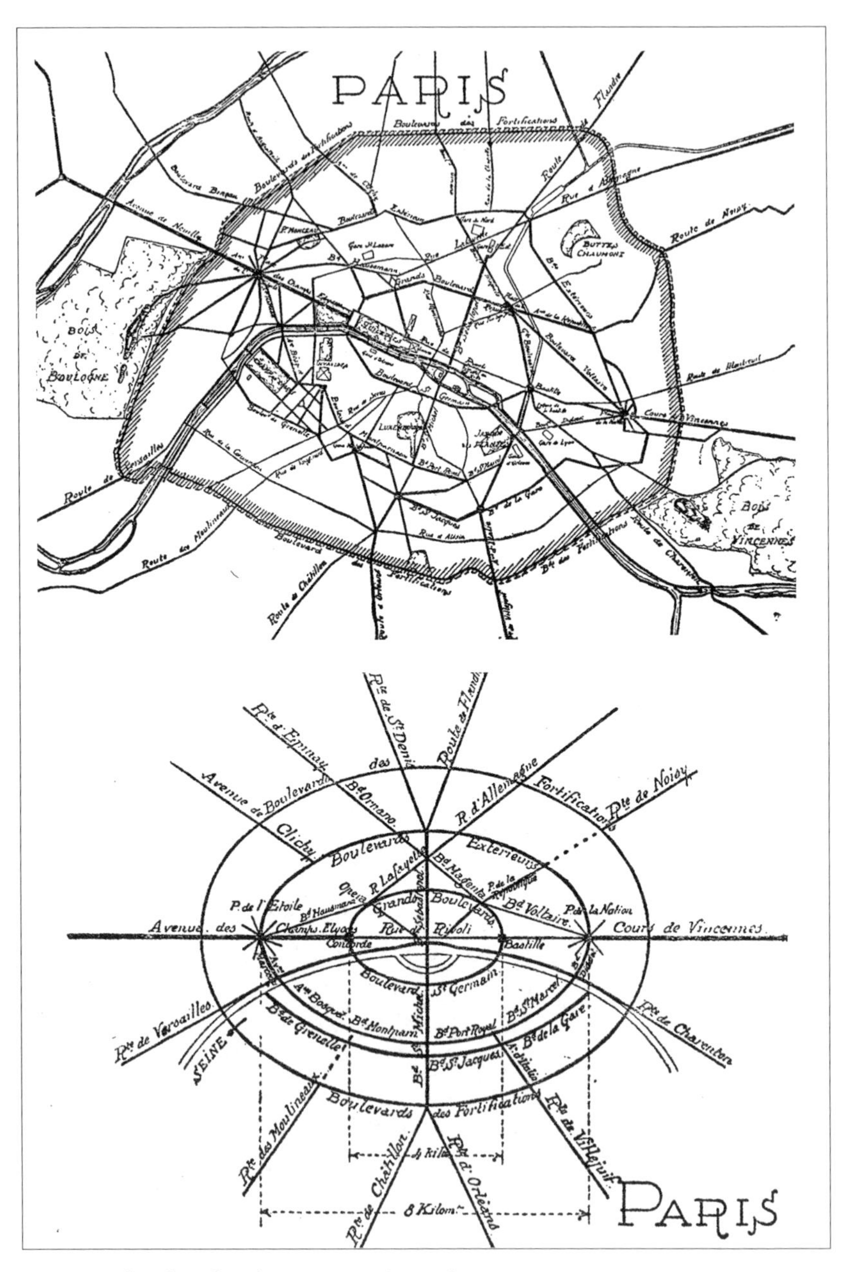

图6-6　巴黎　奥斯曼改建后的道路和系统示意图

图6-7　巴黎　整治戴高乐广场时拆除周围“包税者城墙”上城门壁堡时的情形

巴黎现在的道路体系就这样在奥斯曼改建时大体奠定；此后，巴黎在市内道路改造方面再没有过大的动作。只是在老城区外围，原梯也尔城墙的位置设置了一条环行快速干道，全长约35公里，包括6公里隧道（穿布洛涅森林公园的一段自湖下通过）、6.5公里高架道路和桥梁、十来个与铁路线群的交汇口（其中跨越奥斯特里茨车站线群的桥跨达490米）以及许多立交点（其中教堂门立交上下四层，是欧洲最复杂的立交工程之一）。另外，在市区塞纳河右堤岸下，另辟了一条13公里长，由西向东穿越全城的国家公路（不过这条干线因破坏了塞纳河沿岸的滨河地带而受到舆论的反对，德斯坦总统上任后，左岸干线工程即告中止）。总的来看，巴黎的道路体系可说是在自由式道路的基础上加城墙拆除后的环路构成。

不过，作为巴黎城市交通系统和景观的组成部分，还应提一下城中极具特色的塞纳河。这条东西向流经巴黎的水道不仅没有像北京南北向贯穿内城的六海那样成为城市东西向交通的阻碍，反而成为一条水上交通线路，并因其存在而创造了独特的景观——桥。塞纳河上共有32座桥，很多都颇有名气并成为诗人的赞美对象（如诗人阿波利奈尔曾这样赞美米拉波桥（Pont Mirabeau）："米拉波桥下，塞纳河水在流淌，我们的恋情随波荡漾……人生的脚步迟缓，我们的心渴望激荡……"）。其中最古老的新桥（Pont Neuf）始建于1578年，为12孔石桥。其他的桥大都建于18世纪以前，桥上建有公寓，一层是商店，二至五层是住宅。后来考虑到有碍市镇美观和空气流通而全部拆除。

在奥斯曼改建巴黎之后虽然没有大的改建工程，但对巴黎未来交通的发展却进行过多方面的探讨，其中不乏新颖的观点。在这方面最具代表性的人物是埃任·埃纳和勒·柯布西耶。

在奥斯曼改建结束后30年，巴黎总建筑师埃纳提出一种观点，他认为运输是城市机体活动的具体表现之一，是这种活动的结果，而不是原因。他将城市中心区比喻为人的心脏，而道路则是滋养它的动脉。为此埃纳提出两项主张：一是过境交通不要穿过市中心；二是改善市中心区与城市边缘区和郊区公路的联系。

通过对柏林、莫斯科等城市中心区的交通运行和强度的观察（如莫斯科核心区由克里姆林宫和中国城组成，围以直径1公里的环行干道，干道周围引出11条辐射街道；柏林的核心区稍大，有1.5公里，14条辐射道路），埃纳提出了"城市辐射核"的理论（图6-8）。他认为，只有当直径比较小（13公里内）和有12～15条放射散开的道路时，辐射核才能起到真正的作用。以此为根据，埃纳认为奥斯曼的最大错误在于让过境交通穿过城市中心，且中心辐射核的尺寸过大（巴士底广场到协和广场的椭圆长轴为4公里），没有保证足够数量的外延干道。为此，埃纳作了一个改善巴黎中心区交通的规划，设计了边长各1公里的四边形辐射核。这个规划应该说是有远见的，然而，他的观点并没有受到人们的重视。直至第一次世界大战前，几乎所有的城市建设都是19世纪后半叶的直接延续。

和埃纳的规划相比，勒·柯布西耶1922年提出的巴黎市中心规划则更多具有畅想的性质。这位城市集中主义的代表人物设计了一个高达六层（地下三层包括底层远程铁路的四个尽端式车站、中层的郊区铁路过境线、上层的地铁线路；地上三层包括公路地面交叉口、架空干道交叉口以及出租飞机降落场）的中央车站（图6-9）。这个方案尽管因缺乏现实性而受到了很多批评，但它对未来城市立体化交通的探讨或许仍能在某种程度上给后世以启迪。

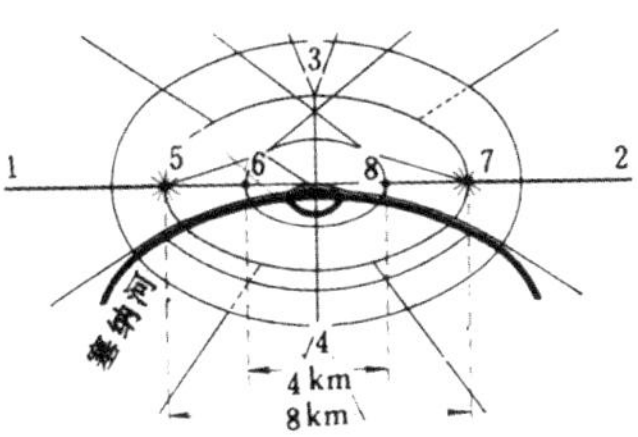

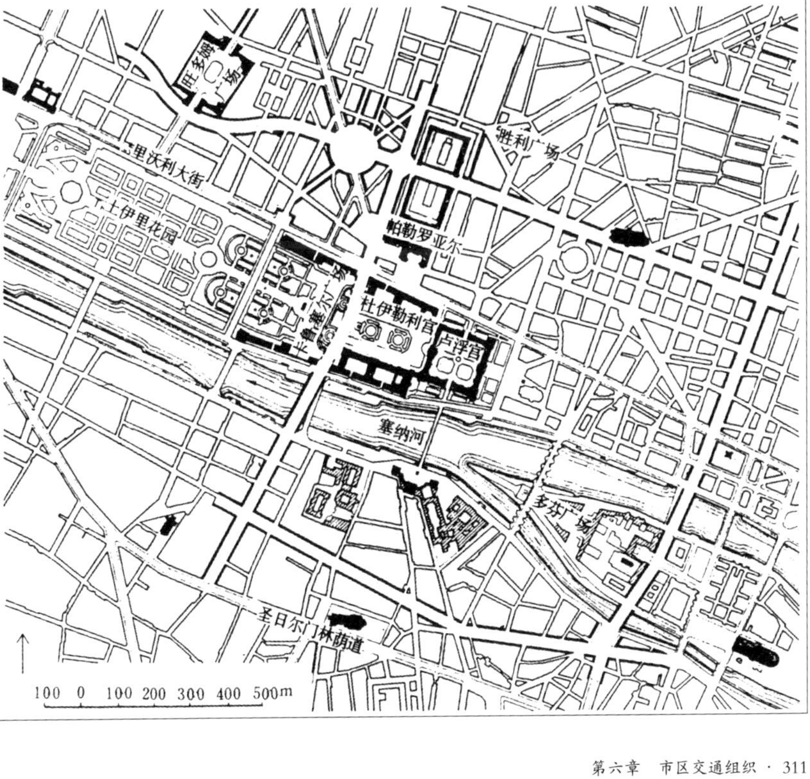

图6-8 巴黎 埃纳的“四边形”辐射核道路设计（经旺道姆广场打通一条新干道）；右上为他的巴黎街道系统示意：1、2.东西直径；3、4.南北直径；5.戴高乐广场；6.协和广场；7.民族广场；8.巴士底广场。各广场布置在第一条直径与内环和车站环的交点上

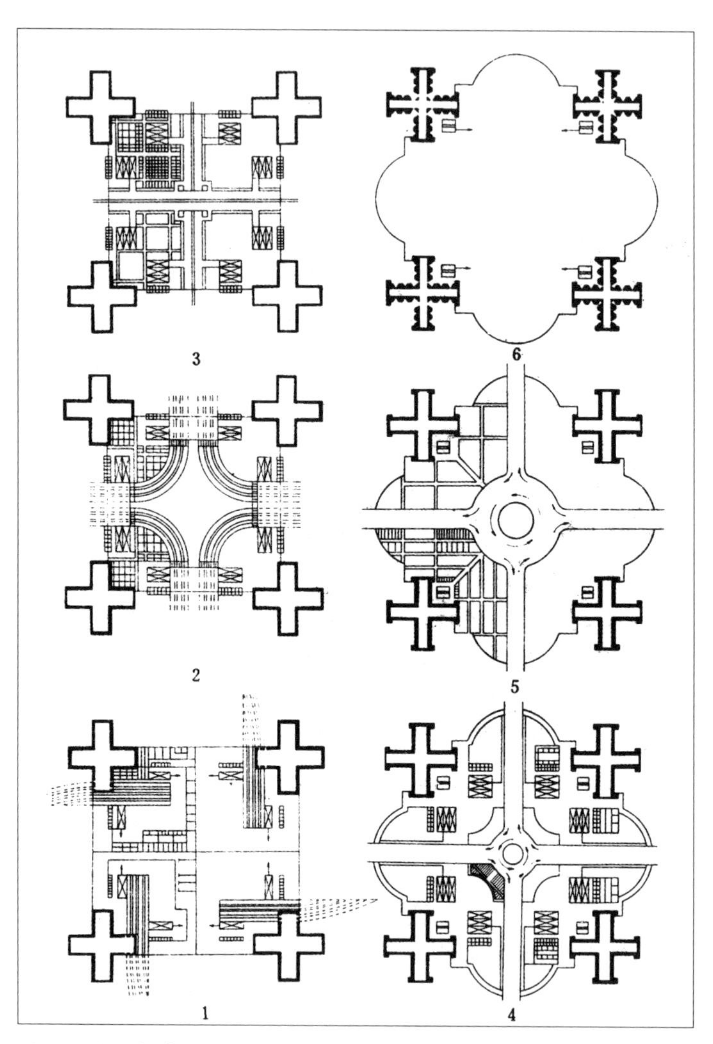

图6-9　勒·柯布西耶的300万居民城市中心车站设计：1.地下底层有4个尽端式车站；2.地下中层有郊区铁路过境线；3.地下上层供地铁用；4.公路地面交叉口；5.架空干道交叉口；6.出租飞机降落场

第二节　对策与浅析

一、巴黎的对策与浅析

城市是一个活动的肌体，要求历史上形成的路网一成不变是不现实的。但从奥斯曼大规模整治巴黎市区街道系统的实践中可以看到，对中世纪城市而言，市区道路改造是相当困难的。去弯取直，拓宽路面，都将导致大量建筑的拆除，不但城市原有格局无法保持，传统的空间形态也会受到破坏。因此，奥斯曼的做法在当时和以后都受到了严厉的批评（图6-10）。瓦尔特·本雅明在其《巴黎，19世纪的首都》中写道：“（拆迁）也使巴黎人疏离了自己的城市。让他们不再有家园感，而是开始意识到大都市的非人性质”。在这以后，人们对老城区道路的改造一般都采取审慎的态度，除了从总体规划布局上着手疏散老城区人口（这也是最根本的措施）外，巴黎主要是在发展公共交通和加强管理上下工夫，并收到了很好的成效。

通过发展公交缓解交通阻塞问题，目前已在许多国家达成了共识。在公共交通中，起最大作用的是快速轨道交通，其中地铁又担当了最主要的角色。地铁同普通铁路相比，不仅和后者一样具有客运量大、速度快等优点，更因其对地面风貌的影响较小，所以在一些城市的老城区内

Haussmann, le castor. BN/Est.

图6-10　巴黎　讽刺奥斯曼为海狸的漫画

得到了普遍的应用。

巴黎的地铁（Metro）主要分布在市内（图6-11）。1900年建成第一条线路，到目前为止共有14条主要线路和两条短的连接线，总长约200公里。由于地铁集中于老城区，很好地保护了城市的历史风貌。出城后线路由地下转为地上，称为地区快速干线（Reseau Express Regional，简称RER），主要连接巴黎周围的主要新区和新城，这是巴黎快速运输系统的第二个层次（图6-12）。从1991年10月运行第一条快速轨道交通以来，地区快速铁路的长度已达到274公里，三条主线，七条支线，每天客运量达到92万人次。巴黎运输系统的第三个层次就是市郊铁路，共有28条线路，服务半径50公里，总长为969公里。[⊖]

从发展逻辑上来看，巴黎大区轨道交通网络发展坚持了“由内而外，先径向后环向”的发展逻辑，且市郊铁路、市域快线、地铁线路和有轨电车等轨道交通错位发展、互为补充，轨道交通与城市空间发展相

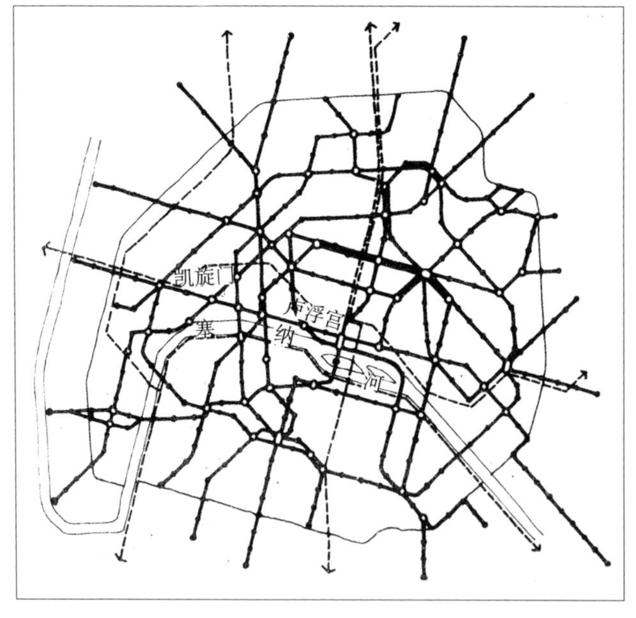

图6-11 巴黎市区地铁线路及车站分布图

⊖ 该段主要数据引自《巴黎旅游指南》（中国旅游出版社，1999年，p148）；范耀邦：《法国城市交通的几个问题》（《北京规划建设》，1993年，3期，p56）。

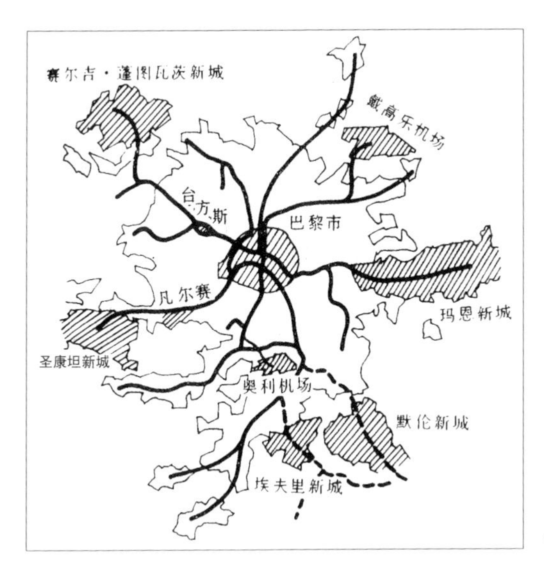

图6-12 巴黎 巴黎地区快速铁路（RER）分布图

互支持，相互作用，形成了密不可分的整体，其发展思路对我国特大城市的总体规划和轨道交通发展具有一定的借鉴意义。

从数量上看，同世界上一些发达国家相比，巴黎的地铁线路并不是最长的，但从保护历史名城的角度来看，其地铁布线方式效果最好。市区内共有365个车站，其中可转线的约占六分之一，各站距离不超过500米，可以方便快捷地到达。由于容量大、通行能力强（不受天气干扰和交叉口红绿灯影响），车次多（主要线路上每辆车的间隔时间不超过95秒）、票价低，转车不用出地面且一票连用，加上车辆改用充气轮胎后，舒适程度提高，噪声和震动减少，使地铁成为巴黎最受欢迎的公交工具。

作为公共交通的第二个层次，巴黎市区和郊区有总数近200条的公共汽车线路，路网总长2083公里，年运量约8亿人次。这些都在很大程度上缓解了市区交通的压力。

在强化交通管理方面，主要采用限制车辆交通，将原有道路改为单行线或辟步行街、步行区等方法解决。除了增加必要的设有各种信号装置的交叉口外，巴黎市和法兰西岛区政府决定将695公里的道路改为单行线（图6-13），以在维持原有道路系统的前提下缓和日益严重的交通压力。

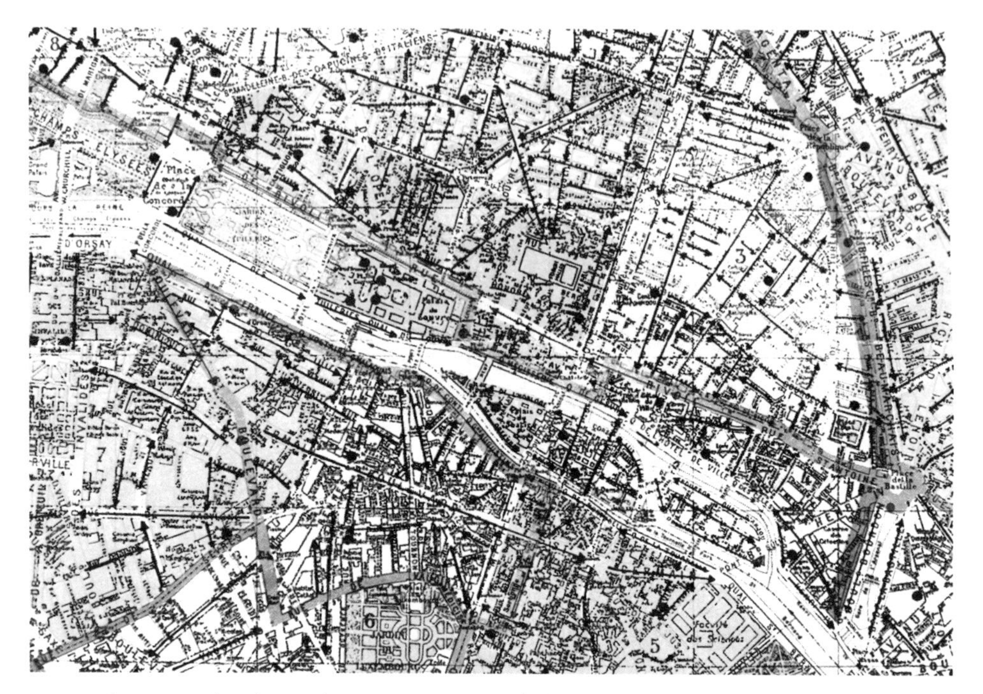

图6-13　巴黎　中心区交通控制图，图中标有单行线（箭头所示）和主要停车场位置（圆点）

为了缩减停车设施，控制进入市区的车辆，巴黎在“交通规划设想”中提出将全市划分为红、蓝、绿三个区域。红区内主要交通干线绝对禁止停车；蓝区可以限时付款停车；绿区可以长时间停车，均由警察局交通管理室的中央电脑控制。紧急情况下，一旦市区交通量饱和，将对非本市车辆采取禁止入城的措施。巴黎制定了严格的法律规定和行使规则，随处可见的摄像头起到很好的监督作用，一旦违反，就一定会遭受到高额的罚金。

所有这些措施都取得了一定的成效，特别是优先发展公交系统，效果尤为突出。2018年，巴黎地区家庭汽车拥有率达到66.5%，其中，拥有1辆汽车的家庭占45.2%，拥有2辆车的家庭占18.3%，拥有3辆及以上汽车的家庭占3%。但在市内，特别是在高峰时期，许多人即使有小汽车，也宁可坐地铁，因为不堵车，比自己开车更为便捷迅速。据统计，巴黎大区内的出行交通工具，老城内公共交通占70%，私人交通占30%；在市区与郊区之间，公共交通占60%，私人交通占40%；郊区之间的联系，私人交通占80%以上，公共交通不足20%[⊖]。也就是说，在交通量最大的中心区公共交通所起的作用最大。这种合理的分布，无疑在缓解城市交通的紧张上起到了一定的作用。2010年以来，巴黎大区的家庭汽车保有量基本上保持稳定，并且出现了下降趋势。与2010年相比，2018年的家庭汽车保有量下降了近20万辆（表6-2）。

表6-2　1976—2018年巴黎大区家庭汽车保有量

年份	数量/万辆
1976	285
1983	346
1991	409
1997	434
2001	460
2010	485.9
2018	466.4

2019年，为了积极应对全球气候变化，巴黎提出三大交通战略转向：一是减少汽车交通，控制出行需求，在城市中心区建立低排放交通区；控制出行数量，鼓励远程工作、拼车；实施大都会物流计划，优化地区物流组织。二是鼓励公共交通与慢行出行，提倡使用内河航道运输，预计到2030年自行车出行规模将扩大三倍。到2050年，慢行出行份额将占一半，公共交通出行占比将增长至33%。三是转向更清洁的汽车出行，到2030年清洁能源汽车出行达到50%，至2050年实现100%清洁能源汽车出行。

⊖ 见范耀邦：《法国城市交通的几个问题》，《北京规划建设》，1993 年，3 期，p57。

二、北京的对策与浅析

和巴黎相比，北京的形势应该说相当严峻：

首先，由于历史上的原因，北京市区的道路系统存在严重的缺陷，即总量不足和结构不合理。前文已经提到，由于住房本身的原因，北京历史上形成的街道和胡同路网相当稀疏（北京二环以内的机动车道路的平均间距为800～1000米，是华盛顿的5～8倍，是悉尼的16～20倍）（图6-14）。路网的稀疏造成了市区内城市道路总量的缺乏，以交通最紧张的中心区为例，北京1998年道路网的密度为3.1公里/平方公里，道路用地率为10%，就是算上6米宽的胡同也不足14%；相应巴黎的市区道路用地率为24%，国外其他大城市，如华盛顿、伦敦、东京，道路用地率也分别达到45%、35%和23%㊀。根据2022年《中国主要城市道路网密度与运行状态监测报告》，北京的道路网密度已经达到5.9公里/平方公里，但与巴黎、东京等10公里/平方公里以上的道路网密度相比，仍有较大差距。

此外，还有结构的不合理，主要体现在新、旧两种路网结构不匹配和干线少，尤其是由市中心向四周辐射的干道少。新中国成立后发展起来的旧城以外地区采用了环形与辐射形道路相结合的路网，道路设计多按苏联标准，比较宽阔，快慢分行；而旧城内原有的棋盘式道路除了东西长安街外，道路很少拓宽，规划中应打通的道路（如平安里以西和菜市口以南）又迟迟未能实施。旧城区的面积只占市区面积的5.9%，但交通发生量却占到46.8%（1993年为33%）；在半径为20公里的城市区域内，巴黎有向外辐射高速公路10条，东京有9条，纽约有11条，北京仅5条；在40公里半径的城市区域内，巴黎有向外辐射高速公路7条，东京有8条，纽约有11条，北京已由20世纪90年代的3条增加至8条㊁。

其次，应该看到，北京严峻的交通形势和总体规划的决策密切相连，因而，寻求其解决途径，也必须从总体规划的高度上来把握。事实

㊀ 全永燊：《浅谈北京城市交通基本对策》（《北京规划建设》，1998年，4期，p32）。

㊁ 该段数据主要引自童林旭：《逐步发展北京城市地下交通系统》（《北京规划建设》，1993年，2期，p16）；段里仁：《节源开流，加强科学交通管理，缓解首都城市交通拥堵》（《北京规划建设》，1997年，6期，p.19）。

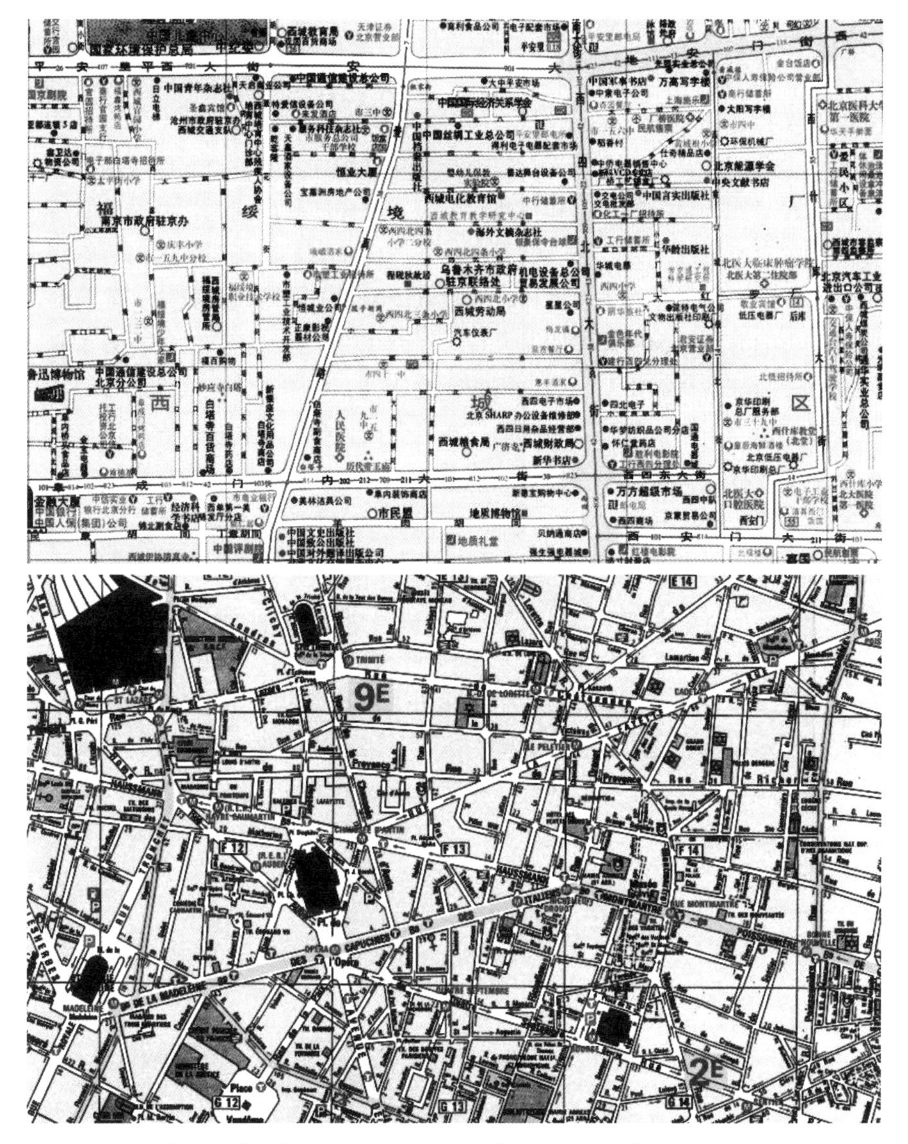

图6-14　北京与巴黎局部道路网比较图：北京西四地区（上）；巴黎歌剧院地区（下）；按同一比例尺，原图比例均为万分之一。

上，自从决定把行政中心放在老城以后，名城保护和交通规划的矛盾就一直存在，且越来越严重，典型案例就是北海大桥的改造。

1953年初，北京旧城东西交通不畅的问题已很突出。文津街、景山前街是一条横贯东西的重要干道，当时北海的金鳌玉鸫桥桥面狭窄（最窄处仅7米），而且坡度为7%，再加上桥两端设有金鳌、玉鸫两座牌楼以及东行至团城处需急转弯，因此经常发生交通事故，阻碍交通（图6-15~图6-17）。但工程本身又涉及国家级文物团城和数百年的白皮松，以及北海大桥自身的改造和桥西端的两个牌楼的处理问题。当时各部门及苏联专家共提出四个方案（图6-18、图6-19）。交通部门提出的方案一主张把团城和北海大桥拆掉，拓宽景山前大街笔直向西延伸；苏联专家提出的方案二为拆掉原北海大桥，在原位置上建一座新桥；方案三为梁思成与陈占祥提出，他们从缓和交通状况，改善该地段的景观及游览条件出发提出原金鳌玉鸫桥不动，在其南面再建一座新桥，将交通分为上下两单行线，将两座牌楼移至二桥之间，并改造北海公园前广场；后来，梁思成又指导清华大学教师关肇邺作了一个改进方案，即方案四，其特点是：新桥较宽，能容交通上下行，原金鳌玉鸫桥仅作为步行之用。后经周总理亲临现场，分析各个方案的优缺点后，确定采用不拆除团城、交通基本通畅而又不破坏原有大环境的"保城扩桥"方案。

北海大桥的改建是名城保护和交通规划矛盾的第一次暴露。在当时各方还能以平和的心态权衡利弊，进行研讨，最后的结果也得到了大家的普遍认可（展宽道路、改建大桥后，既满足了城市的交通要求，又保留了团城、古树以及北海大桥及附近景观的古典风韵），甚至被认为是

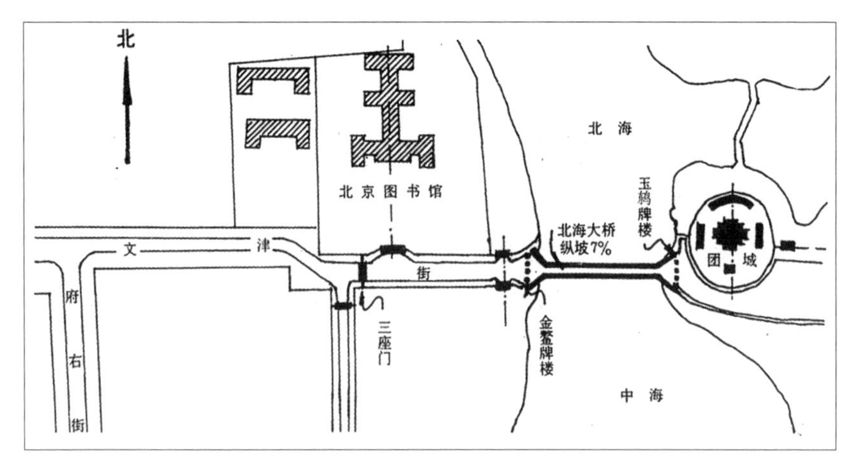

图6-15　北京　20世纪50年代初北海大桥至三座门交通环境示意图

图6-16　北京　团城演武厅

图6-17　北京　北海金鳌玉鸫桥牌楼

图6-18　北京　北海大桥改造方案（王蒙徽根据陈占祥谈话整理绘制）

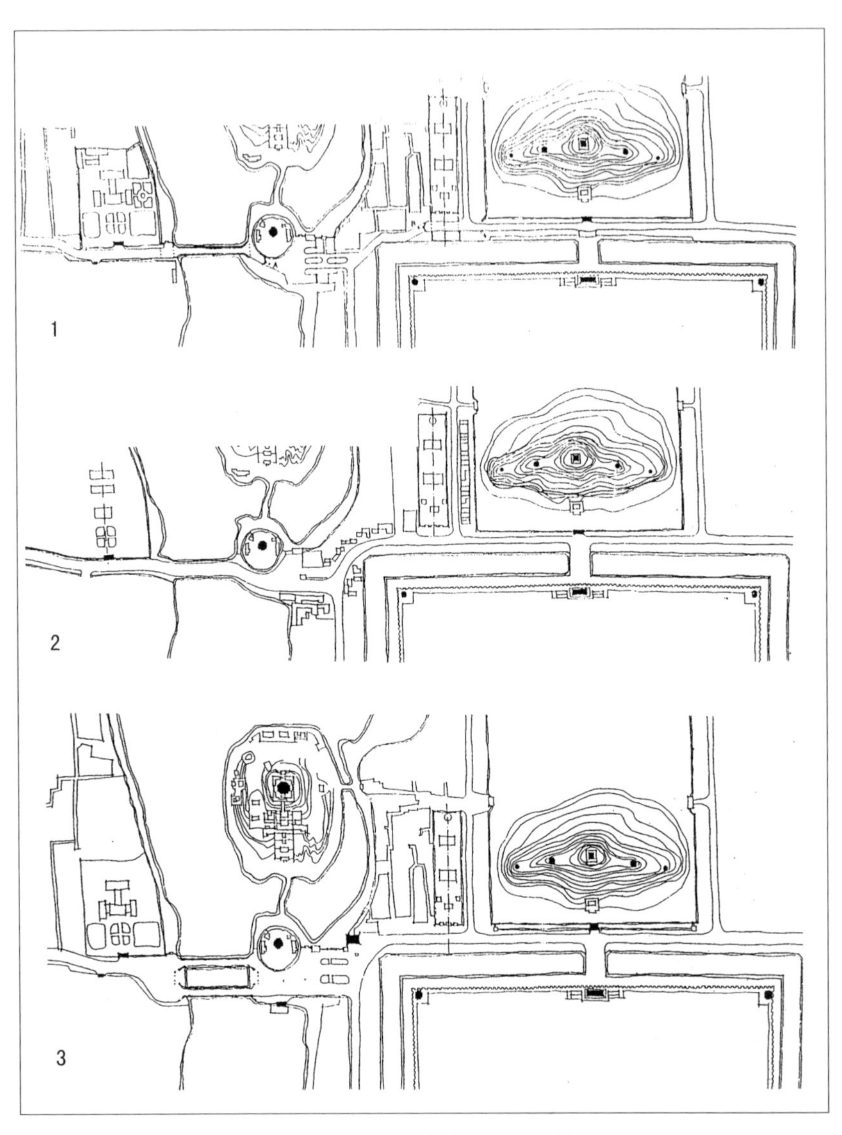

图6-19　北京　北海大桥的改造：1.新中国成立初北海大桥地段状况；2.苏联专家的北海大桥改造方案；3.梁思成、陈占祥的北海大桥地段改造方案（王蒙徽根据陈占祥谈话整理绘制）

改造的范例（图6-20）。类似的例子还有1968年对古观象台的保留。当时，地下铁道施工经过古观象台，导致古观象台一角坍塌，是拆、是保一时难以确定。最后由周总理亲笔批示不要拆。施工中地铁绕开了古观象台，文物得到了保护（图6-21）。

图6-20　北京　北海大桥改造前后的对比照片

图6-21 北京 明代古观象台及东城垣（由南向北摄）

之后随着老城区人口的进一步集中和增长，矛盾自然越来越突出。理查德·罗杰斯在《小行星上的城市》一书中谈及伦敦交通堵塞的情况时说，一辆汽车穿行伦敦市区的速度和100年前马车的速度是一样的，即平均每小时9.8公里。而北京市区公共电汽车的运营速度已由前几年的16.7公里/小时下降到现在的9.2公里/小时。

在这种严峻的形势下，人们面临着几个尖锐的问题：

第一，是继续在中心区开辟道路还是从总体规划和布局上采取措施疏散老城人口。

实际上，这也是交通发展的方向问题，也就是说，是继续向老城发展还是向外疏导。吴良镛先生曾指出："北京旧城面临的最大问题是过分拥挤，应设法将城市功能向旧城外疏散"。北京市区面积1378平方公里，差不多为老城区面积的20倍，显然有更大的发展余地（老城区62.5平方公里，且其中近三分之一面积为文物建筑区及水面）。

但问题是，从前一段实践来看，限制交通向市中心聚集和向外疏导的问题并没有引起人们的足够重视。一些大量吸引人流的建筑，照样放在市中心，如1999年进行国际招标的国家大剧院。如此庞大的建筑建在城市的核心地带，势必导致大量的向心人流，对交通造成新的压力。

在这样的形势下，作为对策，人们实际上是重复了西方工业化初期的历史，对城市道路不断进行大规模改造。最突出的例子即立交桥的建设和平安大道的改建。

北京第一座立交桥——复兴门立交桥建于20世纪70年代，20世纪90年代已是遍地开花。到现在为止全市共建立交桥百余座；平安大道作为20世纪90年代末最大的道路改造工程，全长7026米，拆迁3000余户，仅拆迁费就高达20亿元，是仅次于长安街的东西向干道（所谓“第二条长安街”）。

实际上，立交桥固然能在一定程度上起到方便车辆通行的作用，但即使从缓解交通压力的角度来看，其“副作用”也不可忽视。许多立交桥由于引桥过长，已妨碍了临近交叉口的交通；北京过街天桥平均间距500米，给行人过街造成了很大的不便；况且它们完全无助于解决对北京来说至关紧要的路网密度问题。而从维护城市风貌的角度来看，由于立交桥不仅体量庞大且布置过密（以三环路为例，该线共有立交桥46座，平均每公里1座；沿线人行天桥91座，平均每公里1.9座），支路岔口均有跨线桥（个别处因连续出现外观几近高架桥），因而严重破坏了北京开阔、平缓、低矮的城市空间形象，其强烈的分割更是直接影响到沿街建筑的主要立面与入口景观。

20世纪90年代以后，北京市汽车保有量年平均递增率为15%以上，个别年份甚至接近20%，而道路长度和道路面积的年平均增加率仅为1.2%和3.7%[㊀]。北京机动车数量的快速增长持续了20多年的时间，一直延续到2011年开始实施小型客车摇号制度以后，增长速度才明显放缓，但即便是采取了严厉的政策，到2020年，全市的汽车保有总量仍然已经达到657万辆，其中私人汽车保有量达到507.9万辆。以增长1.2%的道路长度去适应每年15%以上的车辆增长速度，显然是“杯水车薪”。从这里也可看出，交通问题绝非修建一两条“平安大街”所能解决。加之道路通行能力和宽度并不是正比关系，平交道口的存在往往使宽路上的车

㊀ 李康、金东星：《北京城市交通发展战略》（《北京规划建设》1997年，6期，p5）。

流效率下降。平安大街过宽，对周边交通压力就会骤增。车公庄、西直门立交桥、东四十条立交桥交通量增大后，使原已堵塞不堪的车公庄等交叉口雪上加霜。最后，由于老城仍处于不断聚集的过程中，新开的道路就会吸引更多的车流和城市建设挤入老城，从而形成恶性循环，进一步加剧交通危机。从这里不难看出，对于一些小城市来说，道路的增长或许能在一定程度上解决交通堵塞的问题；但对北京这样的特大城市，用这样的方式，即使以牺牲城市的风貌为代价也不可能真正解决问题。

第二，是优先发展公共交通还是私人交通。

从世界范围来看，十几年前在一些发达国家，轨道交通承担的客运量在公共客运系统中就已占到50%以上的份额，特别是地铁更成为缓解市内交通的主要手段，可以说地铁的发展已成为现代城市解决交通问题的一个必要手段。当一条线路上的客流量大到一定程度时（如单向超过10000人次/时），单纯依靠拓宽道路和增加车辆已无法满足客运增长的需要。因为市内公共汽车单向运载能力为5000～8000人次/时，自行车仅为800～1000人次/时，这时再增加车辆不但不能使运力提高，反而增加道路的拥挤程度。而地铁的运力可达到40000～60000人次/时。和巴黎一样，国际上著名的大都会如伦敦、纽约、东京和莫斯科的地铁都已达到200～400公里。而北京的地铁建设却显得相当迟缓，1965年7月1日，北京地铁开工建设；至1969年10月1日，即中华人民共和国成立二十周年之际，中国第一条地铁线路——北京长安街至西山线建成通车，北京成为中国第一座拥有地铁的城市。1981年，北京地铁1号线正式对外运营，方便了群众日常出行的需要。但是，从20世纪60年代修建第一条地铁到2000年，35年中只建成54公里，平均每年不到1.5公里（图6-22）。

到2000年，北京地铁运营车辆万人拥有率为12.1辆，这一数值远远低于同类大城市20世纪80年代中期的万人拥有率（巴黎为37.2，伦敦为39.6，香港为42.8）。与北京相似的特大城市，每百万人口拥有的轨道交通网长度约50公里，而北京每百万人口拥有地铁线路当时仅7.4公里，只占公交客运量总额的15%。地铁的缺乏使得北京现有公共交通客运量在城市的日常出行中所承担的份额不足40%，远远低于国外大城市普遍达

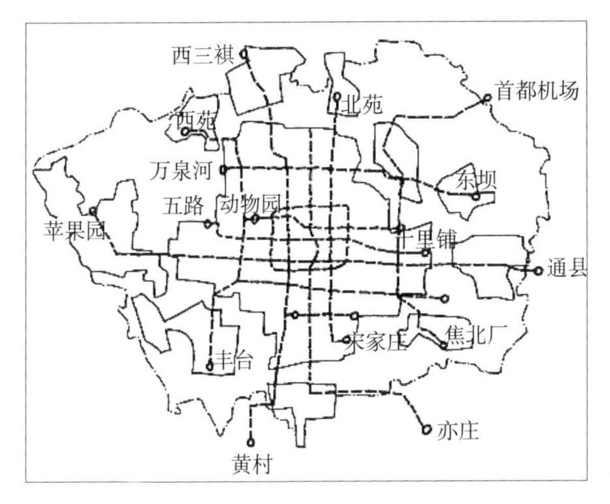

图6-22　北京　北京市区地铁规划示意图

到的70%以上的水平（北京客运交通所占比例1980年为38.4%，1994年为36.5%，与伦敦80%、纽约86%、东京70.6%等大城市公共交通所占比例相差甚远）。而交通堵塞、市区公共电汽车运营速度降低的结果，又相当损失了三分之一的运力㊀。

在21世纪之前的很长一段时期，北京地铁的发展一直非常缓慢，最主要的困难在于资金匮乏。地铁“复八线”是北京地铁规划一号线的中段（图6-23），西起复兴门，东至八王坟，全长13.5公里，综合造价每公里5亿～6亿元人民币，总投资75.7亿元。从1989年7月开工到1999年试运营，时建时停，耗时10年。资金的短缺一直是制约建设速度的最大障碍。要想在尽可能短的时间内解决地铁建设问题，显然还需要在思路上有大的突破。现在看来，至少有两条：一是控制地铁的建设范围，首先加快老城区的地铁建设，在一些对城市风貌影响不大的地区可以采用地上线路；二是要改变地铁的建设和经营模式。有关专家指出，地铁建设所需的庞大资金投入，只靠政府孤掌难鸣，必须转变融资体制和运营方式。和北京“复八线”相比，上海和广州的建设速度要快得多，主要原因就是大量利用了外资。上海一号线地铁利用外资金额为3亿美元，广州地铁一号线利用外资金额为5.4亿美元。到2002年，北京地铁运营地铁已

㊀ 见全永燊：《浅谈北京城市交通基本对策》（《北京规划建设》，1998年，4期，p32）。

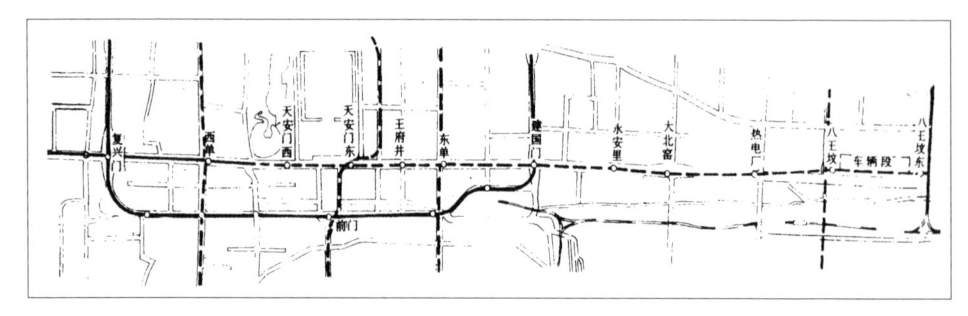

图6-23　地铁“复八线”示意图

经有3条线路，运营里程达75公里。

2001年北京申奥成功后北京市政府加大了地铁建设的力度，开始大力推进地铁建设融资，不仅允许中外合资，也允许外商独资建设和经营。这在一定程度上或许将会缓解北京的交通压力。2006年以来，北京地铁建设取得了突飞猛进。根据《北京区域统计年鉴2021》相关数据，1978—2020年，北京地铁运营线路已经由1条增长到24条（其中2006年以后增加20条），地铁运营里程由24公里增长到727公里（其中2006年以后增加613公里），地铁运营车辆由116辆增长到6779辆（其中2006年以后增加5812辆）。截止2020年，北京市轨道交通（含市郊铁路）里程已经达到1091.7公里。另据北京市轨道交通指挥中心发布的相关数据，截止至2022年上半年北京轨道交通运营里程783公里，运营线路27条，车站总数456座，其中换乘站72座；全市轨道交通路网日均客运量602万人次，工作日日均客运量734.2万人次，双休日日均客运量349.2万人次。从客运量来看，轨道交通客运量已经占到全市公共交通客运量的一半以上，达到55.7%。

北京持续加强轨道交通的建设，《北京市“十四五”时期交通发展建设规划》明确指出，要“推进轨道交通高质量融合发展”，全面实施轨道建设规划，推进多层级轨道网络建设，到2025年轨道交通（含市郊铁路）建设达到1600公里，基本建成“轨道上的京津冀”。根据北京市政府于2022年8月批复的《北京市轨道交通线网规划（2020年—2035年）》，到2035年全市规划线网总规模约2683公里，包括区域快线和城市轨道交通（图6-24）。其中，区域快线（含市郊铁路）包含市郊铁路

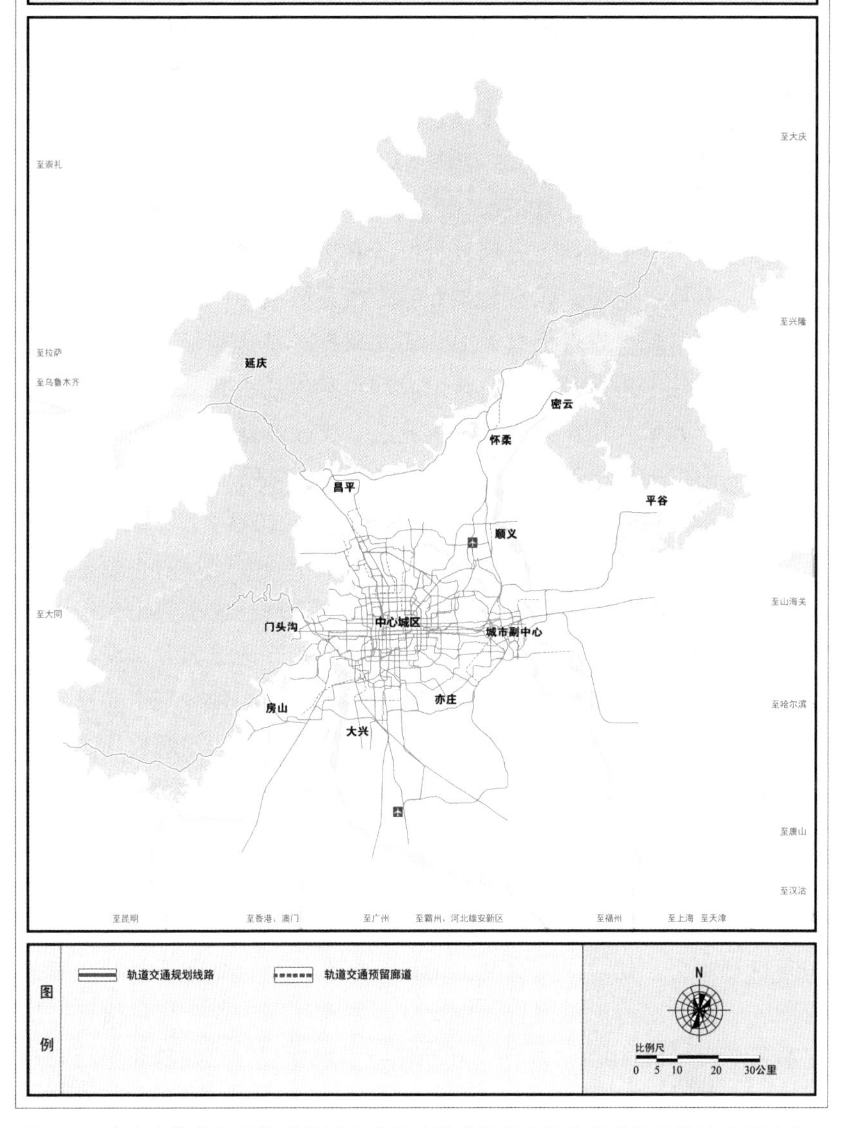

图6-24　北京市轨道交通线网规划示意图（据《北京市轨道交通线网规划（2020年—2035年）》）

线路及新建区域快线，里程约1058公里。城市轨道交通包含地铁普线、地铁快线、中低运量、机场专线等，里程约1625公里。

在限制私人交通方面，北京本应该具有其他城市无法比拟的先天优势。1992年北京私人小汽车的拥有量只占人口的0.25%[⊖]。在很长一段时间内，自行车一直是北京人们出行的主要交通工具之一，20世纪80年代，自行车出行比例一度高达45%。前费城规划委员会执行主席培根先生在《北京和费城——两座历史城市的研究》一文中说到："我认为北京是世界上唯一真正的现代化城市，因为只有她知道如何不依靠汽油过活。这里的四百万辆自行车给我留下了深刻的印象……干道上安宁、平静、优美，没有污染和噪声真是妙极了……未来的交通或者依靠电力车辆，或者依靠人力。而北京已经是这样了"。然而令人担忧的是这并不是当时人们的共识。2011年以前，北京不仅没有限制私人汽车的数量，还在鼓励汽车工业这一支柱产业发展。照此发展下去，不久的将来，北京交通方面的优势就会丧失殆尽（1989—1994年北京私人车辆的年增长率已达到40%以上）。自2011年起，北京实施了最为严格的私人小型客车摇号制度，每年配给一定数量的小型客车指标，限制小型客车的购买量，全市机动车快速增长的态势得到很大程度的控制。随着移动互联网的普及，共享单车逐渐成为北京城市交通的重要内容。根据北京交通相关信息，2022年上半年北京市共享单车累计骑行量4.18亿人次，日均骑行量231.17万人次，同比增长14.52%。车辆平均周转率为2.92次，同比提升24.52%。共享单车在北京的投放数量达到99.5万辆，其中中心城区达到80万辆。《2021年北京城市慢行系统品质提升行动工作方案》等相关资料显示，"十三五"时期，北京市区两级完成了1333条道路、3218公里慢行系统治理工作，拓宽二环辅路自行车道，建设回龙观至上地自行车专用路，打造王府井、中央商务区、回龙观等一批慢行示范街区，发布了国内首个绿色出行一体化服务平台（MaaS）。推动二环路慢行系统建设、京藏辅路慢行廊道综合整治提升工程等系列慢行系统工程建设。"步行+骑行"，正在成

⊖ [英]华特·波尔：《北京城市规划的评论》（《城市规划》，1992年，6期，p40）。

为北京市民的一种生活方式。为了应对全球气候变化，《北京市慢行系统规划（2020年—2035年）》提出的发展目标是“建设连续安全、便捷可达、舒适健康、全龄友好的慢行系统，助力实现碳达峰、碳中和”“到2035年，将慢行系统与城市发展深度融合，形成公交+慢行绿色出行模式，建成步行和自行车友好城市”。

最后是管理问题。

同巴黎相比，北京由于路网稀疏，辟单行线的余地要小得多，因此只能在其他管理项目上发掘潜力。目前北京的交通状况主要是混行严重。彼特·戴维在《北京——世界建筑的中心》一文中记载了他对北京交通状况的印象：“小型运输机械常常不得不与体形庞大的运输卡车、以及为数众多的出租汽车和公共汽车争行抢道，要么以惊人的速度呼啸而过，要么陷入永远无法摆脱的交通阻塞之中”。自2016年起，北京实施了《北京市缓解交通拥堵总体方案（2016—2020年）》，“慢行优先、公交优先、绿色优先”理念深入人心，道路交通拥堵态势得到有效控制，但问题依然突出，缓解交通拥堵仍然需要持续推进。

如何既能够保护古建筑又能满足交通的需求似乎是一个永恒的话题。实际上，历史上遗留下来的许多古建筑，尤其是位于街道上的建筑物，如果处理得当，不但不会成为阻碍交通的障碍，反而能促成城市独特景观的形成。许多位于干道中央的文物建筑都已成为城市的标志；巴黎大凯旋门就是其中之一，它和周围的戴高乐广场及12条放射形道路，形成了极具特色的城市道路景观，尽管从交通方面考虑，广场周边的12条放射路数量似乎多了一点，交通搞得颇为复杂。巴黎的圣德尼门和圣马丁门可作为这方面的另两个例证（图6-25～图6-27）。它们原是查理五世城墙上的门，城墙拆除作为环路后，位于道路中央的这两座城门就成为交叉口环岛中央的景观标志。北京由于牌楼和城门的数量极多（牌楼57座，城门16组，每组还包括城楼、箭楼、瓮城三个部分），分布又极富规律性（牌楼分布在比较重要的街道上，城门则分布在城墙拆除后的一环和二环路上），倘若没有拆除的话，大可为城市设计提供新的契机，形成局部的独特景观。

事实上，在1954年拆除牌楼及位于西长安街庆寿寺双塔时，专家们

图6-25　巴黎　圣德尼门历史图景（Perelle的版画）

图6-26　巴黎　圣德尼门整治后的现状：城墙拆除后，城门被置于街道中央独立的地段上

图6-27　巴黎　圣马丁门现状

已经四处呼吁并提出了一些解决办法，如在保留牌楼的问题上，梁思成先生提出可根据牌楼所在位置，找出相应的解决方法：牌楼本身开间较大且道路条件较好时，可通过加强交通管理加以保留（如历代帝王庙牌楼）；位于交叉路口处时可处理成交通岛（图6-28、图6-29）。这样既可满足现代交通要求，又保持了北京的街道特色。特别对庆寿寺双塔，梁先生强调，历代王朝建都时都将它保留了下来（如元代在建造大都城时，双塔正当筑城要冲，为了躲开双塔，南城城垣稍向南弯曲了一下；明清在建北京城时，保留了这一传统，西长安街建于原大都城南城墙的遗址上，在双塔处也向南弯曲了一下。这一情况一直保持到新中国成立初期）。因而更不应使其毁灭在我们手中。为此，梁先生建议将庆寿寺双塔作为街心交通岛，这样不仅可以保留庆寿寺双塔，而且可以丰富道路景观。在遭到反对后，他又提出了“缓期执行”的方案，即按上述方式保留一年，再视效果定存废。结果这些方案都没有被采纳，庆寿寺双塔很快就被拆除了（图6-30、图6-31）。

图6-28　北京　东单牌楼

图6-29　北京　三座门（文津）大街牌楼

随着城门和牌楼的拆除，北京再次失去了保留自己原有的独特文化风貌的契机。像这样的契机永不会再现，回顾以往，我们已经有了太多的遗憾，或许今后人们能变得更加注重历史文化遗产的保护。

图6-30　北京　庆寿寺双塔

图6-31　梁思成的庆寿寺双塔改建设想（王蒙徽根据关肇邺谈话整理绘制）

结束语　有关城市定位和文物意识的思考

从北京和巴黎这两座历史名城城市形态的形成和演进上不难看出，以最初的条件而论，巴黎应该说不如北京。早期的巴黎基本上是自发形成，没有严格的规划。但由于人们在长期的历史进程中，不断开拓、积累，使城市的文化内涵越来越深厚，通过原有构图轴线的延伸和新轴线的开发，使城市面貌越来越丰富。旧的东西得到精心保护，新的东西还在不断增加，而且都是每个时期最精彩最珍贵的作品，如1889年世界博览会的埃菲尔铁塔，1900年世界博览会的大宫和小宫，再如乔治·蓬皮杜国家艺术文化中心、卢浮宫金字塔和拉德芳斯巨门等，无一不是当年轰动世界的建筑，它们都被当作一个时代的标记保存下来。因而，人们在欣赏巴黎圣母院、卢浮宫、先贤祠、凯旋门、香榭丽舍大街、塞纳河沿岸那些古典建筑时，同样能强烈感受到这座城市的活力，看到人们在文化上的不懈追求。在这里，不仅一些本身具有极高价值的建筑被保存下来，就连那些自身价值有限但经历了历史洗礼的构筑物也都得到了保留。巴黎的公社社员墙，原本是拉雪兹神父公墓东北角的一处普通的围墙，1871年5月28日147位公社战士的鲜血使它获得了永恒的意义，成为一处著名的历史纪念地。正是这类时代“片断”，赋予巴黎这座古老的城市一种丰富的文化内涵，显示出城市历史的演进。这种力量反过来又推动了城市的发展，使它既是世界著名的古城，又是现代化的大都会。

和巴黎相反，我们从前人那里继承了一份非常丰厚的遗产。以后虽然也增加了一些新的内容（如天安门广场），但总的来看，我们并不是在原有的基础上不断积累和增加自己的文化内涵，而更多的是抹掉前人的痕迹。我们常常是随意擦掉历史，擦掉一段，安上去一个新东西，过几年又把它擦掉。作为历史名城，我们的内涵不是越来越丰富而是越来越贫瘠。德国一家报纸曾有文章提到：“初到中国来旅游的外国人感到这座城市没有轮廓，没有面目，使20世纪来华的人着迷的魅力已经不见了。”“大跃进”和“文革”时期大规模毁灭文物的噩梦虽已过去，然而，作为东亚文明标志的城墙和城门已不可复得，作为副轴的东单、东四、西单、西四牌楼和宣武、崇文两门也荡然无存。随着危旧房改造迅速向市中心推进，北京城区内的胡同和四合院也开始被大规模地、成片地消灭。北京人以及全国来北京出差的人，甚至国外的游客都不约而同地瞪大了眼睛，北京还是北京吗？包括那些数以百万计已迁进城外楼房中的北京居民也慢慢地醒过味来，他们所熟悉的亲切的东西正在迅速消失。往东单、西单一站，往东、西长安街上一站，向四周望去，哪里还找得出北京的特色呢？号称北京“第一街”的长安街，尽管历次总体规划都明确街道两侧的建筑要体现政治中心和文化中心的特色，也曾先后做过几次规划，但实际上已在很大程度上被大量的金融机构挤占。

来北京的外国游客感到失望，本地的老百姓也同样感到失落。据1998年第3期《北京规划建设》发表的一份调查材料，从建筑上看，认为北京城市风貌较好的仅占9.7%，认为一般的占65.9%，认为较差的占22.9%。可见规划设计界对北京的城市风貌也是不满意的，并且有相当一部分人很不满意。

这些数据暴露出一些更深层次的问题，首先是城市的性质和定位。

北京作为中国的首都，其政治中心的地位自然没有异议，然而关于北京到底是文化中心优先还是经济中心优先，却存在较多的争论。1949年5月，北京成立了北京都市计划委员会，对北京未来的建设提出了一些设想，在关于城市性质的问题上认为，北京既是政治中心，还应是文化的、科学的、艺术的城市，同时也应是一个大工业城市。在1953年北京市委员会规划小组提出的《改建与扩建北京市规划草案的要点》中，基本肯定了这个观点，并提出了首都应该成为中国的政治、经济和文化的中心，特别是要成为中国强大的工业基地和科学技术中心的指导原则。然而，国家计划委员会不赞成将北京建设为“强大的工业基地”，认为应在照顾到国防要求，不使工业过分集中的情况下，适当地逐步地发展一些冶金工业、轻型的精密的机械制造工业，纺织工业和轻工业。在这一点上，北京市委员会坚持认为北京不仅是我国的政治中心、文化中心、科学技术中心，还应当也必须是一个大工业城市。原因是如果在北京不建设大工业，而只建设中央机关和高等学校，首都只能是一个消费水平极高的城市，也缺乏雄厚的现代产业工人的群众基础，这和首都的定位是不相称的。这场争论的结果是确定了北京作为“工业基地”的地位。直到20世纪80年代前，尽管这种分歧在不同时期、不同主管部门之间一直存在，但由于经济优先的观点占上风，城市总体规划中一直把发展工业放在突出的地位，城市的建设也是以工业建设为主：1953—1957年重点建设了东北郊工业区和东郊工业区；1958年更是大办工业的高潮，不仅在规划市区范围内的石景山、衙门口、通惠河两岸、酒仙桥、宋家庄等工业区大力发展工业，甚至在广安门、丰台、长辛店等地区工业也有相当的发展。其中大多是重工业（比例占63.7%），所占用地也多集中在市区，因而造成城市污染严重、用地紧张。

20世纪80年代后，在大建工业造成的严重后果面前，人们终于达成了共识，对于文化优先还是经济优先的看法有了根本性的转变。在1983年的《北京城市建设总体规划方案》中明确了北京的城市性质为“我们伟大社会主义祖国的首都，是全国的政治中心和文化中心”。这次对文化中心的肯定与明确，是北京城市发展的转折点。然而，30多年城市建设造成的影响并不是短期可以扭转的。尽管20世纪80年代后北京历次总体规划都试图对城市用地进行调整，产业结构也侧重于第三产业的发展，但到了20世纪90年代，市区内仍有较多的工业用地，第三产业的比重不到40%，同巴黎的70%以上相差甚远。

美国著名学者刘易斯·芒福德在“城市的形式与功能”一文中指出：“如果说，在过去的许多世纪中，一些名城，如巴比伦、罗马、雅典、巴格达、北京、巴黎、伦敦成功地支配了各自国家的历史的话，那只是因为这些城市始终能够代表他们民族的文化，并把其绝大部分留传给后代。”城市是人类文化的结晶和文明的象征。历史文化名城被冠以“文化”两字，正是因为其中凝聚着城市文化的积淀。论人均产值和金融贸易，巴黎比不上纽约，甚至也不如伦敦和东京，但作为国际大都会，它在人们心中的地位却要重要得多，城市的魅力和对游客的吸引力也比其他几个城市大，原因就在于它的文化。正如恩格斯所说：“在这个城市里，欧洲的文明达到了登峰造极的地步，这里汇集了整个欧洲历史的神经纤维，每隔一定的时间，便从这里发出震动世界的电击”。如果说巴黎是积淀有深厚西方文化的城市，是西方历史文化名城的重要代表和国际文化中心之一，那么北京则是东方文化和历史积淀最丰富的城市。作为中国最后三个封建王朝元、明、清的帝都，北京留有规模宏大、布局严整的历史遗存，是世界上代表东方文化的几个最突出的名城之一。与国内外城市相比，北京最大的优势就是文化积累，特别是它所代表的东方文化，也正是在这点上可与西方城市巴黎与罗马相比，这也是它能成为国际城市的基本条件。人们到北京来主要是寻访它作为千年古都的特色，如果北京失去高水平的文化价值和文化环境，又将以什么来吸引世人？

再就是文物意识。

文物是一个城市历史的真实见证，是一种不可再生的资源。正是基于这种认识，1964年的《威尼斯宪章》才格外强调："我们的责任是把它们（历史文物）的真实性圆满地承传下去。"历史是连续的，是一笔笔写的，每写一笔都应该珍视，因为现在的一笔正是将来的回忆。巴黎对文物建筑的保护，已经扩展到20世纪70年代的内容，将现代派流行时建造的一些东西，也作为一种历史的见证保留下来，而不是轻易拆掉，从而让每一个阶段都有它的证据，以形成真正的历史。巴黎对早期文物的发现更是如获至宝。巴黎塞纳河左岸辟蒙日大街发现高卢-罗马时期的圆剧场，道路便立即改道，将剧场保留下来，和克吕尼府邸边的古罗马浴场一起，构成巴黎最早的历史遗迹和城市的骄傲（图J-1）。

图J-1　巴黎　巴黎高卢-罗马时期吕岱斯圆剧场航拍照片

反观我们的做法：

1969年西直门的城楼和箭楼被拆除。在拆箭楼的过程中，意外地在其台基中发现了一座保存完好的砖券洞城门。这是元代至正十九年（1359年）始建的元大都和义门瓮城城门（图J-2），它是在明代正统元年（1436年）重建北京内城九门城楼时被埋在新建的西直门箭楼台基里边的。然而，这意外的重大收获，也未能逃脱被拆的厄运。

在当时的形势下，罗哲文先生能拍摄下一组照片并保存至今，已属万幸。但古建筑为新设计让道，不能不说是我们的一贯作风。广渠门内大街207号的曹雪芹故居，因为广安门大街开工而被拆除，它是至今唯一被认定的曹雪芹故居，几乎所有文物学家和红学家都确定了这一点。自1991年以来，因为实行大规模的危旧房改造，文物古迹遭到破坏的情况可说是层出不穷。1996年开工的椿树危改工程拆除了尚小云故居、余叔

图J-2　北京　元大都和义门瓮城遗迹

岩故居等多处重要文物。

北京城南北中轴线上，有一个很不起眼然而却非常重要的古迹，叫“后门桥”（图J-3、图J-4）。在大都城初建时，它是全城规划设计的起点。据侯仁之先生考证，元代废弃金中都旧城，另建大都新城时，需要重点解决的两个问题，一是大都城的规划设计，二是开凿运河以通漕济运。概括起来讲，首先是以作为漕运起点的海子桥（即现在的后门桥）来确定自北而南纵贯全城中轴线的位置；然后在海子桥的正北方，建立起作为全城平面布局中心的标志，叫作“中心台”（即今鼓楼所在处）。从中心台径直南下，经过海子桥，直达全城设计上的正南门，在这一距离的中间部位上，也就是今日北海和中海（当时还没有南海）的东岸，兴建起“宫城”。宫城之外，包括今北海和中海在内，更建“萧墙”从四面加以围护。因此，在元大都初建的时候，出萧墙北门叫作厚载红门，沿中轴线径直北上，就是海子桥。相继开凿的从大都城南下的大运河，就是从海子桥下转向东南，然后紧靠萧墙东侧向南直出大都城，转而东下至通州以接北运河。这正是元大都初建时水上运输的大动脉，也就是后来所谓京杭大运河的最后一段。也就是说，在大都城初建时，海子桥是全城规划设计的起点。明代继起，改建元大都为北京城。在城市核心部分首先改建元大都的“大内”为“紫禁城”，只是沿中轴线稍向南移；其次，又把四面“萧墙”改建为“皇城”，只是皇城的北墙和东墙又稍向外移，于是海子桥以下向东南流的故道，遂被包入皇城

图J-3 北京 后门桥东侧

图J-4 北京 后门桥西侧

以内。从此，京杭大运河上北来的船只，再无可能进入北京城中，而原来的积水潭逐渐淤积和缩小，终于形成现在的什刹海。明代，出皇城北门（即北安门）径直北上的海子桥名称依旧，没有改变。到了清代，改北安门为“地安门”，海子桥也随之改称地安桥。其后，地安门俗称“后门”，地安桥也就相沿成习，叫作“后门桥”了。新中国成立以后，后门已被拆除，但“后门桥”的名字却流传下来。也就是说，保护北京中轴线，天安门是一个重要标志，后门桥也是一个很重要的标志。但目前的保护情况却不能尽如人意。侯仁之先生曾感叹道：“看到在北京城市建设上有如此重要历史渊源的古桥，因为缺乏维修经费竟落得如此残破状态，实在令人痛心。更加触目的是，两旁石栏外侧横亘在古河道上的大广告牌，竟然成了一种‘遮丑’的设置。行人至此，还能设想这里正是北京这座历史文化名城在元大都最初规划设计时的新起点么？”论在城市建设史上的意义，巴黎菲利浦·奥古斯都城墙的残段可能还不及后门桥，但仍被当作城市最珍贵的早期遗迹，得到精心保护。

不过，后门桥毕竟还是幸运的。尽管环境很差，石栏部分断裂，但至少还存在，而且作为北京市的文物保护单位，桥东石栏南侧还有碑为记。而在有的保护区内，以笔者参与现状调查的陟山门历史街区为例，街区内唯一的全国重点文物保护单位大高玄殿长期被军队占用，很多建筑成为危险品仓库，损坏严重。

还有一些没有列级的文物，命运更是可想而知。

仍以陟山门区为例，除全国重点文物保护单位大高玄殿外，据笔者的走访与调查，区内还有不少具有很高文化价值的建筑，其中最具代表性的就是雪池冰窖（图J-5），这是当年宫廷皇室的御用储冰处。冰窖的用途是储存冰块，早年没有电冰箱，因此夏日降温解暑只能靠冬日储存在冰窖中的天然冰块。清朝初年的冰窖分为官窖和府窖两种。宫廷皇室的储冰处为官窖，王府贵族的储冰处为府窖。北京的冰窖并不多，因为不但普通的老百姓不能私设冰窖，就连无军功的亲王也无权设窖储冰。市内主要有属官窖的德胜门冰窖、前门外东珠市口冰窖以及属府窖的前门外打磨厂深沟北护城河南端的肃王府窖、东直门外北护城河东的浚王府窖、阜成门外西护城河的礼王窖。这座位于北海陟山门北的雪池冰窖

图J-5　北京　陟山门区雪池冰窖

为御用冰窖，储藏来自玉泉山和御河的上好冰块。

从时间上看，雪池冰窖是同类建筑中较早的一个（在《明北京城复原图》上已可见到，当时叫“里冰窖”），从地点上看，雪池冰窖是皇城内唯一专供大内使用的官窖，不仅形式极为奇特，而且是极少数仅存的冰窖类建筑。然而这样一个极具价值的文物现在只是当地居民的自行车库和仓库。在同一地区，高卧胡同一号临街的二层小楼为全北京仅有的样式罕见的旱船楼。此楼建于20世纪30年代，屋顶为平顶，上有高一米左右的石砌镂空的精美女儿墙模仿船的栏杆，局部三层突出于整座建筑的北面，为一间，象征突出的船头。其他类似的还有景山西街一号的格格府、陟山门街5号的清朝内务府御史衙门……

在陟山门区不足12公顷的地段里，就有如此多的具有宝贵价值的文物没有受到应有的保护。而在巴黎，城市下水道都已作为“胜迹”开放供人参观。由于对建筑的历史内涵挖掘不够，已造成很多具有高度艺术与历史价值建筑的流失。尽管北京已公布了1143项文物保护单位，但应该保护的建筑实际上远远超出这个数字（张开济先生也认为，公布的保护项目太少。不要怕名单提多了，没钱修。可以先挂起牌子确定保护，以防继续破坏）。

城市是一个整体，这也是它的魅力所在。北京固然有很多具有高度艺术价值和历史价值的建筑和文物，但最具特色的却是北京城——这个集城市规划、城市设计、建筑设计及园林于一身的城市本身。梁思成在1951年《北京——都市计划的无比杰作》一文里从规划角度阐述了北京古城的价值和特点："它所特具的优点主要就在它那具有计划性的城市的整体，那宏伟而庄严的布局，在处理空间和分配重点上创造出卓越的风格，同时也安排了合理而有秩序的街道系统，而不仅在内部许多个别建筑物的丰富的历史意义与艺术表现。"在1947年发表的《北平文物必须整理与保存》中，他又指出："北平市之整个建筑部署无论由都市计划、历史或艺术的观点来看，多是历史罕见的瑰宝……全城的体形秩序的概念与创造——所谓形制气魄——在都是艺术的大手笔"。总之，它是"古代中国都城发展的结晶"（吴良镛语），"地球表面上人类最伟大的个体工程"（培根：《城市设计》），著名作家老舍更进一步道出了他关心和热爱北京的缘由："我所爱的北平不是枝枝节节的一些什么，而是整个儿与我心灵相粘合的一段历史，一大块地方。"

80多年前，林语堂在《迷人的北平》中写道："北平是清净的……这是一个理想的城市，那里有空旷的地方使每个人得到新鲜的空气，那里虽是城市却调和着乡村的清净，街道，狭胡同，这样适当地配合着。"

很多四合院尽管不是文物，但大多数的房子都有数十年甚至上百年的历史，含有丰富的历史文化信息，它们同文物一起构成了一个整体环境。正如著名建筑师贝聿铭接受记者采访时所说："四合院不但是北京的代表建筑，还是中国的代表建筑。"然而，由于缺乏对城市整体保护的观念，构成北京主要骨架的城墙、城门、牌楼连同城市风貌的重要组成部分——四合院几乎都已不存，只剩下一些属于文物的老建筑突兀地立在那里，不仅破坏了宝贵的历史文化资源，也破坏了整个历史文化环境。

60多年前，北京拆掉城墙，著名建筑学家梁思成曾经为之恸哭，提起这段往事人人都在反思。作家舒乙先生写道："北京现在是在拆第二座城墙，胡同、四合院就是北京的第二座城墙！”

所有这些都反映了一个国家和民族的文物意识，实际上，这也是民族素质的一种表现。法国的建筑与城市规划部门，从1996年1月起，划归文化部管辖。这件事本身可以说是意味深长。漫步在巴黎的西岱岛和拉丁区，人们所感受到的正是一种浓重的文化气息。作家冯骥才在游历巴黎时感叹：“那浩大而深厚的文化，就是沉淀在这老街老巷——这一片片昔日的空间里。而且它们不像博物馆的陈列品那样确凿而冰冷，在这里一切都是有血有肉，活生生的，生动又真实，而且永远也甭想弄清它的底细，如果这些老街老巷老楼老屋拆了，活生生的历史必然会散失、飘落，无迹可寻，损失也就无法弥补！”

上述一些表现，可能还和人们的一个认识误区有关。即认为文物是可以再生的，因此才有所谓“夺回”古城风貌之类的说法。

《北京规划建设》1999年第二期有一则关于北京平安大街的报道，小标题是：北京平安大街将现明清街景（图J-6），其中说，“有‘第二条

图J-6　北京　平安大街南侧仿古店面

长安街’之称的北京平安大街街景建设最近开始进行。预计到1999年 8月，一条既有现代化功能，又有明清北京城街景风貌的大街，将展现在人们面前。”文章还进一步提到“新建筑一律为9米以下的低层建筑……形成朴素、典雅的‘老北京’色调”云云。

目前这条大街已按设计完成，它能够代替那些失去的古建筑吗？作家刘心武是“老北京”，在谈到拓展平安大道拆除东四十条77号院门引起的围观和轰动时，他说道：“东四北大街上有十四条齐整的胡同，是所谓‘胡同文化’的典范载体，但其中的十条胡同在20世纪60年代业已有过一次‘非胡同化’的拓宽，其中不少的四合院被削掉了三分之一，那77号院即其中一例……（现存院门）是一座典型的四合院内的二道门，即垂花门，这种门的最大特点是有华丽的罩檐，罩檐下部突出的部分往往雕成垂落的西番莲样式（图J-7）。它现在之所以成为当街的院门，是因为马路拓宽时把那院子的外院‘连锅端’了……对于真止熟悉和钟爱‘四合院文化’的人来说，望见它这样地裸露于大庭广众之中，就好比

图J-7　北京　东四十条77号院垂花门

养在深闺的娇女强被拉出任陌生人围观，实在并不是一桩愉快的事。”刘心武进一步指出：“在城市发展的进程中，尤其是北京这种文化古都，如何在增新的过程中保旧，成为一种普遍的焦虑，这回拓展平安大道计划的付诸实现，再一次使增新和保旧之间如何平衡成为一大关注点。这项工程从1997年12月16日启动，拆除东四十条77号院门是在八天后，这个约建于清初的垂花门从未被列入过文物清单，拆除它尚且引动了那么多传媒乃至普通市民的殷殷关注，其他被拆除的古迹，就可想而知了”。最后，他说：“作为一个在北京定居几达半个世纪的老市民，我对古都风貌的钟爱情怀之浓酽自不待言，但这半个世纪里，我却眼睁睁地看着古都风貌的相继沦丧。与我的少年时代紧密相连的隆福古寺现已片瓦无踪，陪伴我步入中年的北京城墙也基本上荡然无存，为了适应交通的发展，街上的牌楼相继拆除，古老的四合院不断‘捐躯’，现在连本已‘腰斩’过的东四十条77号院也要进一步终寝，当那座裸露过三十多年的垂花门被拆除时，它是什么心情？觉得不再无伦类地‘现眼’，因之是一种解脱，还是觉得那是最后也最惨烈的痛苦？”

如今，平安大街已经建成，但那些仿古建筑能在人们的心中激荡起同样的感受吗？

当代作家林斤澜先生在忆及北京城墙根儿的“风味”后，写道：“沉甸甸的高大，青苍苍的厚实，散发着八百年的风霜，八百年的京都气息……那是不能够代替的。”著名历史地理学家侯仁之教授在谈到正阳门、箭楼及瓮城这组建筑群时说过：“青年时代初到北京时，一走出前门火车站，看到巍峨的正阳门城楼和浑厚的城墙，瞬间，好像感受到一种历史的真实。”前美国费城规划委员会执行主席培根来华参加“历史名城与现代化建设”国际学术讨论会，在谈到1934年他从平原进入北京城的感受时也认为：“那确实是人类可以得到的最伟大的体验之一。”

从这里也可看出，真正的古迹，能给人一种震憾人心的力量，任何赝品都不可能具有这样的品性。消灭真正的古迹，却热衷于大造赝品，正是当前的时髦做法。这点不能不引起人们的警觉。

作为未来的城市规划和建筑工作者，我们真正感到了肩上的沉重……

参考文献

[1] 中国建筑史编写组.中国建筑史[M].北京：中国建筑工业出版社，1992.

[2] 布宁，萨瓦连斯卡娅.城市建设艺术史[M].黄海华，译.北京：中国建筑工业出版社，1992：335.

[3] 培根.城市设计[M].黄富厢，朱琪，译.北京：中国建筑工业出版社，1989：375.

[4] 汤姆逊.城市布局与交通规划[M].倪文彦，陶吴馨，译.北京：中国建筑工业出版社，1982：312.

[5] 贝纳沃罗.世界城市史[M].薛钟灵，等译.北京：科学出版社，2000：1068.

[6] 本奈沃洛.西方现代建筑史[M].邹德侬，巴竹师，高军，译.天津：天津科学技术出版社，1996.

[7] 霍尔.城市和区域规划[M].邹德慈，金经元，译.北京：中国建筑工业出版社，1985：287.

[8] 霍尔.世界大城市[M].中国科学院地理研究所，译.北京：中国建筑工业出版社，1982：161.

[9] 喜龙仁. 北京的城墙和城门[M].林稚晖，译.北京：新星出版社，2018.

[10] 白晋. 康熙皇帝[M].赵晨，译.哈尔滨：黑龙江人民出版社，1981：1-67.

[11] 北京建设史书编辑委员会.建国以来的北京城市建设[M].1986.

[12] 侯仁之.北京历史地图集[M].北京：北京出版社，1988：128.

[13] 北京市城市规划管理局.北京在建设中[M].北京：北京出版社，1958.

[14] 北京市城市规划管理局科技处情报组.城市规划论文集2——外国新城镇规划[M].北京：中国建筑工业出版社，1983：319.

[15] 北京市文物研究所.北京考古四十年[M].北京：北京燕山出版社，1990：221.

[16] 穆栋.巴黎圣母院：建造与保护的历程及方法论[J].陈曦，张鹏，译.建筑遗产，2016（1）：88-99.

[17] 门戈利.大巴黎计划：城市遗产的保护与再生[J].宋欢，唐思远，潘一婷，译.建筑遗产，2017（3）：15-23.

[18] 曹子西，习五一，邓亦兵. 北京通史 · 第二卷[M].北京：中国书店出版社，1994：165.

[19] 曾刚，王琛. 巴黎地区的发展与规划[J]. 国外城市规划，2004，19（5）：44-49.
[20] 陈高华.元大都[M].北京：北京出版社，1982：138.
[21] 陈洋. 巴黎大区2030战略规划解读[J].上海经济，2015（8）：38-45.
[22] 陈永昌.法国建筑环境设计[M].北京：中国建筑工业出版社，1995：154.
[23] 仇保兴. 风雨如磐——历史文化名城保护30年[M]. 北京：中国建筑工业出版社，2014：269-270.
[24] 哈维. 巴黎城记：现代性之都的诞生[M].黄煜文，译.桂林：广西师范大学出版社，2010：150-155.
[25] 哈维.巴黎1848—1971：空间的“主动时刻”——读《巴黎城记》[J].黄煜文，译.上海城市规划，2018（1）：136-137.
[26] 单宝. 路易十四与康熙皇帝[J]. 北方论丛，1985（5）：59-63.
[27] 党蕾.历史街区的保护与更新——法国与中国案例分析[J].法语学习，2017（6）：49-60.
[28] 地球の步き方编集室.法国[M].黄金山，接培柱，译.北京：中国旅游出版社，1999：506.
[29] 董光器.北京规划战略思考[M]. 北京：中国建筑工业出版社，1998.
[30] 段进.城市空间发展论[M]. 江苏：江苏科学技术出版社，1999：201.
[31] 段里仁. 节源开流 加强科学交通管理 缓解首都城市交通拥堵[J]. 北京规划建设，1997（6）：19.
[32] 范耀邦. 法国城市交通的几个问题[J]. 北京规划建设，1993（3）：56.
[33] 方彪.北京简史[M].北京：北京燕山出版社，1995：494.
[34] 付乐，段悦明，程昊，等. 旧城区道路系统现状研究——以北京市西城区为例[J]. 建筑与文化，2017（12）：184-187.
[35] 傅公钺，张洪杰，袁天才，等.旧京大观[M].北京：人民中国出版社，1992：315.
[36] 傅熹年.傅熹年建筑史论文集[M].北京：文物出版社，1998：474.
[37] 高关中.法国风土大观[M].北京：当代世界出版社，1999：319.
[38] 韩冬青，冯金龙.城市・建筑一体化设计[M].南京：东南大学出版社，1999：175.
[39] 韩光辉.北京历史人口地理[M].北京：北京大学出版社，1996.
[40] 郝娟.西欧城市规划理论与实践[M].天津：天津大学出版社，1997：189.
[41] 何瑜. 论清代圆明园军机处[J]. 史志学刊，2020（4）：27-38.
[42] 何瑜. 清代园居理政与文化认同[J]. 中央社会主义学院学报，2019（6）：106-115.

[43] 何瑜. 圆明园始建之年考辨[J]. 清史研究，2020（4）：146-156.
[44] 贺业钜.中国古代城市规划史[M].北京：中国建筑工业出版社，1996：678.
[45] 洪亮平，陶文铸.法国的大巴黎计划及启示[J].城市问题，2020（10）：91-96.
[46] 侯仁之，唐晓峰. 北京城市历史地理[M]. 北京：北京燕山出版社，2000：84-108.
[47] 侯仁之，邓辉.北京城的起源与变迁[M].北京：中国书店出版社，2001.
[48] 侯仁之.北京旧城城市设计的改造——新中国文化建设的一个具体说明[J].城市问题，1984（2）：9-22.
[49] 侯仁之.试论元大都城的规划设计[J].城市规划，1997（3）：10-13.
[50] 侯仁之.元大都城与明清北京城[J].故宫博物院院刊，1979（3）：3-21.
[51] 胡丕运.旧京史照[M].北京：北京出版社，1996：308.
[52] 黄辉. 大巴黎规划视角：低碳城市建设的启示[J].城市观察，2010（2）：29-35.
[53] 黄建军，于希贤.《周礼·考工记》与元大都规划[J].文博，2002（3）：41-45.
[54] 贾迪.民国时期北京城市交通建设与民间参与[J].哈尔滨工业大学学报（社会科学版），2021，23（3）：116-122.
[55] 建筑工程部建筑科学研究院建筑理论及历史研究室.北京古建筑[M].北京：文物出版社，1959：39.
[56] 姜竹青. 巴黎现代小区环境[M].杭州：浙江人民美术出版社，1997.
[57] 金广君.国外现代城市设计精选[M].黑龙江：黑龙江科学技术出版社，1995：234.
[58] 金广君.图解城市设计[M].黑龙江：黑龙江科学技术出版社，1999：121.
[59] 林奇.城市的意象[M].项秉仁，译.北京：中国建筑工业出版社，1990：160.
[60] 普罗夏松.巴黎1900——历史文化散论[M].王殿中，译.桂林：广西师范大学出版社，2005：1-10.
[61] 乐启良. 法国大革命百周年纪念和1889年世界博览会[N]. 光明日报，2021-10-11（14）.
[62] 柯布西耶. 明日之城市[M].李浩，译.北京：中国建筑工业出版社，2009：23-241.
[63] 雷颐. 巴黎的“文化地图”[N].经济观察报，2013-7-8.
[64] 李军，郝赫.跨文化的遗产——从巴黎圣母院事件谈起[J].中国美术，2019（3）：58-69.
[65] 李康、金东星. 北京城市交通发展战略[J]. 北京规划建设，1997（6）：5.

[66] 梁思成. 梁思成文集（四）[M]. 北京：中国建筑工业出版社，1986.
[67] 梁思成.梁思成文集（一）[M]. 北京：中国建筑工业出版社，1982：367.
[68] 林徽因. 林徽因讲建筑[M]. 西安：陕西师范大学出版社，2004：63-115.
[69] 刘敦桢.中国古代建筑史[M].2版.北京：中国建筑工业出版社，1984：423.
[70] 刘耿. 利玛窦墓园的前七年（1610-1616）[J]. 北京行政学院学报，2018（1）：111-120.
[71] 刘健.注重整体协调的城市更新改造：法国协议开发区制度在巴黎的实践[J].国际城市规划，2013，28（6）：57-66.
[72] 刘丽.意识形态、阶级斗争及革命诗学——大卫·哈维《巴黎城记》研读[J].江苏第二师范学院学报（社会科学），2014，30（7）：8-11.
[73] 芒福德.城市发展史——起源、演变和前景[M]. 宋俊岭，倪文彦，译.北京：中国建筑工业出版社，2005：447.
[74] 芦原义信.外部空间设计[M].尹培桐，译.北京：中国建筑工业出版社，1985：111.
[75] 陆翔，王其明.北京四合院[M].北京：中国建筑工业出版社，1996：197.
[76] 罗哲文，等. 北京历史文化[M]. 北京：北京大学出版社，2004.
[77] 罗哲文，杨永生.失去的建筑[M].北京：中国建筑工业出版社，1999：100.
[78] 吕全成.巴黎建筑设计佳作选（上）[M]. 北京：科学出版社，龙门书局，1996：102.
[79] 吕舟.北京中轴线申遗研究与遗产价值认识[J].北京联合大学学报（人文社会科学版），2015，13（2）：11-16.
[80] 马军.法国第二批传教士、路易十四与康熙[J].西安外国语学院学报（哲学社会科学版），1996，4（1）：60-63.
[81] 潘吉星.康熙帝与西洋科学[J].自然科学史研究，1984，3（2）：177-188.
[82] 潘梦阳. 伊斯兰和穆斯林[M]. 银川：宁夏人民出版社，1996：41.
[83] 邱江宁. 13—14 世纪文本中的元大都形象——以孟高维诺书信为中心的讨论[J]. 浙江大学学报（人文社会科学版），2022，52（5）：5-17.
[84] 瞿宛林. 论争与结局——对建国后北京城墙的历史考察[J]. 北京社会科学，2005（4）：62-71.
[85] 全永燊. 浅谈北京城市交通基本对策[J]. 北京规划建设，1998（4）：32.
[86] 阮仪三，王景慧，王林.历史文化名城保护理论与规划[M].上海：同济大学出版社，1999：178.
[87] 三宅理一.巴黎的宏伟构想[M].薛翊岚，钱毅，译.北京：清华大学出版社，2013.
[88] 沙海昂.马克·波罗行纪[M]. 冯承均，译.北京：商务印书馆，2012：192.

[89] 邵甬，马利诺斯.法国“建筑、城市和景观遗产保护区”的特征与保护方法——兼论对中国历史文化名镇名村保护的借鉴[J].国际城市规划，2011，26（5）：78-84.
[90] 沈玉麟.外国城市建设史[M].北京：中国建筑工业出版社，1995：288.
[91] 史明正.走向近代化的北京城——城市建设与社会变革[M].北京：北京大学出版社，1995：309.
[92] 史真.北京城墙大规模拆除始末[J].出版参考，2006（8）：23-24.
[93] 首都博物馆.元大都[M].北京：北京燕山出版社，1989：135.
[94] 司徒双.中国与十七、十八世纪的法国装饰艺术[J].法国研究，1988（1）：92-97.
[95] 苏天钧. 郭守敬与大都水利工程[J].自然科学史研究，1982，2（1）：66-71.
[96] 孙婷.国际大城市交通碳中和实现路径及启示——以伦敦、纽约和巴黎为例[J]. 规划师，2022，38（6）：144-150.
[97] 唐亦功. 巴黎城市规划布局规律及特点研究[J]. 世界地理研究，2007，16（1）：46-51.
[98] 同济大学城市规划教研室.中国城市建设史[M].北京：中国建筑工业出版社，1982：215.
[99] 童林旭. 逐步发展北京城市地下交通系统[J]. 北京规划建设，1993（2）：16.
[100] 本雅明.巴黎，19世纪的首都[M].刘北成，译.北京：商务印书馆，2013：26.
[101] 汪德华.中国城市规划史纲[M].南京：东南大学出版社，2005：133.
[102] 王济民. 城市标志物的文化功能与治理效用——以埃菲尔铁塔为例[J].治理研究，2019（4）：61-70.
[103] 王建国.城市设计[M].南京：东南大学出版社，2009：257.
[104] 王建伟. 从神圣性到世俗性：民国北京中轴线的变迁[J].前线，2018（10）：101-103.
[105] 王镜轮.故宫宝卷——再现一个真实的紫禁城[M].北京：中国民族摄影艺术出版社，1999：237.
[106] 王军. 北京与巴黎之“双城记”[J].世界建筑导报，2006（3）：88-91.
[107] 王均.1900—1937年北京城市人口研究[J].地域研究与开发，1996，15（1）：86-90.
[108] 王瑞珠.国外历史环境的保护和规划[M].台北：淑馨出版社，1993：420.
[109] 王受之.世界现代建筑史[M].北京：中国建筑工业出版社，1999：467.
[110] 王亚男.1900—1949年北京的城市规划与建设研究[M].南京：东南大学出版社，1970：27-37.

[111] 王越. 明代北京城市形态与功能演变[M]. 广州：华南理工大学出版社，2016.
[112] 雨果.巴黎圣母院[M]. 陈敬容，译.北京：人民文学出版社，1982：101.
[113] 魏开肇. 利玛窦和北京[J]. 北京社会科学，1996（3）：67-75.
[114] 文隆胜. 巴黎旅游指南[M]. 北京：中国旅游出版社，1978：148.
[115] 文隆胜.巴黎[M].3版.北京：中国旅游出版社，1999：203.
[116] 翁立.北京的胡同[M].北京：北京燕山出版社，1992：285.
[117] 吴良镛.城市文化，吴良镛城市论文集——迎接新世纪的来临（1986～1995）[M].北京：中国建筑工业出版社，1996：383.
[118] 吴良镛.广义建筑学[M].北京：清华大学出版社，1989：235.
[119] 吴育芬.巴黎大区城市空间与轨道交通网发展的关系分析[J].城市轨道交通研究，2014（6）：4-10.
[120] 奚文沁，周俭.巴黎历史城区保护的类型与方式[J].国外城市规划，2004，19（5）：62-67.
[121] 向俊波，谢惠芳.从巴黎、伦敦到北京——60年的同与异[J]. 城市规划，2005，29（6）：19-24.
[122] 谢敏聪.北京的城墙与宫阙之再研究[M].台北：台湾学生书局，1989：255.
[123] 徐城北.老北京——巷陌民风[M].江苏：江苏美术出版社，1999：223.
[124] 薛凤旋，刘欣葵. 北京：由传统国都到中国式世界城市[M]. 北京：社会科学文献出版社，2014：41-72.
[125] 杨东平.城市季风——北京和上海的文化精神[M].北京：东方出版社，1994：564.
[126] 杨永生.建筑百家言[M].北京：中国建筑工业出版社，1998：201.
[127] 叶秋华，孔德超.论法国文化遗产的法律保护及其对中国的借鉴意义[J].中国人民大学学报，2011（2）：10-19.
[128] 于力凡. 燕国重器——馆藏琉璃河遗址出土堇鼎[J].文史天地，2016（8）：9-14.
[129] 于敏中，等. 日下旧闻考・卷五[M].北京：北京古籍出版社，1981.
[130] 于希贤，《周易》象数与元大都规划布局[J].故宫博物院院刊，1999（2）：17-25.
[131] 张承安.城市发展史[M].武汉：武汉大学出版社，1985：201.
[132] 张敬淦. 北京规划建设五十年[M]. 北京：中国书店出版社，2001：176.
[133] 张敬淦.北京规划建设纵横谈[M].北京：北京燕山出版社，1997：337.
[134] 张倩雨.巴黎圣母院失火——文明之殇敲响最刻骨铭心的警钟[J].求学，2019（19）：6-9.

[135] 张天虹. 唐藩镇统治时期（763-907）幽州城人口数量试探[J].中国经济史研究，2018（1）：13-29.
[136] 赵和生.城市规划与城市发展[M].南京：东南大学出版社，1999：243.
[137] 赵寰熹.清代北京城市形态与功能演变[M]. 广州：华南理工大学出版社，2016：154-217.
[138] 郑志海，屈志静.北京紫禁城[M].北京：中国建设出版社，1988：196.
[139] 中国城市地图集编辑委员会.中国城市地图集[Q].北京：中国地图出版社，1994：400.
[140] 中国大百科全书总编辑委员会.中国大百科全书·建筑园林城市规划[M].北京：中国大百科全书出版社，1988：649.
[141] 中国建筑科学研究院.中国古建筑[M].北京：中国建筑工业出版社，1983：255.
[142] 中国科学院考古研究所，北京市文物管理处元大都考古队. 元大都的勘查和发掘[J].考古，1972.
[143] 中国科学院自然科学史研究所.中国古代建筑技术史[M].北京：科学出版社，1985：616.
[144] 中国历史文化名城词典编委会.中国历史文化名城词典[M].上海：上海辞书出版社，1985：885.
[145] 中国社会科学院考古研究所.明清北京城图[M].北京：地图出版社，1986：143.
[146] 周之桐. 法国整治巴黎的理论与实践[J]. 欧洲研究，1986（5）：32-35.
[147] 朱玲玲. 元大都的坊[J]. 殷都学刊，1985（3）：30-34.
[148] 朱明. 奥斯曼时期的巴黎城市改造和城市化[J].世界历史，2011（3）：46-54.
[149] 朱明.中世纪晚期巴黎的王权与城市[J].华东师范大学学报（哲学社会科学版），2014（6）：93-99.
[150] 朱文一.空间·符号·城市——一种城市设计理论[M].北京：中国建筑工业出版社：1993：294.
[151] 朱晓韵. 艾菲尔铁塔曾差点被拆除[J]. 文史博览，2022（6）：21.
[152] 朱祖希. 元代及元代以前北京城市形态与功能演变[M].广州：华南理工大学出版社，2015：37-129.
[153] 朱祖希.北京城·营国之最[M].北京：中国城市出版社，1999：180.
[154] 邹耀勇. 古代巴黎城市发展略论[J]. 历史教学问题，2005（2）：87-90.
[155] 左川，郑光中.北京城市规划研究论文集[C].北京：中国建筑工业出版社，1996：307.